谁找到了
薛定谔的猫?

The Unfinished Quest
for the Meaning of
Quantum Physics

What
is
Real?

[美] 亚当·贝克尔 (Adam Becker) ◎ 著

杨文捷 ◎ 译

中国科学技术出版社
·北　京·

WHAT IS REAL? : THE UNFINISHED QUEST FOR THE MEANING OF QUANTUM PHYSICS by ADAM BECKER

Copyright © 2018 BY ADAM BECKER

This edition arranged with The Science Factory and Louisa Pritchard Associates through BIG APPLE AGENCY, INC, LABUAN, MALAYSIA.

Simplified Chinese edition copyright © 2022 by GRAND CHINA PUBLISHING HOUSE

All rights reserved.

本书中文简体字版通过 GRAND CHINA PUBLISHING HOUSE（中资出版社）授权中国科学技术出版社在中国大陆地区出版并独家发行。未经出版者书面许可，不得以任何方式抄袭、节录或翻印本书的任何部分。

北京市版权局著作权合同登记　图字：01-2022-5158 号

图书在版编目（ＣＩＰ）数据

谁找到了薛定谔的猫？ /（美）亚当·贝克尔
(Adam Becker) 著；杨文捷译 . -- 北京：中国科学技
术出版社，2022.9
书名原文：What is Real?:The Unfinished Quest
for the Meaning of Quantum Physics
ISBN 978-7-5046-9774-5

Ⅰ.①谁… Ⅱ.①亚… ②杨… Ⅲ.①量子力学－研
究 Ⅳ.① O413.1

中国版本图书馆 CIP 数据核字 (2022) 第 145017 号

执行策划	黄　河　桂　林	
责任编辑	申永刚	
策划编辑	申永刚　陆存月	
特约编辑	彭仪婷　汤礼谦	
封面设计	东合社·安宁	
版式设计	吴　颖	
责任印制	李晓霖	

出　　版	中国科学技术出版社
发　　行	中国科学技术出版社有限公司发行部
地　　址	北京市海淀区中关村南大街 16 号
邮　　编	100081
发行电话	010-62173865
传　　真	010-62173081
网　　址	http://www.cspbooks.com.cn

开　　本	787mm×1092mm　1/16
字　　数	245 千字
印　　张	19
版　　次	2022 年 9 月第 1 版
印　　次	2022 年 9 月第 1 次印刷
印　　刷	深圳市精彩印联合印务有限公司
书　　号	ISBN 978-7-5046-9774-5/O·213
定　　价	65.00 元

（凡购买本社图书，如有缺页、倒页、脱页者，本社发行部负责调换）

For Elisabeth

献给伊丽莎白，她一直知道。

For Alfred P. Sloan Foundation

感谢艾尔弗雷德·P. 斯隆基金会

在本书的研究和写作过程中

给予作者的支持。

对知识背后的历史和哲学背景有所了解，
可以让学者免疫于这个时代举目皆是的偏见。

阿尔伯特·爱因斯坦

① ① 权威推荐

《自然》(*Nature*)

贝克尔说明了哲学的重要性，而一些有影响力的科学家却认为学习它是在浪费时间。这本书提醒我们要保持开放的包容心态，减少偏见。

《科学》(*Science*)

长期处在玻尔和爱因斯坦光环阴影之下的物理学家在贝克尔的叙述里跃然纸上。这本书为围绕量子物理诠释而展开的辩论做出了一目了然的概述。

《物理世界》(*Physics World*)

阅读这本书乐趣无穷！人们被量子物理中一些炙手可热的概念吸引而来，但放下书时却感觉被哥本哈根诠释给戏弄了。

《今日物理》(*Physics Today*)

《谁找到了薛定谔的猫？》在对量子理论做出通俗阐释，使人们了解持续进行的学界辩论这两方面做出了贡献。这本书确实值得认真研读，更值得获得社会的广泛关注。

肖恩·卡罗尔 (Sean Carroll)
《大图景》(*The Big Picture*) 作者
知名物理学博客群"宇宙方差"的创始人

量子物理学是一个非常成功的理论，但几十年来，物理学家一直固执地否认该理论对现实本质的实际意义。亚当·贝克尔这本精彩的书讲述了一段有关这些现实争论的丰富多彩的历史。

保罗·哈尔彭 (Paul Halpern)
《量子迷宫》(*The Quantum Labyrinth*) 作者
古根海姆奖获得者（该奖主要授予那些有着卓越学术能力的学者或杰出创造力的艺术家，不少诺贝尔奖、普利策奖获得者都曾获得过该奖）

亚当·贝克尔探索追溯了自爱玻之争以来鲜为人知的量子物理学发展历史。本书对关键人物及其贡献进行了详尽的阐述，并为那些仍在肆虐的巨大量子争议提供了一个重要的指导。

阿尔特·弗里德曼 (Art Friedman)
《狭义相对论与经典场论》(*Special Relativity and Classical Field Theory*) 作者

量子物理学取得了惊人的成功，但它的意义和诠释仍然是一个开放性问题，至今仍困扰着物理学家。亚当·贝克尔通过对量子物理学的科普，以及讲述人类为理解量子世界而不断探索的故事，将这个话题赋予了现实意义。

《新科学家》(*New Scientist*)

贝克尔通过挖掘一些故事，揭示量子物理是如何受制于其开创者的个性的。贯穿这本书的潜台词是偏见让我们在找到真相前还有很长的路要走。

《纽约时报书评》(*The New York Times Book Review*)

《谁找到了薛定谔的猫？》对现代科学中最重要的争议进行了富有启发性的全面探索。贝克尔带领我们了解一个个令人印象深刻的物理诠释，并将它们根植于人类的故事中。这些故事无序且充满了偶发性。他在书中提出了令人信服的例证，旨在说明把哥本哈根诠释看作量子物理唯一的官方诠释是错误的。

《出版商周刊》(*Publishers Weekly*)

《谁找到了薛定谔的猫？》生动的笔触为枯燥的理论增添了生气，清晰地叙述了量子物理的历史。

《纽约书评》(*The New York Review of Books*)

贝克尔的书是讲述量子理论如何产生的首次尝试。在哥本哈根诠释的论战中，孰赢孰输？也就是说，物理学家是如何再次踏上了探究之旅？贝克尔对此做了广泛而细致的历史调研。

《华尔街时报》(*The Wall Street Journal*)

亚当·贝克尔讲述了一个关于量子异见者的有趣而复杂的故事。

《华盛顿邮报》(*The Washington Post*)

物理学研究不断深入的过程中也伴随着不少奇闻轶事。贝克尔想让我们了解哥本哈根诠释是如何在历史性偶然因素下，对物理学产生了极大的影响。

《波士顿评论》(*Boston Review*)

如果你对量子理论感兴趣，或对科学有着超强的好奇心，那这本书值得你阅读。没有比这更可读的有关整个量子物理历史中奇闻轶事的书了。

量子物理
自爱因斯坦相对论以来最伟大的科学发现

第一次见到量子物理中的数学公式时，约翰·贝尔（John Bell）还是贝尔法斯特女王大学（Queen's University of Belfast）的一个本科生。他不喜欢这些公式。贝尔觉得量子物理的理论模糊又混乱，"谈不上错，但肯定有问题"。

在量子物理之父尼尔斯·玻尔（Niels Bohr）的论述中，世界可以被一分为二。其中，宏观物体遵循牛顿经典力学的定律，微观物体则遵循量子物理的原理。至于这两者的边界到底在哪里，玻尔始终含糊其词。

同样，第一个建立量子物理的完整数学方案的物理学家沃纳·海森堡（Werner Heisenberg）也无法给出具体的回答。玻尔和海森堡对量子物理的解读正是所谓的"哥本哈根诠释"（Copenhagen Interpretation），名字源于玻尔当时工作的机构。贝尔当年在量子物理课上体会到的那种模糊感，一直笼罩着这一学说。

1949年，贝尔即将大学毕业，他读到了另一位量子物理先驱马克斯·玻恩（Max Born）的著作《关于因果和机遇的自然哲学》（*Natural*

Philosophy of Cause and Chance）。书中提到了著名数学家兼物理学家约翰·冯·诺依曼（John von Neumann）的一个证明，并围绕这个证明做出论证，这给贝尔留下了很深的印象。

玻恩称，冯·诺依曼证明了哥本哈根诠释是量子物理的唯一诠释。如果哥本哈根诠释不对，量子物理本身就错了。而既然量子物理理论明显成立，模糊的哥本哈根诠释也一定没问题。

贝尔没能亲自阅读冯·诺依曼的证明，因为他不懂德语。读完玻恩的讨论后，贝尔便将自己对哥本哈根诠释的困扰搁置一边，转向更实际的问题——加入英国政府的核能项目。可是，到了1952年，贝尔发现一件不可能的事发生了。一篇新的论文打破了他对哥本哈根诠释勉强而短暂的信任。

尽管有冯·诺依曼的证明在前，一位叫戴维·玻姆（David Bohm）的物理学家还是发现了另一种诠释量子物理的方法。这是怎么回事呢？伟大的冯·诺依曼是哪里算错了吗？为什么在玻姆之前没有人发现这个漏洞？要弄明白这些，贝尔必须仔细阅读冯·诺依曼证明的原文。

冯·诺依曼证明的英文版在3年后问世时，生活早已推着贝尔走得很远了——此时的他已经结了婚，正在伯明翰大学（University of Birmingham）攻读量子物理博士学位。不过，他说自己这么多年一直"没有彻底忘记玻姆的文章"。

10多年后，贝尔总算重新开始探讨这个问题，并依此取得了自阿尔伯特·爱因斯坦（Albert Einstein）以来影响最为深远的科学发现。

◑ ◑ 目录

同一把钥匙为什么不能同时出现在两个地方？

有一件挺让人困扰的事——我们日常生活中的物品是不能同时出现在两个地方的。如果你把钥匙落在了外套口袋里，它就不会在门口的挂钩上等着你。这一现象再正常不过，因为这些物品本就平淡无奇，不具备什么神秘的超能力。

不过，这些稀松平常的物品背后，却暗藏了诸多不凡的现象。你的钥匙由千千万万个原子组成，而其中的每一个都来自亿万年前某颗濒死的恒星。它们沐浴过早期太阳剧烈运动带来的炽热光辉，见证了我们星球上所有生命的兴衰。原子简直是史诗！

史诗中的英雄总要面对一些凡人没有的问题，原子也一样。我们人类循规蹈矩，在任一时间只会出现在一个地方，但原子却常常剑走偏锋。一个原子在实验室里沿着一条路径漫步时，遇到一个分叉，它可以向左或向右移动。若换作你我，就必须选择是往左还是往右，可原子在这时却会犹豫再三，无法决断。于是，在生存与毁灭之间，小小的哈姆雷特原子决定两个都选。它并不会将自己劈成两半，也不会先往左再往右，而是会在同一时间迈上两条不同的道路，以表示对常规逻辑的蔑视。原子属于另一个世界，主宰你我和丹麦王子哈姆雷特的物理定律并不能主宰它——它属于迥然不同的、微观的量子世界。

量子物理探索的是属于原子、分子以及亚原子粒子等微观物质的世界，是科学界最成功的理论。通过量子物理，我们能够以惊人的准确度预测出一系列神奇的自然现象，而它的影响也已经远远超出了微观的范畴，延伸到了我们的日常生活中。

20世纪早期量子物理领域的发现直接催生了我们手机里的硅晶体管、手机屏幕里的发光二极管、空间探测器的核心技术和超市里用来扫码的激光。量子物理能够解释为什么太阳会发光，也能解释为什么我们的眼睛可以看见光。它能够完整地阐述包括元素周期表在内的整个化学学科，甚至还能解释为什么固体是固体（比如你现在坐的椅子，还有你的骨头和皮肤）。这一切的一切都源于微观物质的一系列奇特性质。

奇怪的是，量子物理好像并不适用于人类，或者任何与人类体积接近的物质。我们的世界是由人以及钥匙这类平凡的事物组成的。可是，我们这些在某一时间点只能出现在唯一一个地方的普通人，却偏偏是由量子物理主宰的粒子组成的。那么，到底是什么让我们的世界与量子的世界天差地别？为什么量子物理只在微观物质的世界里成立？

这些问题的重点并不在于量子物理是一门奇怪的学科。这世界本就千奇百怪，怪事到处都是；问题在于我们在日常生活中并不能看见量子物理导致的种种奇观。这又是为什么呢？

或许量子物理只适用于微小的物质，一旦物体的尺寸超过了一定范围，它就会失效。若真是这样，这个范围到底是什么，又是由什么决定的？

如果并没有这样的一个范围，如果量子物理真的适用于我们，就像它适用于原子和亚原子粒子一样，那么量子物理为何与我们身边的物理现象如此不同？我们的钥匙为什么不能同时出现在两个地方？

薛定谔的猫

80 年前，量子物理的奠基人之一埃尔温·薛定谔（Erwin Schrödinger）深受这些问题的困扰。他为了向同事阐述他的迷惑，设计了一个著名的思想实验：薛定谔的猫。

在这个实验中，薛定谔把一只猫和一只装着氰化物的玻璃瓶放进同一个盒子里，并在玻璃瓶上方悬挂一把锤子，使其与一个用来探测核辐射的盖格计数器（Geiger Counter）相连，而计数器正对着一小块放射性金属放置。一旦金属放出射线，这个繁复的机械组合就会被激活，盖格计数器会松开锤子，将下面的玻璃瓶砸碎，从而毒死旁边的猫。当然，动物保护协会的人不用担心，薛定谔并没有要把这个思想实验付诸实践的打算。薛定谔准备把猫放进盒子后，先搁置一会儿；然后，他会打开盒子，看看它命数几何（见图 0.1）。

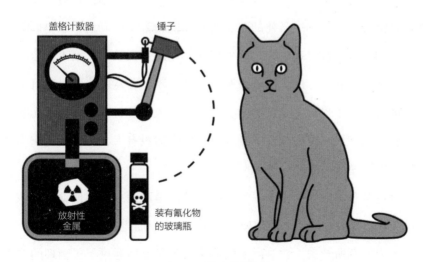

图 0.1　薛定谔的猫

（放射性金属发出辐射时，盖格计数器会探测到辐射，随之落下锤子，砸碎装氰化物的玻璃瓶，从而将猫毒死）

放射性金属发出的辐射由亚原子粒子组成，它们从金属中的原子中分离出来，随后高速飞离。跟所有足够小的东西一样，这些亚原子粒子是遵循量子物理定律的。它们并不在意莎士比亚的"生还是死"，而是像 The Clash 乐队唱的《是去是留》（*Should I Stay Or Should I Go*）一样，无法决定自己此时该何去何从。于是，它们决定既走又留。在盒子关着的时候，这块犹豫不决的放射性金属既发出了辐射，又没有发出辐射。

由于这些粒子满怀"朋克精神"，盖格计数器既会探测到辐射，又不会探测到辐射；而这又会导致那个锤子既会砸碎装着氰化物的玻璃瓶，同时又不会砸碎；这么一来，这只猫也既会死掉，又不会死掉。薛定谔指出，这是一个很严重的问题。尽管一个原子可以同时走在两条不同的路径上，但猫不会同时既是死的又是活的。我们打开盒子之后会看到，这只猫要么活，要么死。因此，在打开盒子之前的一瞬，这只猫必然只能处于这两种状态中的一种。

当时的许多科学家都一致反对这一看法。有人认为：在打开盒子之前，猫都处于一种既生又死的状态之中，因为有了打开盒子往里面看的这个行为，猫才被迫在生死之间做出抉择。还有人认为：因为闭合的盒子内部无法被观测，而无法被观测的事件并不具备意义，所以在打开盒子之前讨论盒子里的事是枉然的。对于这些人来说，无法观测就无须讨论。就好比如果一棵树倒在了森林里，而旁边没有人，那么探究它当时有没有发出声音就是没有意义的。

薛定谔对他的猫的担心并没有因为这些争论而减轻。他觉得其他人都没抓住问题的关键：量子物理的理论之所以无法与现实世界完全吻合，是因为内容有所缺失。数量巨大的原子究竟是如何通过量子物理的定律组成我们身边的世界的？在最基础的层面上，到底什么才是真实，这其中又有怎样的规律？然而，薛定谔的反对者赢得了胜利，薛定谔对量子世界实际发生的事情的担忧被忽视了。物理学的其他部分继续前进。

爱因斯坦－玻尔争论：量子物理中不存在真实？

虽然薛定谔的想法很小众，但他不是孤军作战。爱因斯坦同样想搞明白量子世界的定律，并与伟大的丹麦物理学家玻尔就量子物理和现实世界的本质进行了一系列的争论。如今，爱因斯坦－玻尔争论已经成为物理学的一部分。通常的说法是玻尔赢了，而爱因斯坦和薛定谔都多虑了；量子物理中的现实没有问题，因为从一开始就不需要考虑现实。

然而，量子物理肯定告诉了我们一些关于真实世界的情况。否则，它为什么会起作用呢？如果它跟真实世界完全没有关系，为什么会被广泛接受呢？即使这个理论只不过是模型，那它也肯定在模拟着什么，而且做得相当好。量子理论能够以无与伦比的精确度对物理现象做出预测，这背后一定是有原因的。

我们很难说清楚量子物理具体预测了什么，一方面是因为这个理论实在太奇怪了。量子物理的世界跟现实世界完全没有任何相似之处，量子物体的本性看上去很矛盾——不仅有同时存在于两个地方的粒子，既发出又没发出的射线，还有许多其他奇怪的现象。比如，处于异地的量子物体之间可以瞬时产生极细微的联系，这一点无助于直接通信，却对算法和加密十分有用。此外，受量子物理"管辖"的物体并没有尺寸上限。实验物理学家几乎每个月都会制作出精巧的设备，让越来越大的物体展现出奇异的量子特性，也越发让人质疑量子现象是否真的独立于我们的日常生活。

以上这些还不是量子物理最令人费解的地方，甚至都不是最大的难题。自量子物理诞生直到现在，所有物理学家都同意量子物理的理论本身是成立的。但至于它到底意味着什么，大家争论了 90 年都无法达成共识。以玻尔为首的大多数物理学家一直在质疑这个问题本身。他们认为：不管量子物理的理论多么准确，我们都不应该也不可能去探究量子世界里到底发生了什么；量子理论没有更深层的意义，因为其中的物体并不真实存在。

量子现象的怪异让许多举足轻重的物理学家笃定地宣称：量子物理证明了微小的物体不像我们熟悉的物体那样真实存在，因此在量子物理中谈论真实是不可能的；这个理论中没有，也不可能有任何关于真实世界的故事。

这种态度的普遍程度简直匪夷所思。物理本就是探索世界、研究宇宙的组成和运行的科学。许多物理学家之所以会从事这个行业，就是因为想要了解自然界的原理，并解开其中的谜题。可一旦涉及量子物理，大多数物理学家便完全忘记了这个初衷。借用物理学家戴维·默明（David Mermin）的话，他们这时候选择"闭上嘴，埋头算"。

更不可思议的是，这种主流的说法早已被一次次地推翻。尽管许多人认为玻尔在与爱因斯坦的争论中获得了最后的胜利，爱因斯坦却明显在辩论的过程中占了上风，并有理有据地指出，量子物理有许多核心问题尚待解决。某些反对薛定谔的人，敷衍地将他对何为真实的疑问直接称为"不科学的"——这实在是站不住脚的陈旧理念。更何况，在反对阵营中，已经有人在不降低量子物理准确性的情况下，通过其他方法将量子物理和现实世界结合了起来。

这些有望成功的学说已证明"量子物理中不存在真实"是一个错误的偏见。即便如此，大多数物理学家还是多多少少持有这样的想法。学校里都是这么教的，面向大众的科普也是这么讲的。尽管正统的说法压根说不通，其他的猜想却依然被看作非正统的小众理论。

因此，在量子理论诞生近100多年后的今天，虽然量子物理已经彻底改变了我们的世界和世界中每一个人的生活，我们却依然不知道这些理论到底跟所谓的真实有什么关系。这个奇异的故事便是本书的主题。

为什么要探究量子物理对真实世界的意义

这个故事的来龙去脉十分有趣,但在物理学界之外,它几乎不为人知。是啊,为什么要关心这个?反正量子物理的理论肯定是成立的。这么说来,物理学家也不用管这些,毕竟用量子物理预测出来的结果都很准确,难道这还不够吗?

但是,科学可不仅仅是有数字和预测就足够的。科学的目的是搭建起一个关于自然的认知系统。它承载着我们对身边世界的理解,是人类日常科学研究的基础,也为未来的科学发展乃至科研之外的人类活动指引方向。

任意一组算式都可以有千万种不同的诠释方法,科学的发展依赖于我们不断地去筛选这些诠释,不断地挑出目前最完美的学说中的漏洞。最前沿的学说决定了科学家会设计出怎样的实验,也决定了这些实验的结果如何被诠释。爱因斯坦早就说过:"实验结果取决于理论基础。"

这句话在科学史上一次次地应验。伽利略(Galileo)并没有发明天文望远镜,但他是第一个想到用功能强大的望远镜去观测木星的人,因为他相信木星是颗行星,像地球一样绕着太阳旋转。在这以后,大家开始用天文望远镜观察彗星、星云和星团,但没人想到用望远镜去验证日食时太阳的引力是否会让星光产生弯曲。

伽利略成功观测到木星 3 个世纪后,爱因斯坦的广义相对论才预测到了这一现象,人们也才完成了这个实验。科学界的根基是人类目前所有理论的总和,其中不仅有数学模型,还有这些数学模型试图去讲述的,关于这个世界的故事。这个故事是科学的核心,也是我们进一步突破科学前沿的基础。

在科学界之外,科学讲述的故事也会渗入人类的文化中,改变我们看待生活甚至看待自己的方式。我们知道了地球不是宇宙的中心,知道

What Is Real? (i) (i)
The Unfinished Quest
for the Meaning of
Quantum Physics　谁找到了薛定谔的猫？

了达尔文的进化论，知道了宇宙的起源和发展（大爆炸和宇宙膨胀）。到现在，我们已经知道了宇宙长达 140 亿年的漫长历史，也知道了它包含数以千亿计的星系。科学的发展彻底改变了人类对自身的认识。量子物理的理论是成立的，但如果我们不去探究它对真实世界的意义，我们对这个世界的认知就会留下一块空白，也会错过人类科学研究历程中的一个重要故事。

具体来说，它是一个关于失败的故事：故事中的人们未能跨学科思考，未能将科学追求与巨额资金等的影响隔离开，未能实现科学的理想。科学影响了我们身边世界的方方面面，所有热爱思考的人都应该将这个教训铭记于心。本书讲述了一段人类科学研究史上的故事。

第一部分
哥本哈根诠释引发的思想"纠缠"

特隆人认为，数数的行为会改变被数物的量，把无限变为有限。至于数相同数量的人得到相同的结果这件事，则被特隆的心理学家看作概念的合并，抑或记忆的串联。

——豪尔赫·路易斯·博尔赫斯
《特隆, 乌克巴尔和奥比斯·特蒂乌斯》(*Tlön, Uqbar, Orbus Tertius*)

这场浸透了认识论的狂欢是时候结束了。

——阿尔伯特·爱因斯坦
1935 年致埃尔温·薛定谔的信

第 1 章

THE MEASURE OF ALL THINGS

"什么才是真实的？"

20 世纪的前 25 年，两个震古烁今的物理学理论横空出世，永远地改变了我们对现实的理解。其中，相对论的发展历程相当有童话色彩：惊世的天才原本已离开了学术界，却凭借一己之力，取得了石破天惊的科学发现。这个故事的主人公，便是爱因斯坦。

量子物理的诞生相比之下则要复杂得多。它是许多物理学家共同努力的结果，参与者数以十计，耗时近 30 年。爱因斯坦也是其中一员，但他并不是领军人物。在这群组织松散的伟人中，如果非要说有个领袖的话，那可能就是丹麦物理学家玻尔了。

爱因斯坦为什么极力反对哥本哈根诠释

量子物理创立初期，玻尔一手创建的哥本哈根理论物理研究所无疑是相关研究的圣地。在长达 50 年的时间里，几乎每一位量子物理界的大人物都曾在这里研究和学习。从开创量子物理的基本理论，到发现元素周期表背后的规律，再到利用核放射材料来观察活细胞，在这里工作的物理学家的建树，可以说涉及了科学界的所有领域。

海森堡，沃尔夫冈·泡利（Wolfgang Pauli），玻恩，帕斯库尔·约尔当（Pascual Jordan）……玻尔和他这些高徒一起创立了"哥本哈根诠释"，它很快就成为量子物理的标准解释。量子物理跟现实世界有什么关系？根据哥本哈根诠释，这个问题的答案十分简单：量子物理跟我们生活的世界毫无关系。

哥本哈根诠释并没有告诉我们一个关于原子和亚原子粒子所在的量子世界的故事，而表示量子物理只是一个计算各种实验结果概率的工具。玻尔认为，我们不必去描述量子世界，因为"量子世界并不存在，存在的只是一个抽象的量子物理模型"。

由于量子物体并不像我们身边的物体那样真实存在，这个模型的用途仅限于预测量子事件发生的概率。海森堡说："一个客观的真实世界里，那些最微小的组成部分不可能像石头或者树木一样，无论是否有人观测都客观存在。"可实验的结果的的确确是真实的，因为我们通过测量它们从而创造了它们。

约尔当在测量电子这样的亚原子粒子时说："电子是被迫做出决定的，是我们强迫它选择了一个固定的位置。在这之前，它既不在这儿，也不在那儿。是我们通过实验本身创造了实验的结果。"

爱因斯坦觉得这些话都是无稽之谈。他在给友人的信中写道："这个理论有点像是一个极其聪明的偏执狂脑中的那套妄想。"爱因斯坦也对量子物理做出了巨大贡献，但坚决反对哥本哈根诠释，并称其是一种镇静性哲学，"相信它的人陶醉地躺在这个柔软的枕头上，可我完全不能被说服。"

爱因斯坦要求对量子物理做出一种解释，讲述一个关于世界的圆融统一的故事，即使没有进行测量也能回答问题。哥本哈根诠释无法回答此类问题，于是爱因斯坦愤怒地称它是一场"浸透了认识论的狂欢"。

然而人们普遍忽略了，爱因斯坦追求一个更完整理论的主要原因，在于冯·诺依曼证明了这样的理论不可能存在。冯·诺依曼可以说是当时最顶尖的数学天才，他8岁自学微积分，19岁发表高等数学的论文，22岁获博士学位。他在原子弹的研发中起到了至关重要的作用，更是计算机科学的奠基人之一。此外，他还精通7种语言。他在普林斯顿大学的同事半开玩笑半认真地说，冯·诺依曼想证明什么就可以证明什么，他的证明肯定不会错。

1932年，冯·诺依曼把他涉及量子物理的证明收录进自己写的教科书中。爱因斯坦可能并不知道这个证明，但其他很多物理学家是知道的。对这些人来说，只要伟大的冯·诺依曼提出一个证明的想法就足以平息这场争论。哲学家保罗·费耶阿本德（Paul Feyerabend）的经历完美地诠释了这一点。在玻尔的一次公开演讲之后，"玻尔先走了，大家继续讨论。有人对他的论点提出反对，认为其中有许多漏洞。玻尔的拥护者没有去梳理其中的逻辑，而是把冯·诺依曼的证明搬了出来。那一瞬间，反对的人都立马噤了声……只要说出冯·诺依曼的名字和'证明'这个词，反对的人便无话可说。"

但至少有一个人曾对冯·诺依曼的证明提出异议。德国数学家、哲学家格蕾特·赫尔曼（Grete Hermann）在1935年发表过一篇反驳冯·诺依曼证明的论文。赫尔曼指出，证明中有一个关键步骤不够严谨，整个证明因此不能成立。不过，这篇文章并未引起大家的注意，因为她在物理界名不见经传，并且是一名女性。

尽管冯·诺依曼的证明有所疏漏，哥本哈根诠释却依然保持着绝对主流的位置。由于极力反对哥本哈根诠释，爱因斯坦成为大家眼里脱离时代的顽固老头。质疑哥本哈根诠释几乎就等于质疑量子物理本身，在接下来的20年里，量子物理所向披靡，但没有人再去探究它核心深处的未解之谜。

量子物理与牛顿的经典力学有哪些不同

为什么量子物理需要诠释呢？难道它不能直接告诉我们世界的真相吗？为什么爱因斯坦和玻尔之间会有争论呢？毕竟，他们俩都明确同意量子物理本身是成立的。如果是这样，他们为什么认为量子物理的理论有不同的意义？

量子物理需要被诠释的原因在于它不是一个直接反映现实的理论。量子物理的计算，晦涩而复杂，跟我们身边的世界也没有明显的联系。它与它取而代之的理论——艾萨克·牛顿（Isaac Newton）的经典力学，截然不同。

牛顿的经典力学是通过十分直观的三维空间描述这个世界。在无外力影响的情况下，里面的物体都会一直保持直线运动；物体的位置用三个数字表示，每个数字代表一个维度，叫作"向量"（Vector）。如果我站在一个 2 米高的梯子上，而梯子在你前方 3 米，那我的位置就是（0，3，2）。

  0 代表我的位置垂直于梯子，没有左右偏离；

  3 是我跟你之间的距离；

  2 则代表我在你上方 2 米处。

一切都非常直观，没人会觉得经典力学需要什么诠释。

但是量子物理不一样，它的理论和计算都比牛顿经典力学艰深得多。若想知道一粒电子的位置，三个数字远远不够，我们需要无限多的数字。量子物理用来描述这个世界的，是一种叫作"波函数"（Wave Functions）的无穷个数字的集合。这些数字被一一分配到不同的位置，空间里的每一个点都有属于自己的编号。

如果你的手机上有个应用可以测到单个电子的波函数的话，屏幕上只会显示一个数字，这个数字被分配到你手机所在的位置；你现在坐的地方在这个波函数测量仪上可能会显示为 5，顺着这条路再走半个街区可能就是 0.02。笼统地说，波函数就是一组对应着不同位置的数集。

在量子物理中，每个物体都有属于自己的波函数。这本书有，你坐的椅子有，你自己有，你周围空气里的原子，以及这些原子里所有的电子和其他亚原子粒子也都有。我们可以通过薛定谔方程并根据物体的波函数来推断它们的行为。

为什么薛定谔方程只在没有测量行为时成立？

薛定谔方程是量子物理的核心方程，由奥地利物理学家薛定谔于 20 世纪 20 年代中期提出。根据薛定谔方程，波函数不能发生瞬时变化。换言之，波函数分配给某个位置的数字不能瞬时从 5 变成 500，而是要一点点地从 5.1 到 5.2 再到 5.3 这样慢慢过渡。波函数的数字可增也可减，就像波浪一样，波函数因此得名。不过，它们的走势总是均匀平滑的，不会骤增骤降。

波函数本身并不十分复杂，但量子物理需要用到它，这件事本身就有些奇怪。经典力学用三个数字就能描述物体的位置，而量子物理却需要动用无数个数字来描述一个电子的位置。也许是电子的性质比较特别吧，毕竟它们跟石头、椅子还有人类不大一样。可能它们的位置比较模糊，需要用波函数来界定它们震动的范围。

但事实证明，这不可能是正确的。没有人在一个界定明确的地方看到过半个电子，或者任何一个小于完整电子的东西。波函数并不能告诉我们某个地方有多少个电子，它告诉我们的是在那个地方找到电子的概率。量子物理做出的预测通常都是一个概率，而不是明确的数量。这一点也有些匪夷所思，因为薛定谔方程完全是确定性的，根本不包含概率。

14

在任意情况下,薛定谔方程都可以准确地算出任意波函数的具体形式。

　　说起来这也不完全正确,事情怪就怪在我们一旦观察到了电子,它的波函数就会发生变化。它将不再遵循薛定谔方程,而是立马坍缩。在我们观察到电子的那个位置之外的所有位置,这个波函数所有的数值都会瞬间为 0。

　　换言之,这个物理定律会被测量行为影响。一旦我们开始测量,薛定谔方程就会在测量过程中作废,而除了被观察到的那个随机点外,其他点相应的波函数都会发生坍缩。这件事着实很奇怪,因而被特别命名为"测量问题"(见图 1.1)。

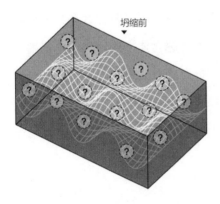 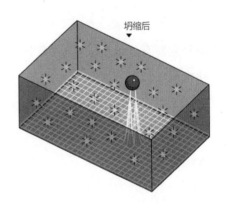

(a) 盒子里的一个球的波函数。它遵循薛定谔方程,曲线平滑,像是水面上的波纹。球可以在盒子内部的任何位置。

(b) 球的具体位置被测量出来的一瞬间,其波函数会发生剧烈坍缩,完全违背薛定谔方程。作为一条自然定律,为什么薛定谔方程只在不被测量的时候成立?到底什么行为算是测量?

图 1.1　测量问题

　　为什么薛定谔方程只在测量行为没发生时成立呢?这好像有违自然规律吧?自然规律难道不应该是任何时候都成立的吗?不管有没有人在旁边看,枫叶该掉还是会掉,而地心引力也不在乎有没有人在观察。

　　那或许量子物理真的不一样吧。或许量子世界的规则会被测量行为打破。这听上去有些诡异，但并非不可能。可即便真是这样，它也不能完全解决量子测量问题，因为新的问题又来了——什么行为算是测量行为呢？是不是必须有一个测量者？量子世界的存在与否取决于是否有测量者吗？任何人都能让波函数坍缩吗？测量者是需要保持清醒的意识，还是昏迷的人也能做到？新生婴儿可以吗？这是仅限于人类，还是黑猩猩也能做到？

爱因斯坦曾设问："如果有只老鼠在观察这个宇宙，这会改变宇宙的量子状态吗？"贝尔也问道："在单细胞生物出现之前，整个世界的波函数是不是等待了数亿年？还是说，光是单细胞生物还不够，得等到有物理学博士学位的人出现才行？"

如果说测量行为跟活着的观察者无关，那它到底跟什么有关呢？是不是只要有一个不受量子物理定律控制的宏观物体来观测一个受到量子物理定律控制的微观物体就够了？这不就意味着几乎时时刻刻都有测量行为在发生吗？也就是说，薛定谔方程几乎无法成立吧。可它分明是成立的啊！再者，量子的"小"世界和牛顿的"大"世界之间，边界到底在哪里？

没有量子物理，就不懂如何制造芯片

基础物理学的核心中居然有这么一个布满疑点的潘多拉盒，着实令人不安。然而，尽管有种种奇怪之处，量子物理却无疑是个十分成功的理论。牛顿的经典力学已经相当不错了，而量子物理还要更胜一筹。没有量子物理，我们就不会明白钻石为什么如此坚硬，原子由什么构成，也不会知道怎样制造电子器件。

这么说来，遍布于整个宇宙的波函数跟我们身边的世界必然紧密相关，不然量子物理的预测怎么能如此准确？既然如此，找出量子测量问题的答案便是一件紧迫的事。只要这个问题还没解决，我们对真实世界的认识就仍有欠缺。

我们应该怎么来解释这个怪异而奇妙的理论？它到底在讲述着怎样的故事？这个问题听起来就十分复杂，与其去直面问题，我们不如干脆提出问题并使其不成立。我们可以声称，量子物理学的目的只是预测实验结果。这样一来，我们就不用去管我们没有测量的时候发生了什么，所有复杂的问题都消失了。

什么是波函数？它跟我们身边的物体有什么关系？很简单嘛，我们只要把波函数看作一个数学模型就好。它只不过是个能让我们预测测量结果的数学工具，跟我们身边的世界没有任何直接关系。

波函数在没人观察时有什么行为都不重要，因为在两次测量之间发生的一切都不重要。甚至在此时谈论事物的存在也是不科学的。以上这些让人摸不着头脑的说法居然就是量子物理界的主流看法——哥本哈根诠释这个"柔软的枕头"。

这些看似简单的答案引出了另一个问题，一个没有明显解决方案的问题。物理是关于物质世界的科学，而量子理论则宣称自己是支配这个世界的最基本组成部分的物理学。然而哥本哈根诠释提出通过量子物理去探寻世界的真相没有意义。那么，什么才是真实的呢？对此，哥本哈根诠释只是报以沉默，一脸不满地看着那个莽撞的提问者。

无论如何，这都不是一个令人满意的答案，可它偏偏就是标准答案。而探索这个问题的物理学家，包括爱因斯坦，以及后来的贝尔和玻姆，都公开反对哥本哈根诠释。因此，对真实的探寻也是一个关于反抗的故事。这种反抗从量子物理诞生之初就开始了。

第 2 章

量子世界的本质是什么

终于说到海森堡了。这位初出茅庐的物理学家年仅 24 岁就受邀来到柏林大学（University of Berlin）发表报告。要知道，那可是德国乃至全世界的物理学中心。他将当着爱因斯坦本人的面，阐述他惊人的新理论。

"那是我第一次见到这么多名人，所以我很仔细地把所有的概念和数学理论基础都解释了一遍。这恐怕是当时最出格的理论。"海森堡 10 年后回忆道，"结果爱因斯坦好像对我说的东西很感兴趣，还邀请我陪他走回家，好在路上更深入地讨论这个新的想法。"

1926 年的那个春日，爱因斯坦边走边随意地询问了海森堡的教育背景和人生经历，偏偏就是不提他的新理论。直到他们进了爱因斯坦的家门，爱因斯坦才开门见山。

海森堡的矩阵力学给量子物理界带来希望

海森堡那个"最出格的理论"的确是一个巨大的突破，因为它有望解决那个时代最突出的科学挑战：量子世界的本质是什么。此前近 30 年中，物理界的人都隐隐知道现有的理论有破绽，要搞清楚微观世界或者说原子世界到底在发生什么，就必须修正思路。然而，大家只能在暗中摸索。可见光的波长是单个原子大小的好几千倍，因此，不管放大多少倍，我们都无法通过常规的显微镜观察到原子；不过，原子被加热后，会发出不同颜色的光；就像每个人都有不同的指纹，每一种不同的原子都有着独一无二的光谱颜色。

19 世纪末 20 世纪初，物理学家已经可以辨认这些光谱，但他们还不能推断出其背后的原子结构是什么。这些光谱有数学规律可循，且时不时会有人提出不同的解读，其中最引人瞩目的便是玻尔的理论。

1913 年，出生在新西兰的物理学家欧内斯特·卢瑟福（Ernest Rutherford）的实验结果引起了玻尔的注意。他依此提出了所谓的"行星"原子结构模型。在此模型中，电子像行星一样围绕着尺寸极小但质量巨大的原子核旋转。

在玻尔模型中，电子被限制在一组特定的轨道上。它们不能在轨道中间穿行，但可以从一条轨道"跳"到另一条轨道。每一条轨道都对应着不同的能量，所以，电子在轨道间跃迁时，会吸收或释放两条轨道之间的能量差。物理学家在实验室里观测到的便是由此产生的光谱。这些特定能级之间的不连续跃迁被称为"量子"（Quanta）——这个词源自拉丁语，意思是"多少"。于是，这门研究原子世界的新科学正式得名"量子物理"。

玻尔模型对最简单的原子——氢来说近乎完美。因为这项工作，玻尔被授予 1922 年的诺贝尔物理学奖。这个模型现在看来非常简单，可这恰恰是因为它已经从根本上定义了我们心中的原子概念。当你听到"原子"这个词的时候，脑海里出现的画面一定是电子沿着固定的轨道围绕原子核旋转。这其实都是玻尔的功劳。

玻尔模型是一个对自然运作杰出且独到的见解。可玻尔自己也知道，它远不完备。这个模型不能准确地预测其他元素的光谱，就连只是比氢原子稍微复杂一点的氦原子都不行。而即便是对于氢原子，它能预测出的东西也很有限。比如，它可以预测出氢原子光谱的颜色，却不能预测出这些颜色的相对亮度。当光谱里出现两道或三道紧挨着的颜色时，玻尔模型却只预测出一种颜色。最终，由于原子的光谱易受外界影响，其中一些现象不能完全被玻尔模型解释。将原子放入磁场或者电场时，其光谱总是会发生变化——变色、模糊，一分为二，变暗或变亮。在海森堡的理论出现前，大家被这些光谱搞得头昏脑涨。

1925 年 6 月，海森堡患上严重的花粉过敏症，喷嚏不断，视力模糊，脸肿得老高，从早到晚泪流不止。这位年轻的物理学家无可奈何，只得到北海上一座寸草不生的荒岛——黑尔戈兰岛（Heligoland）上休假两周。在岛上待了几天后，他感觉有所好转，重新投入科研工作。

他先把玻尔模型中提到的电子轨道搁置一旁，专注地思索实验结果本身：能级间跃迁所发出的光谱。在这个光秃秃的小岛上，他面朝冰冷的大海，孤身一人在小棚屋里，每日工作至凌晨 3 点，所幸终于有了突破！他双手颤抖，激动得"无数次计算出错"，"我当时感觉，这些原子现象背后隐藏着许多美妙的东西。自然将这个珍贵的数学结构慷慨地展现在我面前，一想到自己可以在其中自由地探索，我就幸福得眩晕。"

就这样，海森堡创建出了一种奇怪的数学方案，在这种数学方案中，3 乘 2 并不总是等于 2 乘 3。他用这些晦涩的符号乘法，找到了预测量子振子（Quantum Oscillator，相当于一个微型钟摆）光谱的办法。通过这个理论，他继而预测出原子光谱对磁场的反应。

回到哥廷根大学（University of Göttingen）后，海森堡认真地写了一份阐述该理论的论文，并把它寄给了好友——优秀的物理学家泡利。海森堡后来回忆时说："泡利通常是我最严厉的批评者，可他却对这个新理论称赞有加。"泡利说："海森堡的想法为我们提供了新的希望，以及对生命的新期许。我相信，尽管它并不能直接解开谜题本身，但它给了我们一个新的突破口。"海森堡的导师玻恩也表示同意。

随后，玻恩和他另一个学生约尔当帮海森堡把新理论的结构和概念又梳理了一番。该理论核心的数学对象并不常见，玻恩将其命名为"矩阵力学"（Matrix Mechanics）。海森堡的矩阵力学在技术上十分艰涩，没有人能直观地理解它，但不管怎样，它给原子光谱的研究乃至整个量子物理界都带来了希望。

相对论：爱因斯坦发起的物理学革命

20 年前，爱因斯坦在海森堡这个年纪时，也曾在物理界发起过一场革命。说来很巧，虽然不是拜花粉过敏所赐，但他当时也是独自一人。1905 年，爱因斯坦在瑞士当专利局职员时，发表了狭义相对论，一举解决了一个争论多年的问题——光的本质到底是什么。此前，主流的看法认为光是一种波，其介质是某种人们尚不理解的物质，它的名字也富有19 世纪的风格，叫"光以太"（luminiferous Aether）。

可是，1887 年，物理学家阿尔伯特·迈克耳孙（Albert Michelson）和爱德华·莫雷（Edward Morley）曾试图探测地球穿过以太的运动，但失败了。人们为了合理化这个实验的结果，创造出了各种匪夷所思的新理论。一位物理学家认为，这个结果可能表示以太会压缩穿过它的物体；另一位物理学家则指出，光是这样还不够，以太还必须减缓穿过它的物体的所有物理进程。作为一种看不见摸不着的物质，以太居然有这么多神奇的性质，这实在很难让人理解并信服。

爱因斯坦绝妙地解决了这个问题。当然，如今看来这显而易见。他提出，之所以以太如此匪夷所思，是因为它压根就不存在。光只是一种电磁场中的波，它不需要任何介质，而且总是以恒定的速度传播。在这个十分简单的前提下，爱因斯坦提出了一套关于运动的完整理论——狭义相对论。狭义相对论可以解释迈克耳孙 - 莫雷实验的结果，并可以从第一原理中推导出长度收缩、时间延缓等奇怪的效应，而其他理论只能假设这些效应。

狭义相对论还做出了一系列非常新奇的预测。光速是绝对的速度上限：没有任何物体或信号比真空中的光速更快。原因在于根据狭义相对论的数学规定，任何接近光速的物体都需要无限的能量才能到达光速。如果有什么东西的速度超越了光速，那它理论上就可以穿越回过去，并从一开始就不让自己离开。很明显，这是个悖论。光的速度很快（接近每秒 30 万千米），而爱因斯坦发现，这个速度是任何物体移动、发出信号或影响其他物体的最快速度。

在同年的一篇后续论文中，爱因斯坦扩展了他的相对论，修改了牛顿的运动定律，并在这个过程中创立了他著名的方程 $E = mc^2$，该方程表明质量是能量的一种形式。此外，在被称作"奇迹年"的 1905 年，爱因斯坦还发表了两篇影响深远的论文。其中一篇关于原子的行为，另一篇关于光和物质的相互作用，后者让他最终获得了诺贝尔物理学奖。

爱因斯坦在研究相对论时，受到了奥地利物理学家兼哲学家恩斯特·马赫（Ernst Mach）的启发。马赫认为科学应该建立在描述性法则的基础上，而这些法则不能对世界的真实本质做出任何断言。他认为这种断言无益于科学实践，因而不予理会。

对马赫来说，最糟糕的冒犯者之一就是近代物理学之父牛顿本人。牛顿的杰作《自然哲学的数学原理》（Principia）一开篇就预设了时间和空间是绝对的实体，真实存在于这个世界上。马赫指出："绝对空间是个想当然的概念，它只存在于人们的想象中，并不能真正地被观测到。"他认为好的力学理论应该摒弃本体论的前提，不预设任何实体的存在；应该简单地制定描述性的数学定律，准确预测所有物体的运动：好的理论旨在让我们把观测结果联系起来，而不是去假设一些根本无法观测到的东西。

马赫认为，诞生于 18 世纪初期的热力学定律就是一套很优秀的现代物理理论。卡诺（Carnot）、焦耳（Joule）和其他物理学家创造的这套理论，只量化了蒸汽机和其他系统中可以观测到的"热"的行为。做预测时不必假定热具有任何不能被测出的性质。热力学定律不对自然妄加猜测，不需要以任何无法证实的概念为前提，它仅仅是描述了自然。

爱因斯坦早在学生时期就读过了马赫的《力学史》（History of Mechanics）。马赫在这本书里对牛顿力学中绝对时间和空间的批判给他留下了很深的印象。几十年后，爱因斯坦回忆道："这本书对我的影响非常大。"他按照马赫所说，在解决以太问题时彻底摒弃了那些无法观测的实体，并发现狭义相对论根本不需要这些假设。不仅如此，狭义相对论还证实了，绝对时间和绝对空间这两个令马赫头疼的概念其实并不存在。

简而言之，爱因斯坦利用马赫的思想取得了辉煌的成就。马赫的追随者们多年来一直从爱因斯坦的著作中汲取灵感，认为相对论的成功证明了他们看待世界的方式是正确的。

他们认为爱因斯坦本人显然也认同马赫的观点，因为它们在他最著名、最深刻的著作中发挥了十分重要的作用。可真正和爱因斯坦有所交流后，他们才发现，爱因斯坦根本不是一个虔诚的马赫学说信徒。相反，尽管相对论摒弃了绝对时间和绝对空间的存在，它却提出了一个新的绝对概念——时空（Spacetime）。时空集时间和空间于一体，对于所有观测者来说都是绝对不变的。

"相对论"这个听上去与绝对概念背道而驰的名字，其实是物理学家马克斯·普朗克（Max Planck）起的。爱因斯坦本人并不喜欢"相对论"这个名字，因为它意味着一种相对主义。他更喜欢"不变论"（Invariant Theory）这个名字。（相对论中的"不变量"是"时空"这种所有观察者一致同意的量，而这样的量在相对论中有很多。）

不仅如此，爱因斯坦后来曾多次表示，自己并不认为马赫的想法应该被过于认真地对待。他写道:"马赫的认识论在我看来基本上是站不住脚的。它孕育不出生命,只能消灭害虫。马赫认为,物理学的目的是整理我们对这个世界的认知。但爱因斯坦坚信,物理是研究这个世界本身的科学。"他说:"科学的唯一目的是定义这个世界。"

爱因斯坦在 1905 年发表的另外两篇著名的论文,或许更能够说明他对马赫学说的看法。在第一篇论文中,爱因斯坦就解释了布朗运动(Brownian Motion),即流体中尘埃微粒的随机运动。植物学家罗伯特·布朗(Robert Brown)早在 80 年前就发现了这个现象 [发现了光合作用的扬·英根豪斯(Jan Ingenhousz)更是在那之前 40 年就发现了],但没人能解释其背后的原因。爱因斯坦巧妙地解决了这个问题,他用的方法与马赫的主张完全背道而驰。与之相反,他用到了路德维希·玻尔兹曼(Ludwig Boltzmann)的原子理论(认为世界由数量巨大的微小原子组成),而玻尔兹曼刚好是马赫的主要对手。

马赫屡次公开表示自己不相信原子的存在,因为理论上它们小得谁也看不见。可是,玻尔兹曼偏偏证明了,我们可以从大量原子的概率分布中直接推导出马赫大力推崇的热力学定律。此外,化学领域中也有证明原子存在的证据,更何况,化学家早在 50 年前就相信原子的存在了。

马赫并不为玻尔兹曼的论述所动,但爱因斯坦却觉得它有理有据,并利用原子的概念解释了布朗运动。他用玻尔兹曼的概率法证明,流体中的布朗运动是由尘埃微粒和流体中的原子相互撞击导致的。就这样,爱因斯坦不仅轻而易举地解决了这个困扰物理学界长达 100 年的谜题,还决定性地证明了玻尔兹曼基于原子理论的统计方法既可信又有用。

如果说这还不够的话,爱因斯坦的另一篇论文则更加旗帜鲜明地表明了他和马赫的主张有多不一致。在这篇论文中,爱因斯坦再次解决了一个古老的谜题:光电效应(Photoelectric Effect)。这个效应具体来说就是,照射在金属板上的光会使电流穿过空气到达附近的电线。光电效应中最令人不解的一点，在于光的颜色似乎至关重要。如果光的颜色太红，即使把亮度调得再高也不会有电流产生。

　　爱因斯坦为了解释该现象，创造了一种全新的粒子：光子（Photon）。这个大胆的猜想不仅和马赫学说完全相悖，似乎也违背了 100 年来所有证明光是波动而不是粒子的实验结果。爱因斯坦当然知道光是电磁波，毕竟这也是狭义相对论的灵感所在。

　　但他还是坚持光不仅仅是波动，或者说这种波动有类似粒子的性质。除了光电效应和德国物理学家普朗克 5 年前发现的"黑体辐射定律"（Black-body Radiation Law）中的一个小小异常之外，爱因斯坦的理论再无任何实验证据支撑。在将近 20 年的时间里，除了爱因斯坦几乎没人相信光子理论。就连普朗克本人都不觉得自己的实验结果意味着光是粒子（尽管多年后普朗克的实验被广泛认为是量子革命的开端）。直到 1923 年，阿瑟·康普顿（Arthur Compton）在实验中观察到被电子弹开的光子后，物理界才逐渐承认了爱因斯坦的想法。但即使到那时，也仍有一些人持保留看法。

　　不过爱因斯坦早就习惯了孤军作战。1905 年，那个改变世界的理论便是他在瑞士专利局工作时独自提出的。在此后的岁月里，他一直保持着这个习惯。爱因斯坦曾坦言，自己的一生是"单枪匹马"地度过的。他甚少与其他物理学家合作，也几乎从未带过学生。不管是在科学还是其他领域，他永远都保持着对所谓"现状"的怀疑。在他眼里，一切"常识"都不过是我们成长过程中逐渐积累的偏见而已。

　　因此，爱因斯坦对海森堡 1925 年发表的新理论，当然也是用批判的眼光看待。海森堡的论文发表后不久，爱因斯坦就给友人保罗·埃伦费斯特（Paul Ehrenfest）写信说："哥廷根的人很认同海森堡的那套理论，但我不信。"现在终于有了当面与海森堡交流的机会，爱因斯坦当然牢牢地抓住了。

What Is Real? (i) (i)
The Unfinished Quest
for the Meaning of
Quantum Physics   谁找到了薛定谔的猫?

爱因斯坦的追问，吓到了海森堡

回到家后，爱因斯坦终于说出了自己真正想问的问题："你假设原子中存在电子，这可能没什么不对，但你没有把电子的轨道考虑进去。我很想知道你为什么会做出这么奇怪的假设。"

"我们无法观测到电子的轨道。"海森堡回答。他指出，实验中能观测到的只有原子的光谱，并给出了一个富有马赫风格的结论："好的理论应该只基于可以观测的量值，所以我觉得还是只考虑这些比较好。"

海森堡后来说起这个故事时提到，爱因斯坦当时对此十分不解："可是，你不会真的相信理论研究中只能考虑可观测的量值吧！"

海森堡回答："您研究相对论时不就是这么做的吗？"

爱因斯坦说："我可能确实用过这种推理，但不管怎样，它还是不合理。理论上，只用可观测的量来构建一个理论是不对的。因为在现实中，它们的因果关系往往相反，是理论基础决定了实验结果。"

随后，他又解释道："如果没有理论的指引，我们便完全无法理解通过实验仪器甚至自己的感官所得到的信息。我们用温度计测量烤鸡的温度时，已经预设了温度计会准确地显示烤鸡内部的温度，也预设了温度计上的读数会通过光的反射准确地进入我们的眼睛。换言之，我们已经有了一套关于这个世界运作原理的理论，而且，我们会自然而然地用这套理论来使用温度计。"爱因斯坦对海森堡指出："就像温度计一样，当我们观察光谱的时候，明显已经预设了光从震动的原子传输到分光镜或者眼睛的机制，就像人们一直假设的那样。"

海森堡后来回忆道，自己当时完全被爱因斯坦的态度吓到了。他回到了马赫看似无懈可击的理论上来，解释道："'好的理论应该只是对实验中的观测进行合理的归类'这个想法明显是马赫提出的。众所周知，马赫的学说在您的相对论中也是至关重要的一环。但您刚才对我说的似乎与此完全相反。我到底该怎么去理解这一切呢？或者说，您自己是怎么理解这一切的呢？"

"马赫彻底忘记了真实世界的存在。我们所谓的观测都带有一定的主观成分。"爱因斯坦答道，"他假定我们知道'观察'到底是什么意思，而这一点刚好可以让他不用去辨别什么是客观、什么是主观。我强烈认为，我们刚才谈到的那些问题会给你的理论带来大麻烦。"

两人似乎陷入了僵局，海森堡决定转换话题。他那几天刚好面临着一个职业生涯上的难题。此前一年，也就是在去黑尔戈兰岛前，海森堡刚刚和玻尔在哥本哈根度过了成果颇丰的 7 个月。因此，玻尔想邀请他去哥本哈根做自己的助手。结果没过几天，海森堡突然面临一个无比幸福的难题——莱比锡大学（University of Leipzig）也向他抛出橄榄枝，给了他一个终身教授的职位。这个职位不仅地位崇高，对他这年纪的人来说更是闻所未闻。海森堡不知何去何从，向爱因斯坦寻求建议。爱因斯坦告诉他，他应该去和玻尔一起工作。3 天后，海森堡便踏上了前往哥本哈根的旅程，他将回到量子物理大师的麾下。

玻尔："再权威的物理学家都觉得他很厉害"

玻尔和爱因斯坦是好友。在 1920 年初次见面后，爱因斯坦便去信对玻尔说："我一生中很少遇到你这样的人，光是你的存在便使我快乐。"在给好友埃伦费斯特的信中，爱因斯坦说玻尔"像个敏感的孩子，梦游一般行走在这个世界上"。

爱因斯坦和玻尔年龄相仿，都是伟大的物理学家，两人都在量子物理领域做出了举足轻重的贡献。不过，除此之外，他俩似乎没有其他的共同点了。玻尔与爱因斯坦截然不同，一直与业内其他学者保持着密切的交流。玻尔在近半个世纪的学术生涯中，指导过数十个后辈，在物理研究乃至生活上都给予他们帮助。他巨大的人格魅力让所有去过哥本哈根研究所的人都记忆深刻。

美国物理学家理查德·费曼（Richard Feynman）评论道："再权威的物理学家都觉得他很厉害。"在学生和后辈眼里，玻尔像一位亲切的长辈。美国物理学家戴维·弗里希（David Frisch）说他是"当世最具智慧的人"。玻尔最杰出的学生之一，约翰·惠勒（John Wheeler）则把玻尔的智慧与孔子、伯里克利、伊拉斯谟以及林肯等人的睿智相提并论。玻尔的许多同事都觉得他是个非常优秀的人，认为他身上有一种追求科学真理的精神。

英国化学家弗雷德里克·唐南（Frederick Donnan）在给玻尔的信中写道："我们都认为你是科学界最深刻的思想家。我一直想象着这样一个场景：你正在自家美丽的花园里漫步，在这片刻的安宁中，树叶、花儿和小鸟对你轻声诉说着它们的秘密。"

玻尔在学术界身居要职，其个人魅力借此得到了全面的彰显。丹麦政府创建并资助了一所研究机构，唯一目的就是为玻尔提供一个舒适的工作环境。丹麦艺术与科学学院（Danish Academy of Arts and Sciences）点名让玻尔入驻由丹麦著名啤酒酿造公司嘉士伯（Carlsberg）出资修建的嘉士伯荣誉之家（Carlsberg House of Honor）。

玻尔出生于丹麦一个著名的知识分子家庭，他不仅经常在家里接待物理学家，还经常款待艺术家、政治家，甚至丹麦皇室成员。科学史学家马拉·贝勒（Mara Beller）说，对于来到哥本哈根工作的晚辈，"玻尔为他们提供了学术上的启发、事业上的帮助、精神上的满足、物质上的好处、娱乐活动的机会，以及心理上的咨询。"不仅如此，玻尔对他学生的影响早已超出了工作范围，延伸到了他们的个人生活中。玻尔最出色的学生之一维克托·魏斯科普夫（Victor Weisskopf）曾提道："玻尔手下所有单身的物理学家，绝对会在两年内结婚。"

去哥本哈根拜访这样一位智者，无论从智力还是情感方面，对年轻一辈的物理学家来说，都会是一件令人诚惶诚恐的事。"玻尔会邀请我们去嘉士伯，在晚饭后喝咖啡时，我们紧挨着他，坐在他的脚边。真的，坐在地上，就在他脚边！就为了不错过他说的任何一个字。"

玻尔的另一个学生奥托·弗里希（Otto Frisch）这样说，"当时当地，我觉得他仿佛就是苏格拉底。他用平和的方式抛给我们各种深奥的问题，把每一次讨论都升华到更高的层面，引导出我们自己都不知道的智慧（当时的我们确实也没有什么智慧）。我们谈话的内容很广，从宗教到基因，从政治到艺术，都有所涉及。我每次离开他家，骑行在哥本哈根市区的街道上时，不管迎面而来的是丁香的气息还是无法躲避的大雨，之前那些柏拉图式的对话一直萦绕在我脑子里，仿佛置身在幻境之中。"

不过，作为一位智者的玻尔十分特别。他极聪慧而有洞见，却又反应迟缓、态度古怪。他的另一位学生，物理学家乔治·伽莫夫（George Gamow，他的脾气之大远近闻名）评价说："只有亲眼见过玻尔的人才知道他是什么样子。他最大的特点就是思考和反应都特别慢。"伽莫夫随后谈到和量子物理之父一起看电影，是多么让人抓狂：

玻尔只喜欢看《吉祥牧场枪战》（*The Gun Fight at the Lazy Gee Ranch*）或者《孤独侠客和印第安女孩》（*The Lone Ranger and a Sioux Girl*）之类的电影。可是跟玻尔一起看电影真的很让人为难。他跟不上电影的节奏，总是不停地问我们问题，他身边的观众都不胜其烦。他会问"这是那个牛仔的妹妹吗？就是刚杀了那个要偷他妹夫一群牛的印第安人的那个牛仔。"

他在科学会议上的反应也一样很慢。比如，很多时候来访问的年轻学者（访问哥本哈根的物理学家一般都很年轻）会做一个很好的报告，报告主题通常是量子理论中一个很复杂的计算。在座的人都可以很清楚地明白他在说什么，但玻尔就是听不懂。所以大家就开始一起给他解释某一处他没明白的很简单的点，但在随之而来的思绪混乱中，没人能让玻尔理解报告内容。

最后，过了很久，玻尔才会逐渐弄懂大家在说什么。通常来说，问题往往出在他对命题的理解和来访的学者不一样。而他的理解才是对的，对方反而一开始就错了。

在玻尔身边的人看来，他这些恼人的习惯和他巨大的名望与人格魅力比起来完全算不得什么。不仅如此，这些缺点反而让他的学生更喜欢他，因为这能让他们看到自己存在的价值——不只是他们需要玻尔，玻尔也需要他们。玻尔的工作风格是缓慢的，但强度很高，需要与他人合作。他会不断地斟酌自己的用词，和身边的人讨论自己的想法。

写作对于玻尔来说是一桩难事，他总是需要别人帮忙，才能写出东西。在量子物理刚诞生不久的那段时间——1922 年到 1930 年，玻尔没有任何一篇论文是独自完成的。比起爱因斯坦言简意赅的文风，玻尔的文字总是晦涩难懂，冗长混乱的。以下是一段以他的标准而言还算简洁直接的文字，在解释量子"跃迁"是量子物理与牛顿经典力学最显著的差别时，他写道：

尽管很艰难，在量子理论的形成过程中，我们可以发现，其本质似乎可以用所谓的量子假设来表达。这其中包括赋予任何原子过程一种基本的不连续性，或者个性。其与经典的理论完全相悖，却可通过普朗克的量子动态表示。

玻尔的口语表达比起书面表达也好不到哪去。"1932 年的一次会议上，玻尔就当今原子理论中的难点做了一个报告。"他的学生卡尔·冯·魏茨泽克（Carl von Weizsacker）回忆道，"他当时神情纠结，头朝一边歪去，吞吞吐吐。"他不仅仅在公开场合不善言辞，魏茨泽克在记录一次私人对话时说玻尔"说话吞吞吐吐。话题的内容越重要，他说的话就越难懂。"奇怪的是，据说玻尔曾教导他的学生"说得不能比想得清楚"。

不过，这晦涩的思想反而进一步成就了他智者般的神秘气质。他只需说一个词，学生就得花上数小时甚至好几天来揣测他的意思，但他的晦涩并未影响学生对他的感情。他的同事鲁道夫·派尔斯（Rudolf Peierls，后来成为贝尔的导师）说："虽然我们经常搞不懂他在说些什么，但还是对他怀有无限的尊重和无边的敬爱。"

与海森堡的理论争辩让薛定谔病倒

与爱因斯坦在柏林分别后的第 3 天，海森堡抵达了哥本哈根。自上次离开这里以来，他已经成功地完成了自己的博士答辩，创建了矩阵力学并获得了教职。不过他没有感到胜利的喜悦，相反，他此时有些烦躁。海森堡的矩阵力学无疑是极具开创性的理论，但他的胜利是短暂的（图 2.1）。海森堡的论文发表后仅 6 个月，维也纳物理学家薛定谔发表了一种不同的量子物理理论——波动力学（Wave Mechanics）。

薛定谔是 1925 年至 1926 年的新年期间，在瑞士阿尔卑斯山上突然迸发了波动力学的灵感的。该理论的数学基础比较简单，就是我第 1 章讲过的，受薛定谔方程控制的平滑运动的波函数。

海森堡担心薛定谔的成功会压过自己，而他的担心也不无道理。矩阵力学中用到的符号乘法对于当时大多数的物理学家来说，实在太过深奥且和现实世界没有任何直接联系。相比之下，薛定谔用到的数学大家都很熟悉，也容易直观地理解。薛定谔曾自夸说，他的理论不需要物理学家"压抑自己的直觉，成天和跃迁概率或能级这种抽象概念打交道。"物理学界的大多数人都同意他的看法，甚至连海森堡从前的盟友也赞同。

海森堡的博士导师阿诺德·索末菲（Arnold Sommerfeld）说："矩阵力学的正确性毋庸置疑，但是它的操作极其复杂，抽象得可怕。多亏薛定谔拯救了我们。"玻恩更是将薛定谔的波动力学称为"最深刻的量子法则"。同时，泡利还利用薛定谔的理论解决了一个他之前无法用矩阵力学解决的问题，并成功获得了氢原子谱线的亮度，解决了一个 70 多年来悬而未决的问题。

图 2.1　哥本哈根诠释的奠基人，1936 年摄于玻尔研究所

（从左到右分别是玻尔、海森堡和泡利）

抛开波动力学的成功和薛定谔的自我吹嘘，薛定谔的波动力学和海森堡的矩阵力学，在其重叠领域给出的结果其实是一样的。比如，它们都完美地再现了氢原子的光谱，只不过玻尔模型中的能级在薛定谔的理论中变成了能量的"本征态"（Eigenstate），也就是说，这些特殊的波动函数有恒定的能量值。薛定谔很快就发现，矩阵力学和波动力学在数学上其实是等价的，只是用了不同的工具来阐述同样的概念——一个叫作"量子力学"的新理论。像谱线亮度这类问题，之所以先被波动力学解决了，无非是因为薛定谔理论的计算在大多数时候比海森堡的容易操作。但是，这两种不同版本的量子力学在诠释方面却有很大的不同。薛定谔自信能找到一种方法，把所有量子现象用薛定谔方程所描述的波的平稳运动解释。

而海森堡对此不以为然。在给泡利的信中，海森堡写道："我越是仔细思考薛定谔理论中关于物理的部分，对它就越反感。薛定谔自己说他的理论中直观的部分'可能不完全正确'，要我说，简直就是错得离谱。"

尽管如此，对大多数物理学家来说，薛定谔的波动力学还是要比海森堡的矩阵力学直观得多。海森堡备受困扰，担心自己会被笼罩在薛定谔理论的阴影中。他写信给前辈玻尔寻求帮助，玻尔随即去信邀请薛定谔来哥本哈根"在研究所内部的小范围内，就原子理论的问题进行一些深入讨论。"据海森堡回忆，1926 年 10 月 1 日，薛定谔的火车抵达后，讨论立刻就开始了：

> 玻尔和薛定谔在火车站立马就聊了起来，他们的讨论每天从早到晚没有停过。薛定谔住在玻尔家里，这样就没有什么能打断他们的对话了。玻尔通常极为和善有礼，可他现在坚决不同意对方的想法，而且态度毫不退让。很难用言语去描述当时的讨论有多么激烈，两人对各自坚持的理论是多么坚决，他们的每一句话都证明了这一点。

薛定谔坚信，波动方程获得的成功意味着所有量子现象都可以用连续的波动来解释。同时，玻尔和海森堡却指出某些现象需要量子的"跳跃"。比如，在玻尔的原子模型中，电子从一条轨道跳到另一条轨道的现象并不能用连续平滑的波动来解释。薛定谔并不同意，抱怨道："如果这些乱七八糟的跳跃真的存在，那我研究量子理论真是入错行了。"

最后，他不堪忍受玻尔的连番询问，最终在丹麦湿冷幽暗的深秋里发起了烧，病倒在了玻尔家的客房里。当玻尔的夫人玛格丽特（Margrethe）给薛定谔送去茶和蛋糕时，玻尔仍然不依不饶地坐在薛定谔的病榻边，轻声细语地继续说："可是你不得不承认……"

直到薛定谔踏上归程，他俩也没能说服对方。据海森堡回忆，"当时，我们双方对量子力学都没有一个完整、合理的理解，难怪没能达成共识。不过，我们哥本哈根这边的人在薛定谔来访后，越发坚信自己的方向并没有错。"此事最核心的问题，在于还没人知道薛定谔的波动方程在物理学上究竟意味着什么。

不过，玻恩在那年夏天找到了另一条线索。他发现，粒子在特定位置上的波函数，等于在那个位置上测量到该粒子的概率，而一旦测量行为发生，波函数就会坍缩。后来，这项重大发现使他赢得了诺贝尔物理学奖。但这种运用波函数的方式，又让人们产生了新的疑惑：到底该如何定义测量行为；为什么测量行为会让波函数的行为发生改变？玻恩的想法与薛定谔的数学理论共同打开了量子世界的大门，但他们也为之付出了代价。测量问题就这么出现了。

既相斥又互补的波动性与粒子性

海森堡本来对测量问题并不是很感兴趣，他那时想的是该怎么再次拿到终身教授的职位。他担心薛定谔的成就超越了自己的，并开始觉得放弃莱比锡大学的教职回到哥本哈根的决定，从一开始就是个错误。为了提升自己的就业竞争力，也为了赢过薛定谔，海森堡迫切地想要做出点新成绩。因此，他着手研究测量，而不是测量问题本身。这个研究方向更为简单，也更容易出成果，他想知道我们认识量子物体的限制有哪些。他把玻恩的新发现和爱因斯坦在柏林会晤时提出的建议结合在一起，取得了新的突破。他认为这个突破可以推翻薛定谔口中那个井井有条的量子世界。

海森堡的命题是在精确地测量电子这样一个粒子的位置时，会发生什么？他觉得寻找这个粒子就像是在漆黑的野外寻找丢失的钱包，需要拿着手电筒在四周探照；不仅如此，"普通的手电筒"还不行，因为可见光的波长太长了。而海森堡知道，这时可以使用 γ 射线这种能量更高、波长更短的光。只要拿着 γ 射线在房间内一照，就能找到这个电子。可是，一旦 γ 射线的光子碰到了电子，这个电子就会被随机撞到别处去。于是我们知道了电子的位置，却无法知道它的速度和方向。

海森堡想知道，测量一个物体的位置和动量时的这种两难情况是不可避免的，还是仅仅是他思想实验的产物。幸运的是，他后来发现这种限制无法避免。海森堡在自己的矩阵力学的数学方案中，发现了一个精确的公式：要知道一个物体的位置，得放弃一部分关于它动量的信息，反之亦然。此外，我们可以准确地知道物体的位置或者它的动量，但不能同时知道二者。

按照玻尔的建议，海森堡把这个发现命名为"不确定性原理"（Uncertainty Principle）。论述不确定性原理的论文让海森堡得偿所愿。1927 年，莱比锡大学再次向他发出了终身教授的聘书。时年 25 岁的海森堡接受了这份工作，成为全德国最年轻的终身教授。

与此同时，玻尔发现海森堡的不确定性原理与自己对量子世界的新理解——他称之为"互补原理"（Complementarity Principle），十分吻合。他在撰写关于互补原理的论文时展现了典型的玻尔风格，草稿改了又改，却依然语义不通。但是那年 9 月，玻尔没有时间修改论文。国际物理会议将在意大利北部的科莫湖（Lake Como）边召开，他受邀去做一个主题报告。直到报告的前一天，他还在反复斟酌用词。终于，他登上讲台，语气轻柔而磕磕巴巴地开始做报告。

玻尔直接进入主题："通常，我们描述物理现象时，会假定观测行为本身并不会明显影响被观测的对象。"然而，海森堡的不确定性原理清楚地阐明，"任何对原子现象的观测行为都会对被观测物体产生不可忽略的影响。"因此，玻尔继续道："一个普通物理意义上的独立的现实，既不能归因于现象，也不能归因于观测者。"换言之，只要没有人观测，原子的物理现象就无法被定义。

按照玻尔的理论，量子世界只有在被观测时才算是真实的，而通过观测看到的量子物体要么是粒子，要么是波动。这两种状态无法同时存在，因为它们彼此相悖——粒子的位置是特定的，而波动不是；波动有频率和波长，而粒子没有。尽管如此，玻尔还是宣称这个"不可避免的悖论"不属于量子物理的范畴。"这两种描述的方式不是相悖的而是互补的。若想要合理地解释我们感受到的世界，它们都将是必要的。"

所谓的"波粒二象性"（Wave-particle Duality）是一种很常见的量子现象。

比如，在老式阴极射线管电视机中，电子从电视机后方射向前方的荧光屏，并使其发光；在电子发射的过程中，它的波函数遵循薛定谔方程，不断起伏前进如同波动，但抵达荧光屏时，它只会撞击一个特定的位置，如同粒子一样点亮屏幕上特定的点。

所以说，电子的行为有时像是波动有时像是粒子，但这两种性质不会同时存在。玻尔表示，对于电子或者其他任何东西，我们都无法再给出更为完整的阐述了，顶多可以给出一个不完整且不能同时存在的类比。这就是互补原理的核心。这个新的量子理论意味着，我们无法用一个单一不变的理论来描述电子。

玻尔指出，海森堡的不确定性原理进一步说明了互补原理的必要性。他用海森堡提到的 γ 射线手电筒作为例子，说明我们在观测电子的位置时，没有办法精确地测量它的动量，反之亦然。随后，和海森堡一样，他再次提到了马赫的理论，并表示如果我们不能同时观测这两种性质，那这两种性质就必然不是同时存在的。位置和动量就好比粒子和波动，是两种互补的性质。它们无法同时存在，但为了解释量子现象，它们又必须都存在。

然而，玻尔的论证并不正确。互补性不是什么必然或者必需的性质，量子物理还有许多别的诠释方法。对于科学中的任何诠释性问题，必然性的主张都过于强硬和奇怪，因为任何理论都是可以重新诠释的。不过，玻尔相信，互补原理已经是量子理论中，对自然现象所能做出的最深刻的洞见了。

不仅如此，玻尔居然还用 γ 射线手电筒的例子来宣扬他的理论。没错，这个思想实验的确揭示了我们的知识是有限的，但它的前提是粒子在任何时候都有明确的位置和动量。如果电子一开始就没有动量，那我们又怎么能用 γ 射线改变它的动量呢？虽然不知道这个最初的动量是多少，但这并不意味着它不存在。

玻尔的文风一向复杂生涩，因而我们很难知道他说的究竟是不是这个意思。可不管怎样，这就是如今大众所理解的互补原理。至于科莫会议的听众是怎么理解这个理论的，我们无从得知。他的报告并未溅起太多水花。当时在座的许多人都是他的学生或同事，比如海森堡、泡利和玻恩。他们在哥本哈根时就已熟知这个想法。除他们外，许多人并不觉得这个想法有什么了不起。

英国的物理学家保罗·狄拉克（Paul Dirac）说："互补原理没有创造出任何新公式。"狄拉克并不是在针对玻尔。他当时刚创立了一个新公式，巧妙地把量子物理和狭义相对论结合在一起，提出了一个后来被称作"量子场论"（Quantum Field Theory）的新理论。狄拉克的理论后来成功地预测了反物质，这项工作使他获得了 1933 年的诺贝尔物理学奖。

优秀的匈牙利理论物理学家尤金·维格纳（Eugene Wigner）表示"玻尔的理论对物理学的研究没有什么指导意义"。薛定谔也极力反对玻尔的这个理论，不过他本人并不在场。此时，他刚刚接受了柏林一所大学的物理学教授职位的聘请，正忙着从瑞士搬家过去。

爱因斯坦自然也不同意玻尔，但他也不在场。然而，一个月后，玻尔和在座的许多人又一起参加了一场仅面向受邀者的会议。

这场声名显赫的会议在布鲁塞尔举行，爱因斯坦、薛定谔等人都参加了。属于量子物理的精彩大戏终于拉开了帷幕。

第 3 章

STREET BRAWL

索尔维会议上的理论论战

恩斯特·索尔维（Ernst Solvay）想用自己的钱财为这个世界做出点贡献。他和阿尔弗雷德·诺贝尔（Alfred Nobel）一样，都在化工界赚了不少钱。他虽然比不上炸药之父诺贝尔，但也像诺贝尔一样，想通过推动科学研究为人类谋得福祉。于是，1911 年，索尔维出资在自己的祖国比利时举办一场科学会议，主题是当时方兴未艾的量子理论。该会议大获成功，索尔维决定增加投资，组织更多讨论物理和化学界最前沿问题的会议，参与方式仅限邀请。

索尔维于 1922 年去世，可他的会议一直延续了下来，至今仍是科学界地位最高的会议之一。而 1927 年 10 月在布鲁塞尔召开的第五届索尔维会议尤为特殊：在 29 位参会者中，有 17 位已获得或在日后获得了诺贝尔奖；其中，玛丽·居里（Marie Curie）已经两次获此殊荣（图 3.1）。

除了居里夫人，在场的还有爱因斯坦、普朗克、薛定谔、玻尔、海森堡、玻恩、狄拉克和泡利等人。会议的合照如今被收录在许多量子物理教科书中，而同样被收录进去的，还有一个物理学界代代相传的讲述量子物理诞生的传说。故事是这样的：

What Is Real?
The Unfinished Quest
for the Meaning of
Quantum Physics

谁找到了薛定谔的猫?

　　从前,有一群才智过人的物理学家创建了量子物理理论。这个理论非常成功,从根本上改变了我们对自然界运行原理的看法。由于它太过激进,即便是身为量子物理先驱的爱因斯坦,也一直无法接受它。讽刺的是,更早一辈的科学家也曾由于相对论太过激进而否定过他。

　　自 1927 年的第五届索尔维会议开始,爱因斯坦私下与玻尔进行了一系列的辩论。在辩论中,他多次试图找到一种绕过海森堡不确定性原理的方法。最后,玻尔赢了,物理界的其他人都同意量子物理正确无疑,哥本哈根诠释是理解这个理论的正确方式。然而,爱因斯坦拒不接受这个理论。直到去世,他都坚持随机性不可能是自然的本质属性。

图 3.1　1927 年,在布鲁塞尔召开的第五届索尔维会议

(前排:中间,爱因斯坦;左三,居里夫人;左二,普朗克。第二排:最右,玻尔;右二,玻恩;右三,德布罗意。后排:右三,海森堡;右四,泡利;中间,薛定谔)

所以，这个故事告诉我们，即便是最伟大且著名的科学家也难免会犯错。这个故事的某些部分是真实的。在量子物理的问题上，爱因斯坦和玻尔确实持有不同观点，自 1927 年的第五届索尔维会议起，的确一直在讨论这个问题。

除此之外，爱因斯坦不同意量子物理的真实理由是什么，玻尔具体是如何辩驳的，哥本哈根诠释的内容到底是什么，乃至于 1927 年后物理学界是否对它全盘接受，事实都和故事里讲的大相径庭，却有趣许多。

法国公爵的理论在索尔维会议上引发轩然大波

路易·德布罗意（Louis de Broglie），法国科学家、贵族，是第五届索尔维会议上率先发言的人之一。在 3 年前刚刚完成博士论文答辩上，他首次提出，所有物质的基本组成部分都有粒子和波这两种不同的性质，该论述中有许多观点来自爱因斯坦。他的导师保罗·朗之万（Paul Langevin）对这个理论有些拿不定主意，于是写信寻求爱因斯坦的看法。爱因斯坦热情地回了信，并称德布罗意"掀起了（量子物理）神秘面纱的一角"。于是德布罗意获得了博士学位。

面对布鲁塞尔的满座前辈，德布罗意提出了一个新的想法。他巧妙地利用薛定谔方程，用同样的数学方法创造出了量子物理的新图景。不同于粒子和波动不能共存、彼此矛盾或"互补"的量子图景，在德布罗意的图景中，粒子和波动同时和谐共存，粒子沿着控制它们运动的"导波"前进。这比玻姆的诠释要早 25 年。

在玻恩的概率法则中，波函数是计算概率的工具；而在德布罗意模型中，粒子的运动是完全确定的。与此同时，粒子也完全遵循海森堡的不确定性原理，因为它们运动的轨道是无法看见的。正如海森堡所言，没有任何实验可以观测到粒子完整的运动轨道。德布罗意在不违背理论和观测数据的情况下，让量子物理重新获得了确定性和因果性。

德布罗意的理论引起了轩然大波。泡利很快就提出反对，称德布罗意理论与量子物理中关于粒子碰撞的现有理论研究有冲突。德布罗意在泡利的注视下坚持着，竭力解释说泡利错了。泡利的反对基于一个极具误导性的类比，把法国公爵德布罗意弄昏了头。尽管德布罗意的回答基本是正确的，泡利却依然不满意。

另一个严肃提出反对意见的是汉斯·克拉莫斯（Hans Kramers），一位师从玻尔的荷兰物理学家。他提出，光子从镜子上反弹回去的时候，镜子也一定会因为受到冲击而轻微后移，而德布罗意的理论无法解释镜子的后移。德布罗意坦然承认自己无法回答这个问题。

德布罗意和克拉莫斯都不知道的是，德布罗意的理论其实是可以解释该现象的——只需把光子和镜子都当作量子物体来处理即可。但德布罗意和当时许多物理学家一样，认为量子物理只对微观物体奏效，因此不知道怎么回答这个问题。很大程度上，是克拉莫斯的反对使德布罗意在会议结束后不久，就放弃了自己的理论。

随后发言的是玻恩和海森堡，他们讲的主题是量子物理的矩阵表述。这个理论的核心是随机且不可简化的量子跃迁。在报告的最后，他们大胆提出量子物理已是一个"完备的理论，其物理和数学的理论基础已经不可撼动"。换言之，量子物理的研究已经做完，不管是在数学上还是在诠释上都没有必要再去刨根问底。随后，玻尔的报告基本是重复了一遍他在科莫的讲座，着重强调量子现象中的波动和粒子模型是互补的，而非相悖的两个概念；它们都必不可少，却不能同时描述同一个物体。

爱因斯坦默默地听了好几天的报告，几乎什么都没说。在开放讨论时，他终于起身发言了。之前，他一直在跟好友埃伦费斯特传小纸条吐槽哥本哈根学派，同时仔细地构思了该如何回应他们的发言。会上的每个人都知道，他对玻尔和海森堡的理论并不同意。终于，他在众人的注视下走到黑板前，阐述了一个很简单的思想实验，哥本哈根诠释自此迎来重重一击。

无法观测的现象就 "不科学" ？

为什么玻尔和海森堡等人确信量子世界是不可言说的呢？他们为什么会觉得物体在被观测之前，都不是真实存在的？为什么他们觉得遵循牛顿经典力学的世界，和量子世界的规则有着本质的不同？简而言之，为什么他们会相信所谓哥本哈根诠释中种种奇怪的说法？

很显然，玻尔强大的魅力是一个很重要的原因。可他为什么会有这样的想法？退一步说，他真的是这样想的吗？

由于他的措辞晦涩难懂，我们很难知道他具体的想法是什么，更遑论这些想法具体是从哪里来的。神奇的是，玻尔的学生和同事都说，这也是由于 "互补"。据他的学生回忆，玻尔曾说 "真相和清晰的表达是互补的"。因此，他们觉得 "之所以玻尔表达能力这么差，正是因为他太在乎真相本身了" 以及 "他的句子冗长混乱是因为他想要表达得更精准些"。不过，玻尔艰涩难懂的文字没有阻碍大家去研究他的思想。

有一个小型组织专门研究玻尔在想什么。有人说，他主要受到康德的影响；有人说，他受到的是同为丹麦人的索伦·克尔凯郭尔（Soren Kierkegaard）的影响 [他们俩都葬在哥本哈根的安徒生墓园（Assistens Cemetery），相隔不过几十米]。简而言之，关于玻尔的研究层出不穷、众说纷纭。不过，大家似乎一致认为康德的著作的确对他影响颇深。

不过，玻尔语意不明的写作方式，和他那轻而易举就能让身边的学生、同事忠心跟随的魔力并不是全部答案，当时的学术氛围也起到了很大的作用。比如，两次世界大战之间，魏玛共和国反唯物论的文化氛围就起了很大的作用。海森堡等人明显受到了马赫和创立逻辑实证论（Logical Positivism）的维也纳学派哲学家的影响。逻辑实证论是马赫理论的延续，把无法观测的现象看作"不科学"甚至"无意义"的。因此，只要没有人在观测，讨论量子系统中发生了什么就没有意义。

在量子物理奠基人泡利身上，我们能更清楚地看到逻辑实证论的影响。泡利生长在维也纳，马赫正是他的教父。泡利个性张扬，反应敏捷，才华横溢，在当时的物理界具有很大的影响力。海森堡和玻尔都十分想得到他的认可，但泡利着实难以取悦。他曾对同事说："我不介意你思考得慢，但你写论文居然比思考都快，这就不对了。"另一次，他评论另一位物理学家的论文时说："连说它错都是过誉。"就连他的赞美之词都带着贬低的意味。在慕尼黑大学听了爱因斯坦一次满座的报告后，泡利感叹道："其实爱因斯坦先生说的东西也没有那么蠢。"他对量子物理诠释的看法带有浓重的实证论色彩。他认为，在测量前考虑物体的位置没有意义，"他不应该绞尽脑汁去想不知道的东西是否真正存在，正如他不应该去想那个古老的问题：针尖上能站多少个天使①。"

哥本哈根学派的其他人也或多或少受到了逻辑实证论的影响。不过，他们应用它的方式并不一样，解读也不尽相同。玻尔直接否定了量子世界的存在。他说："量子世界是不存在的，独立存在的粒子只不过是一个概念而已。在量子理论中，它们只有在和别的系统相互作用时才能被定义和观测。"

然而，海森堡认为量子世界是存在的，只不过它的运作原理和我们身边世界的不一样，他说："原子和其他基本粒子（相比我们日常看到的现象）并没有那么真实。他们组成了一个充满概率而非事实的世界。"而约尔当则认为：观测行为不仅干扰了被观测的量子物体，它还创造了它们。他声称，是测量电子的行为促使电子获得了确定的位置。可是，如果真如玻尔所说，量子世界并不存在的话，那就没有什么东西可以被测

①针尖上能站几个天使，是中世纪有名的哲学问题。

量行为影响了。泡利也反驳了玻尔，泡利觉得观测行为会对被观测的系统造成"无法量化也无法控制"的影响。

可是，如果没有量子世界，观测行为到底影响了什么？泡利甚至一度自相矛盾。他说过，只要没人观测，任何现象都并不存在。但若当真如此，观测行为影响的又是什么呢？不仅如此，海森堡、约尔当以及泡利的说法明显相悖。至于没被观测的系统到底是怎样的，他们也都各执一词，互不相让。所以说"物理学家齐心协力创建了统一的哥本哈根诠释"这样的情节，真的是纯属虚构。

此外，玻尔、海森堡以及其他哥廷根和哥本哈根学派成员，在少数问题上还算立场一致。他们都认为我们不应该去细究量子世界里"真正"发生了什么，能准确地预测实验结果已经足够了。索尔维会议后，玻尔曾说："物理学的任务是去探索自然吗？不。物理学的任务是解释自然。"这么说来，量子物理根本就不需要去完整地描述这个世界。而且根据玻尔的互补原理，就算想去完整地描述也根本做不到。好在我们只需描述自然中的可观测量，而不需要讨论实际发生了什么。

简而言之，我们不该把量子物理当成一个描述这个世界真相的理论。它只是一个工具，一个预测测量结果的工具。更奇怪的是，他们还认为，量子物理不严谨的性质正是最应该被严谨对待的一点。海森堡和玻恩宣称，他们的量子物理理论是一个"完备的理论"，言下之意便是量子物理世界断不可能再有其他的诠释了。

在这一点上，爱因斯坦的观点与玻尔和海森堡等人截然不同。他认为"所有物理研究的最终目标是完整地描述任何真实的现象，无论有没有观测证实。"爱因斯坦知道自己的观点跟当时学术圈的主流观点格格不入，"听到我的看法后，每一位有实证论倾向的现代物理学家都会露出怜悯的微笑。"可是，爱因斯坦觉得实证论实在无法服人，因为它完全否定了现实物理世界的存在，而这无异于说现实世界只存在于我们的脑子里。

"我不喜欢这种理论中基本的实证论倾向。我觉得它站不住脚。在我看来，它和乔治·贝克莱（George Berkeley，爱尔兰哲学家）的'存在即被感知'理论是一回事。"

尽管爱因斯坦清楚新的量子理论的重要性，但他更确信量子物理并不像玻恩和海森堡说的那么完备，也确信玻尔的互补原理并不足以让人们理解量子世界的本质。爱因斯坦的思想实验简单而优美地揭示了这些理论的弱点。

简单的局域性思想实验震惊索尔维会议全场

爱因斯坦在索尔维会议上说，让我们来想象，一串电子正在穿过屏幕上的一个很小的孔（见图 3.2）。屏幕的另一边是个半球形的磷光膜，可以测到单个电子的撞击。根据量子物理的理论，这一串电子的波函数应该是均匀不变的。换句话说，电子到达磷光膜上任意一点的概率是一样的。这并没有问题。如果量子物理推测出试验之后每平方厘米会找到 10 个电子，那么平均来说，我们就能找到 10 个电子。在有很多粒子的情况下，要算平均值的话，量子物理的理论毫无问题。但是量子物理只能算出一个概率，它不能确切地推论出具体会有多少个电子到达哪个具体的点，它只能得出一个平均值。

这时，爱因斯坦向观众设问道，如果只有一个电子穿过了那个孔呢？量子物理只能告诉我们，这个电子到达屏幕任何一个点的概率都是一样的。没关系，或许这个理论也有其局限性。可是——爱因斯坦提醒大家——海森堡和玻恩声称量子物理已经是一个完备且完美的理论了呀。在这种情况下，没有任何东西可以决定这个电子会击中磷光膜的哪个位置。这就是问题所在，而且最大的问题不是随机性。

局域性（Locality）才是最重要的问题。局域性原理表明，在一个局

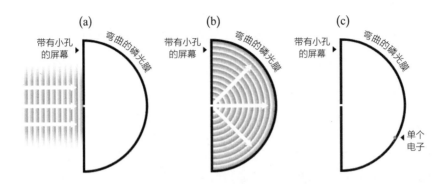

图 3.2　爱因斯坦在索尔维会议提出的思想实验

(电子击中磷光膜时，其他的波函数是怎么瞬间"知道"该坍缩的，图
修改自 Bacciagaluppi 和 Valentini，2009 年，486 页)

域发生的事件不能瞬间影响另一个局域的事件。这个电子的波函数均匀
分布在半球形的膜上；根据海森堡、玻恩和玻尔的说法，这个电子自身
并不确切存在于某个位置。"但是，"爱因斯坦问道，"在那个电子被磷光
膜探测到的瞬间，它的波函数会发生什么变化呢？"

玻恩已经证明过：粒子的波函数和它出现在相应位置的概率成正
比；而在电子击中磷光膜上某个特定位置的一瞬间，它出现在其他地方
的概率会瞬间降为 0。也就是说，在磷光膜感应到电子的那个瞬间，整
个半球形范围内的波函数都会尽数消失；要是消失得稍慢，导致波函数
有哪里没能完全变成 0 的话，我们就可能在磷光膜上，发现另一个本不
该存在的电子。爱因斯坦说："在我看来，这种远程运动完全不合理，它
违背了（狭义）相对论。"狭义相对论明确指出，没有任何物体和信号可
以跑得比光还快。

因此，量子物理如果真的是一套完备的科学理论，那它就必定会违
背相对论。对爱因斯坦来说，结论是显而易见的：哪怕量子物理无法推
论出具体的位置，电子在抵达磷光膜前也肯定是有一个确定的位置的。
除此之外，不管怎么解释，波函数的瞬间坍缩都会违背局域性。

可见，量子物理并不能完整地描述自然世界，我们还需要些别的东西才能明白量子世界背后到底是怎么回事。为了避免违背相对论，除波函数外，粒子必须在任一时间都有确定的位置。爱因斯坦总结说："我认为德布罗意先生的研究方向是正确的。"

爱因斯坦讲完后，台下鸦雀无声，大家困惑不已。玻尔坦言："我不知道该怎么回应，因为我不是很明白爱因斯坦到底想说什么。"他说："当然，这明显是我自己的问题。"爱因斯坦这个简单的思想实验是对哥本哈根诠释的致命一击，但这个实验的简单反而让它更难被人理解。（图3.3）

图3.3　1930 年前后的爱因斯坦和玻尔

可能因为爱因斯坦解释得非常简短，旁人反而会觉得他自己也没有搞明白"概率"这个概念的意义。其中，玻尔的误解似乎尤其严重。他后来回忆道，爱因斯坦对海森堡的不确定性原理有质疑，还用这个思想实验绕过该原理。

除了爱因斯坦，索尔维会议上的其他人都没有想过局域性的问题。

但爱因斯坦很快又构思了几个新的思想实验，锲而不舍地想要解开他眼中的量子物理谜题。

EPR 论文挑战哥本哈根诠释

1930 年，在第六届的索尔维会议上，爱因斯坦向玻尔阐述了另一个思想实验。在这个虚构的实验中，一个弹簧秤上挂着一个装满光的盒子，旁边有非常精确的钟表在计时。玻尔再次认为爱因斯坦在试图绕过不确定性原理。他略一思忖，指出爱因斯坦的实验"失败了"，因为他没有把自己的广义相对论考虑进去。

这个爱因斯坦搬石砸脚的故事，后来成了量子物理史上的传奇。可是，问题其实出在玻尔身上。爱因斯坦在 1930 年提出的思想实验并不是想要绕过不确定性原理。和 3 年前一样，他质疑的是局域性问题。据他的好友埃伦费斯特说，爱因斯坦当时"已经绝不再质疑不确定关系了"，他设计的思想实验"目的完全不同"。玻尔再一次没能抓住问题的重点。

几年之后，爱因斯坦又试图通过另一个思想实验，展示他对局域性的困惑。而这个实验成了一个几十年都悬而未解的难题。1935 年，爱因斯坦与他的两位同事鲍里斯·波多尔斯基（Boris Podolsky）和纳森·罗森（Nathan Rosen）一起，发表了一篇颇具挑衅意味的论文，题为《量子力学对物理实在的描述可以被认为是完整的吗？》（*Can Quantum Mechanical Description of Physical Reality Be Considered Complete?*）。这篇被后人称为 EPR（EPR 是三位作者姓氏的缩写）的论文，常常被描述成爱因斯坦在这场争论中的最后一搏。但事实上，事情的真相远非这么简单，同时也有趣得多。

乍看起来，EPR 论文确实不是讲局域性的。讽刺的是，它看上去真的很像是一个避免用到海森堡不确定性原理的方法。此前，爱因斯坦的思想实验似乎是要同时测量单个粒子在某个时间点的动量和位置，而 EPR 论文则用到了间接的测量方式。论文中的核心思想实验是这样的：粒子 A 和粒子 B 在正面碰撞后，以一种非常特殊且微妙的方式相互作用，然后向两个相反的方向飞去。根据自然的基本法则，在这样的情景下，动量永远都是守恒的，所以这两个粒子的总动量不变。并且，由于粒子相互作用的方式，我们也很容易就能算出这两个粒子在任意时间的距离（见图 3.4）。

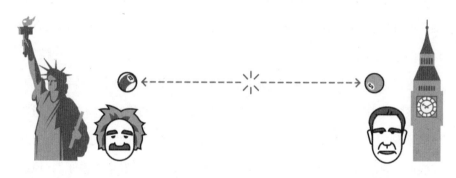

图 3.4　EPR **实验**

（两个台球在相撞后朝反方向弹开。爱因斯坦测量自己这边的台球的动量时，可以立即算出玻尔那边的台球的位置，哪怕他在纽约而玻尔在伦敦也一样。要么玻尔那个台球在爱因斯坦于纽约做测量之前，就已经有了特定的动量；要么就有"鬼魅超距作用"将这两个横跨大西洋的台球联系了起来）

在牛顿力学中，这个场景和两个台球正面相撞后，向着球桌的两边反弹回去的情况类似。由于它们的总动量是 0，我们可以根据其中一个球的速度和方向，判断出另一个球的速度和方向。因为它必然会以同样的速度，朝相反的方向运动。同时，只要知道撞击的时间和地点，并知道其中一个球的位置，我们就可以算出另一个球的位置。

在量子物理中，情况要复杂一些，因为我们不能同时测量一个粒子的动量和位置。假设粒子 A 和 B 相距很远，我们可以测量 A 的动量，这使我们能够立即推断出 B 的动量；或者可以测量 A 的位置，这可以使我们立即知道 B 的位置。根据哥本哈根诠释，粒子本身并没有位置和动量这些性质，除非有人测量。但是，EPR 论文指出，对一个粒子的测量不能立即影响另一个遥远的粒子。B 必须有一个确定的位置和动量，以确保它的性质与我们对遥远的 A 的测量结果一致。然而，量子物理不允许我们同时预测单个粒子的位置和动量。

EPR 由此推论，量子物理的理论并不完整，自然界必然存在量子物理不能预测的行为。最后，EPR 很乐观地总结道：虽然我们证明了波函数并不能完整地描述物理实在，但我们也留下了一个问题，即这种描述是否存在；而我们相信这样的理论是有可能存在的。

世界上最著名的科学家竟然以如此苛刻的语气，对一个脍炙人口却并不被大众理解的理论提出了质疑。媒体瞬间炸开了锅。而且，波多尔斯基还故意把这个消息提前透露出去了。

1935 年 5 月 4 日，EPR 论文发表前几天，一篇名为《爱因斯坦攻击量子理论》（*Einstein Attacks Quantum Theory*）的文章赫然出现在《纽约时报》（*The New York Times*）上，"包括爱因斯坦在内的三名科学家发现该理论尽管正确，但并不完整"。爱因斯坦愤然致信报社："《爱因斯坦攻击量子理论》中提到的所有信息，在发给你们之前都没有经过我的同意。我一向只在恰当的场合讨论科学问题，并谴责在公共媒体上提前泄露相关讨论的行为。"

爱因斯坦生气的不只是波多尔斯基的泄密。尽管爱因斯坦的名字出现在了 EPR 论文的作者名单中，但他其实并没有参与该文章的写作。他对于这一点也很不满。他告诉薛定谔："EPR 论文是波多尔斯基在我们讨论后写的，但它并不是我原先想要表达的。问题的重点被大量的数学扰乱了。"在同一封信中，他表示自己"没有跟不确定性原理过不去"，他对量子物理真正的质疑和它一点关系也没有。

在爱因斯坦看来，EPR 思想实验的核心仍然是局域性。我们可以通过测量粒子 A 的动量，知道粒子 B 的动量。但如果 B 距离 A 很远，那么根据局域性原理，测量 A 并不能瞬时影响 B。也就是说，B 的动量早在 A 和 B 相撞时就决定了，就像那两个台球一样。

然而，我们无法通过量子理论算出 A 和 B 在相撞那一刻的动量。A 和 B 之间有一个奇妙的联系，那就是量子波函数。由于它们的相撞，A 和 B 的波函数在那一瞬发生重叠，它们不再拥有各自的波函数，而是开始共享同一个。这个共同的波函数并不能告诉我们它俩在撞击之前的动量。反之，它只意味着 A 的动量与 B 的动量大小相等而方向相反。

根据哥本哈根诠释，粒子的性质在被测量之前并不客观存在。所以，如果 A 和 B 在被测量之前有确定的动量的话，那哥本哈根诠释就是错误的，而量子物理也就成了一套完整的理论。但如果 A 和 B 在被测量之前没有确定的动量，那么为了确保 B 和 A 的动量大小相等而方向相反，测量 A 动量也就必然会瞬时影响 B，就算 A 在纽约而 B 在月球上也一样。这就违背了局域性。

简而言之，量子物理要么不完整，要么就是违背局域性的。爱因斯坦认为，这个二选一的难题在 EPR 文章里被"扰乱"了。爱因斯坦反对一切违背局域性的说法，在给玻恩的信中，他将其称为"鬼魅超距作用"（Spooky Action at a Distance）。他指出，我们没有任何理由相信这种诡异的联系，而如果我们承认量子理论并不完整，事情就变得很容易解释了：

> 纵观我所知的所有物理现象，包括被量子物理非常成功地描述过的那些，我都不能找到任何有违局域性的证据。
>
> 因此，我倾向于相信（哥本哈根诠释中阐述的）量子力学无法完整且直接地描述物理实在，而今后会出现更为完整和直接的新理论。

同时，EPR 论文让物理学界炸开了锅。狄拉克哭诉道："我们又要从头再来了，因为爱因斯坦证明了它不对。"泡利愤怒地给海森堡写信，说爱因斯坦的行为是一个"灾难"，并请求海森堡以论文的形式予以回应。不过，海森堡一听说玻尔也在准备回应，就将自己的回应束之高阁，准备让大师亲自应对爱因斯坦的最新质疑。

"这件事对我们来说简直是晴天霹雳，它对玻尔的影响很大。"玻尔的助手莱昂·罗森菲尔德（Leon Rosenfeld）说，"我向玻尔转述了爱因斯坦的论点后，大家就都不得不停下自己手上的工作，因为我们必须立即澄清这个误会。"玻尔在罗森菲尔德的帮助下，迅速起草了一篇回应文章。据罗森菲尔德说，玻尔写东西一向慢得令人发指，这次却只用了 6 周就写出了对 EPR 的回应。对他来说，这个速度堪称惊人。玻尔将这篇文章投给了刊登了 EPR 论文的《物理评论》（*Physical Review*）。

玻尔在回应中仔细地分析了 EPR 思想实验。他同意，测量粒子 A 的动量并不能"机械地"对粒子 B 产生作用——这是"毋庸置疑"的。但他依然坚持，"它依然可能影响到特定的条件，而这些条件决定了系统未来行为的可能预测类型。"

很不幸，到现在我们都不确定玻尔所说的"机械作用"和"影响"之间到底有什么区别。他是想说测量 A 就会瞬时影响 B 吗？可能是吧。那么他是觉得量子物理是非局域性的吗？可能是吧。有许多人试图弄懂玻尔对 EPR 的回应到底是什么意思，以及他是否认为量子物理是非局域性的，但至今也没有达成共识。

后来，玻尔为自己的写作能力向大家致歉。15 年后玻尔表示，他"深知自己对 EPR 核心问题的阐述是多么含糊不清"。此外，他并没有再多说什么，只是再次强调：在量子世界里我们很难分清哪些是我们想要测量的东西的行为，哪些是它们与测量仪器之间的互相作用。这点与 EPR 有什么关系我们尚不清楚，但它肯定不能解释爱因斯坦对局域性的质疑。

尽管玻尔的文章意义不明，但他做出了回应这件事本身，已经缓解了物理学界大多数人的紧张。不过，大多数物理学家都和玻恩一样，认为玻尔的文章大多数时候都言辞不清，艰涩难懂，以至于很少有人真的会去看玻尔到底写了什么。

尽管玻尔自己认为哥本哈根诠释有违局域性，但大多数物理学家都不这么认为。对他们来说，玻尔的回应意味着哥本哈根诠释并没有什么漏洞，而 EPR 指出它不完整的事，根本不必放在心上。

可是，薛定谔还是不太相信哥本哈根诠释。读了 EPR 论文后，薛定谔写信给爱因斯坦说："我很高兴看到你用 EPR 论文对量子物理的教条主义提出了抗议。"薛定谔还指出，EPR 思想实验还展示了一个常人无论如何都想不到的点——让粒子 A 和粒子 B 共享同一个波函数的奇怪联系实际上并不罕见。他在与爱因斯坦的通信以及同年稍晚的几篇文章中，将这一联系命名为"纠缠"（Entanglement）。

薛定谔发现，"纠缠"在量子物理中无处不在。两个亚原子粒子相撞后，几乎每次都会陷入纠缠状态。当多个小物体组成一个大物体时（比如一个原子中的亚原子粒子或者一个分子中的原子），它们也会陷入纠缠。事实上，粒子之间几乎所有的相互作用都会让它们陷入纠缠，就像 EPR 实验中的那两个粒子一样，共享同一个波函数。

量子物理中到处都有纠缠现象。薛定谔的这个发现让哥本哈根诠释的问题变得更加严重了。对于陷入了量子纠缠的系统来说，爱因斯坦提出的二选一是成立的：要么系统有违局域性，要么量子物理不足以完整地描述该系统。由于薛定谔阐明了量子级的相互作用基本都会导致量子纠缠，EPR 论文提出的难题就不再是一个特例，而是深植于量子理论基本结构中的原则性问题。

很不幸，爱因斯坦对 EPR 论文中模糊了这个"二选一"局面的担心是有道理的。其他物理学家对该问题的误解让薛定谔很是烦躁，在一封写给爱因斯坦的信里，他抱怨道："这就好像有一个人说芝加哥真冷啊！然后另一个人回答道，你这话可说得不对，佛罗里达挺热的啊！"

爱因斯坦收到了很多来自其他学者的信件，他们都在为哥本哈根诠释辩解，指出了 EPR 论文里的错误。他觉得很有意思的是，他们对 EPR 论文到底错在哪里这一点，莫衷一是。很多人似乎都认为 EPR 甚至爱因斯坦对量子理论的有关质疑，都是因为他们希望这个宇宙像牛顿力学中的那样井井有条、具有确定性。他们或许被爱因斯坦之前提出的质疑误导了。

事实上，爱因斯坦的质疑跟确定性没有什么关系。他坚持的是局域性的重要性，以及独立于所有观察者而存在的物理现实。爱因斯坦说过，量子物理"在回避现实和逻辑"。在爱因斯坦看来，人们对玻尔的盲从让整个物理学界走上了一条歪路。他在给薛定谔的信中说玻尔"是个哲学家，他对'现实'毫不在意"。

然而，在大多数当时的物理学家看来，爱因斯坦的担忧往好里说是不切题，往坏里说是误入歧途的。英国物理学家查尔斯·达尔文（Charles Darwin，与他著名的祖父同名）说："我的原则是一位物理学家具体相信什么样的哲学完全无关紧要。"这位达尔文曾是玻尔的学生，他和玻尔其他很多学生一样，是量子物理的前沿科研工作者。然而，这批人中鲜少有人和爱因斯坦共事过。

因此，在这场关于量子物理的哲学意义的讨论中，大多数物理学家都倾向于追随"玻尔的理论"。物理学家阿尔弗雷德·朗德（Alfred Lande）这样说。同时，他们也选择研究一些更为实际的量子物理问题。毕竟，量子物理显然是成立的，咱们有什么好担心的呢？

新的量子理论让物理学家以前所未有的精确度，预测并计算出了许多不同的现象，其中大多部分都与谜一般的量子纠缠关系不大。至于其他无法通过实验去探索的谜题，尤其是原子核内部那些不为人知且威力强大的谜题，则慢慢淡出了人们的视野。

　　EPR 论文发表后不到 4 年，这些问题的谜底终于被解开。此时，整个世界又陷入了战争的泥沼。

第 4 章

物理学研究中心转移至美国

1955 年冬天，海森堡在苏格兰的圣安德鲁大学（University of St. Andrews）举办了一系列讲座。这时的他正担心着自己在同事心中的名声，并准备借这次讲座巩固自己的地位。

海森堡先是如常宣扬了一遍哥本哈根派的理论，"会不会有一个客观存在的真实世界，其中最小的组成部分都像石头或树一样，不管我们去不去看，都客观地存在着？"他设问道，"答案是绝对不会！"那么属于石头和树的世界是怎么从原子和分子的世界中诞生出来的呢？"从'可能存在'到'实际存在'的变化是在观测的过程中发生的。"他说。

那没人观测的时候又会发生什么呢？根据海森堡的说法，这个问题根本就不该提出来。"我们在描述原子级别的事件时，必须意识到'发生'这个概念，只有在被观测到的时候才有意义。不被观测，就无谓发不发生。"

那么测量问题又是怎么回事呢？是什么让观测行为变得这么神奇？海森堡回答说："不管观测行为是什么，它都是一个物理行为，而不是一个心理行为。只要物体开始和测量工具发生互相作用，从而'唤醒'整个世界时，事件就从'可能'变成了'实际'。这和观测者如何理解测量结果没有关系。"至于到底什么才算是测量工具，测量工具为什么不遵守量子世界的规则，海森堡则言辞模糊。在讲座中，他没有提出任何测量问题的解决方案。

同时，海森堡也确保自己的观点不会和玻尔的观点冲突。他说："自1927年春天起，量子理论就有了一个公认的诠释，它通常被称作'哥本哈根诠释'。"称量子物理自1927年起就有了"公认"的诠释，实在是言过其实，而"通常"则更是无稽之谈。事实上，这个名称是海森堡几个月前刚刚起的，出自他为庆贺玻尔70岁生日而写的一篇短文。

在他的报告和文章中，海森堡都把哥本哈根诠释描述成一项由玻尔、他自己以及其他几个人一手创立起来的、毫无争议的诠释。"人们数次试图反对哥本哈根诠释，想要用一种更为经典和唯物的理论来代替它。"海森堡如此向苏格兰的听众解释道。他表示，要否定量子物理的巨大成功，以及哥本哈根诠释这唯一的诠释量子物理的方式，明显是不可能的。

"哥本哈根诠释"这个称呼或许是新的，但在哥本哈根工作过的人，已不是第一次宣称它是量子物理唯一的诠释方式了。不过，如今的海森堡如此地努力要把自己塑造成这个正统理论的奠基人和捍卫者，其实是海森堡自己也想和其他人修复关系。

令海森堡欣慰的是，物理学令人眼花缭乱的变化让人们对哥本哈根诠释的接受度更高了。这对他所珍视的名声来说，自然是件好事。

阿道夫·希特勒（Adolf Hitler）上台后，爱因斯坦放弃了德国国籍，和妻子艾尔莎（Elsa）一起离开柏林，直接前往美国。随后，他加入了新成立的普林斯顿高等研究院，一生都没有再回去。其他犹太裔物理学家大多数去了美国或英国，从而将物理学研究的中心转移到了那里（物理界的通用语言也从德语变成了英语）。玻恩被哥廷根大学粗暴地开除。他写道："我12年来在哥廷根辛苦打造的一切就这么没了，这是我的世界末日。"他与家人辗转于英国剑桥和印度，第二次世界大战战后终于在苏格兰定居下来。

路德维希·维特根斯坦（Ludwig Wittgenstein）去了剑桥大学执教，卡尔·波普尔（Karl Popper）成了新西兰大学的讲师，而比利·怀尔德（Billy Wilder）则来到好莱坞，开始给女星葛丽泰·嘉宝（Greta Garbo）写剧本。奥地利最著名的物理学家薛定谔与妻子去了爱尔兰。劳拉·费米（Laura Fermi）写道："我们决定尽快离开意大利。"她的丈夫恩里科·费米（Enrico Fermi）是意大利物理学界的骄傲，也是全世界最顶尖的理论兼实验核物理学家之一。此时他们默默准备离开。但是，他们的计划被墨索里尼的经济政策打乱了。根据该政策，他们除了零花钱外，无法将其他钱财带出意大利。

这时，玻尔介入了此事。那年夏天，费米去往哥本哈根开会时，玻尔打破了物理学界不成文的规定，私下告诉费米他将是那年的诺贝尔物理学奖得主。玻尔问他："诺贝尔物理学奖的荣誉、随之而来的大约 50 万美元的奖金（按今天的价值计算），以及一个出国旅行的理由。这些在今年给你，你觉得合适吗？还是说现在政局动荡，过几年更好呢？"费米答道："如果今年可以就再好不过了。"

回家之后，费米发现意大利政府已经收缴了劳拉的护照。他四处托人，终于在去斯德哥尔摩领奖前，把她的护照拿了回来。费米夫妇随后前往哥本哈根拜访玻尔，他们移民美国的申请表上"诺贝尔物理学奖得主"这几个字，让一切都水到渠成。那年圣诞，他们启程去往美国，于 1939 年 1 月 2 日抵达曼哈顿。

像爱因斯坦、玻恩和费米这样功成名就的物理学家，通常可以在前往新的国家前就安排好工作。可是，年轻的学者和学生远远不会这么顺利。"一想到年轻一代，我就十分痛心。"爱因斯坦在 1933 年给玻恩的信中写道。很快，他参与了一项英国政府帮助学术界的项目，并取得了一些成果。

1939 年 9 月 1 日，第二次世界大战爆发时，有 100 多位物理学家已从欧洲移民到了英国和美国。许多年轻一代的学者只能仓促逃走，背着小包跨越英吉利海峡或大西洋，奔赴前途未卜的新生活；有的人连包都来不及带上；还有的人直到最后都没能逃出来。

冯·诺依曼和爱因斯坦一样早早离开了德国。早在 1930 年，他与好友兼同胞匈牙利理论物理学家维格纳都收到了普林斯顿大学的聘书。普林斯顿大学方面知道他们很难说走就走，于是给了他们一个"半职"。他们每年只需在普林斯顿大学待半年，另外半年的时间可以回到柏林大学工作，然后去找爱因斯坦和薛定谔喝咖啡。他俩都接受了这个慷慨的提议，但他们的想法并不相同。冯·诺依曼马上就融入了美国社会，几乎每天晚上都和妻子在家宴客，衣着相当考究，他有一次在大峡谷里骑骡子时甚至穿着细条纹套装西服。相比之下，维格纳对欧洲甚是不舍，但他也明白自己没法再回柏林定居了。

冯·诺依曼开始在普林斯顿大学访学后不久，就完成了一本量子物理教科书，出版后迅速成为经典。在此之前也有其他的量子物理教科书，但冯·诺依曼在他这本书的前言里便轻松地驳斥了其中最著名、技术性最强的一本，准确地指出它"在数学上绝对不严谨"。这本书里有他那略有误差的"不可能证明"（Impossibility Proof），但那只能算是这本伟大著作中一个几不可见的小小瑕疵。

冯·诺依曼叙述量子物理的数学语言和他的着装一样一丝不苟，常常能从几个非常基础的假设推导出广为人知的结果。在这些假设中，冯·诺依曼知道其中一个假设对当时的理论至关重要——波函数通常遵循薛定谔方程，但波函数一被测量就会坍缩。"因此，一个系统中有两种截然不同的干预方式。"他写道，"在不被干扰的情况下，薛定谔方程可以描述一个系统随着时间变化而变化的状态，它具有连续性和因果性。"但是，一旦被测量，薛定谔的方程就不成立了。他写道："测量带来的这些随机变化不具备连续性、因果性，它们是瞬间发生的。"

在这一点上，冯·诺依曼和玻尔的看法并不一致。玻尔认为，测量工具和其他大型物体都必须用牛顿物理的体系来描述，而这恰好能在波函数不坍缩的情况下解释最后的实验结果。至于其中的原理是什么，玻尔和他的追随者们都没法说清楚。

冯·诺依曼想使量子物理的数学阐述变得更加严谨，他无法接受这个含糊不清的解释。在他看来，量子物理对宏观物体和微观物体都适用。他觉得量子物理理应是一种普适的理论，但这更凸显了测量问题的严重性。如果普通物体和原子一样遵循量子物理的规则，那么它们就不能使波函数坍缩，因为波函数坍缩会违背薛定谔方程；而如果它们不能使波函数坍缩，就会与薛定谔的猫相悖。

我在本书前言中提到过，满怀"朋克精神"的粒子同时处于两种相悖的状态中，这种奇异的现象被称作"叠加态"。由于它们的波函数从未坍缩，薛定谔的猫也就进入了叠加态，既死了，又没死。但我们看到的猫却要么是活的，要么是死的，不可能处于叠加态。冯·诺依曼想要避开这个问题，因此，他在书中明确地假设了波函数的坍缩是存在的。但这也引发了新的问题：波函数的坍缩是怎么发生的，原因又是什么？

冯·诺依曼的解决方式是让观测者为坍缩现象负责任。"我们必须把这个世界分为两个部分，其中一部分是被观测的系统，另一部分是观测者。"冯·诺依曼说，"量子力学通过薛定谔方程描述的是被观测的那部分，而一旦观测者介入其中并发生了测量行为，波函数就会坍缩。"

谁也不能确定冯·诺依曼这么说到底是什么意思。有人认为，他传达的是人的意识会让波函数发生坍缩。物理学家弗里茨·伦敦（Fritz London）和埃德蒙·鲍尔（Edmond Bauer）深受冯·诺依曼的影响，他们在后来的书中十分推崇这个观点。后来，维格纳也接受了这个观点。但这个观点很奇怪。的确，说人的意识导致波函数坍缩确实可以解决测量问题，可它也带来了新的问题——意识是怎么让波函数坍缩的？如果波函数的坍缩违背了薛定谔方程，那么人的意识是不是可以短暂地凌驾

What Is Real?
The Unfinished Quest
for the Meaning of
Quantum Physics

谁找到了薛定谔的猫?

于自然规律之上呢? 这怎么可能呢? 再说了, 到底什么算是意识? 大猩猩能让波函数坍缩吗? 狗呢? 跳蚤呢? 意识之说打开了一个满是悖论的潘多拉魔盒, 听上去实在颇为牵强。不过, 这个说法在当时也还算合理, 毕竟测量问题还没有更好的答案。

奇怪的是, 尽管冯·诺依曼当时或许认为是意识导致了波函数坍缩, 但他在书中声称, 有意识的观测者在自己的理论中并没有什么特殊地位。他写道: "观测者与被观测的系统之间的边界, 在很大程度上是随机而模糊的。"他不无实证主义色彩地声称: "若是基于个人经验, 我们只能说观测者做出了一次(主观的)观测; 我们没法靠个人经验得出'一个物理量有一个特定值'这样的结论。"同时, 他还声称, 玻尔的工作与这个"自然具有双面性"的说法是一致的。可是, 冯·诺依曼对量子物理的理解明显和玻尔不一致, 甚至可以说相去甚远。

玻尔和冯·诺依曼、维格纳, 不仅对波函数的坍缩和其测量工具有不同的理解, 在互补原理上也持相反意见。

维格纳早在 1927 年玻尔于科莫会议上首次提出互补原理时, 就公开提出了反对。而冯·诺依曼在他的教科书里, 更是鲜少提及这个理论。至此, 冯·诺依曼等人从不同的角度对哥本哈根诠释这个正统说法表示了质疑, 一场关于量子物理理论基础的对峙似乎就要开始。

然而, 到了 20 世纪 30 年代末, 玻尔、冯·诺依曼和维格纳已经没有时间来探究量子物理理论的基础了。战争一触即发, 更为实际的物理研究取代了这些对量子物理哲学意义的探索。

1939 年 1 月, 玻尔和他的助手罗森菲尔德搭乘蒸汽船横跨了辽阔的大西洋, 给曼哈顿带来了遥远欧洲大陆有关物理学界的最新消息。而与此同时, 德国核化学家奥托·哈恩(Otto Hahn)发现了核裂变。作为应对, 量子物理之父和他曾经的学生惠勒一起, 踏上了铀(Uranium)的解密之旅。

制造原子弹："把整个美国变成一个大工厂"

原子弹的巨大威力来自每个原子的原子核中发生的微妙平衡。围绕原子核的电子云带负电荷，原子核内的质子带正电荷，正负电荷相吸，电子就此被束缚在原子核周围。但电性相同的库仑斥力此时也企图将原子核分开——同种电荷相斥，而且两个电荷离得越近，互斥的力就越大。

原子的直径要比人类一根头发的直径小 1 万倍，而寻常的原子核比原子还要小 10^5 万倍。原子核中的质子距离如此之近，以至于如果没有其他力量牵制，它们会以接近光速的速度飞走。事实上，有一种更强的力将原子核中的质子吸引在一起，它的名字不具任何想象力，就叫"强核力"（Strong Nuclear Force）。这股强力把质子和中子结合在一起，形成原子核。就像它的名字显示的，中子是中性的，但是它们和质子一样，可以受到强核力的影响，在电荷之间的库仑斥力与强核力的竞争中起着重要作用。

中子可以在不影响库仑斥力的同时增加强核力。强核力本身并不足以将两个质子绑在一起，但如果加上一个中子，强核力的"黏合性"就会变强，在不增加任何电荷的情况下，把两个质子和一个中子变成一个稳定的原子核（氦 -3）。

黏合的强核力和相斥的库仑斥力之间，到底谁会更胜一筹？这完全取决于原子核的大小。如果原子核小，强核力可以轻而易举地占得上风。如果再往原子核里添加质子和中子，强核力通常会越来越强。但是，强核力的势力范围很小，大概只有一个质子的直径左右。因此，如果距离超过 1 毫米的亿万分之一（这个距离叫作 1 费米，名字来自费米），它就无能为力了。原子核的直径达到某个临界点后，相斥的库仑斥力会占据主导，此时再添加更多的质子和中子，反而会让原子核变得越来越弱。这个临界点大概是镍原子（28 个质子和 34 个中子）和铁原子（26 个质子和 30 ~ 32 个中子）的大小。超过这个临界点，原子核的稳定性会逐渐减弱；而达到另一个临界点——铅原子（82 个质子和 100 多个中子）后，原子核就完全不稳定了。

铀比这个临界点大得多，它有 92 个质子。不管你往里面加多少个中子，它都会逐渐衰变。有两种铀原子的原子核相对稳定，可以坚持几百万年——U-235 和 U-238。后面的数字是原子核中所有质子和中子的数量——U-235 有 143 个中子和 92 个质子；U-238 的中子要再多 3 个，所以它更重一些。但是它们还是属于同一种元素，因为它们的原子核中的质子数相同，元素的种类由质子数决定。

化学是主要在分子、原子层面，研究物质的组成、性质、结构与变化规律的科学。一种元素的化学性质是由原子的最外层电子数决定的，而一个原子核周围的电子数又是由原子核中的质子数决定的。有相同质子数和不同中子数的原子叫作一种元素的同位素。它们的质量不同，但化学性质相同。

玻尔和惠勒在科学家莉泽·迈特纳（Lise Meitner）和她外甥奥托·弗里希此前工作的基础上，发现铀的两种同位素有着截然不同的核性质。具体地说，用中子撞击 U-235 原子核会导致原子核裂变——它会分裂成两个较小的原子核，释放出巨大的能量，并产生几个游离的中子。如果 U-235 的数量够多，到达临界质量时，这些中子就会再次撞击其他的 U-235 原子核，引起裂变，从而再次制造出中子，引发连锁反应。

如果没有外力控制的话，120 磅① 高纯度的 U-235——一个直径不足 20 厘米的高密度金属球，就足以产生媲美 15 000 吨 TNT 炸药的能量，可以瞬间将一座小型城市夷为平地。通过 U-235 吸收一些多余的中子来控制反应，就可以用同样的一个球来为这座城市提供连续几天的电能。

U-238 则不一样，它多出来的这几个中子会稍微提高它的稳定性，

①1 磅 =0.4536 千克。

所以用一个中子撞击它不足以引起原子核裂变。因此，我们没法用 U-238 来制造炸弹。

大约 99.3% 的天然铀矿都是 U-238，要制造原子弹就必须先从大量的 U-238 里，提取出那一丁点的 U-235。由于它俩的化学性质完全相同，唯一的提取方式是利用 U-238 比 U-235 多出来的那 1.3% 的质量。因此，核能的实现非常困难，需要大量的铀和城市般巨大的扩散设施和离心机。玻尔总结道："把整个美国变成一个大工厂才能实现它。"

但彻底放弃核能则太过冒险。若是纳粹德国造出了核武器，战争就没什么好打的了。世界上其他的爱因斯坦、费米和玻恩们就再也无法逃出希特勒的魔爪。"只用这么一个炸弹"，费米双手虚捧着，眺望整个曼哈顿，"一切都会消失。"

曼哈顿计划：抢先纳粹德国一步造出核弹

"你猜我是从哪儿听到裂变的事的？是在医院里。"维格纳得了黄疸。"我被隔离了 6 个礼拜。真是一段美妙的时光啊，反正黄疸也不疼。"维格纳回忆道，"他们只给我吃土豆和豆子，都是水煮的，不大好吃。但是除此之外一切都很好，能清静一阵子简直太棒了。"维格纳把铀裂变的事情和来拜访自己的朋友利奥·西拉德（Leo Szilard）说了。后者也是一位从匈牙利逃到美国的物理学家。

他们早在几年前就意识到了核链式反应的巨大潜力。"西拉德当时在普林斯顿大学，他每天都来看我，我们聊天的时候谈到了核裂变问题，还有很多别的问题。当时玻尔和惠勒的理论占据了我们很大的精力。西拉德某一天早晨对我说：'维格纳，我觉得这可能会产生链式反应。'"

这两个匈牙利人在商量下一步该怎么走的时候，把第三个匈牙利人拉上了船——已经移民到华盛顿特区的爱德华·泰勒（Edward Teller）。

1939 年夏天，这个"匈牙利团伙"准备想办法提醒美国政府"希特勒的成功可能取决于核裂变"（西拉德这样说）。为了实现计划，他们又将爱因斯坦拖了进来。他们希望一封来自全世界最著名的科学家的信，会引起罗斯福总统的重视。

爱因斯坦来到西拉德在长岛的度假屋，与西拉德、泰勒还有维格纳花了好几个周末的时间，起草了一封给罗斯福的信。在某个层面上，这个计划成功了，它的确引起了罗斯福的注意，但是他把这件事交给了莱曼·布里格斯（Lyman Briggs）处理，让他成立一个铀问题委员会。布里格斯是国家标准局的局长，办事效率并不高。最终，委员会成果寥寥，在一年多的时间内毫无进度。而与此同时，希特勒占领了丹麦和巴黎，并无情地轰炸了伦敦。

1941 年秋天，美国政府终于开始认真地研究核能。这次，维格纳和康普顿见了面，后者正在准备为罗斯福的顶级政策小组提供一份关于核武器研发可能性的报告。康普顿写道："维格纳几乎哭着恳请我速速督促核弹项目的开发。他当时非常害怕纳粹会先我们一步造出核弹，这一点令人印象深刻。"

珍珠港遭袭几个月后，美国的核弹项目移交给了军方处理，负责人是莱斯利·格罗夫斯（Leslie Groves）将军，美国陆军工程兵团的一位管理人员。格罗夫斯刚刚指挥了五角大楼的修建（那是当时全世界最大的建筑），想要回到前线，因此本准备拒绝接受这个任务。可当他知道这份工作可能带来的结果后，义无反顾地留了下来。格罗夫斯任命来自伯克利的物理学家罗伯特·奥本海默（Robert Oppenheimer）担任这个代号为"曼哈顿计划"（Manhattan Project）绝密任务的科研指导。

曼哈顿计划的自主权大得惊人，费米、维格纳还有其他数位从欧洲逃难来到美国的物理学家，以及他们的美国同事来到了新墨西哥沙漠里的洛斯阿拉莫斯（Los Alamos），想要抢先纳粹德国一步造出核弹。

　　洛斯阿拉莫斯的许多物理学家都以为纳粹在核能方面会领先一步，他们这么想也情有可原。上百年来，德国一直是物理学研究的中心，而美国则只算得上是科学界的边缘。核裂变也是在德国最先发现的。

　　德国参战的时间更长，此外希特勒侵略了捷克斯洛伐克，那里有储量巨大的铀矿资源。尽管希特勒颁布了那条极具种族歧视色彩的公务员法令，但还是有许多优秀的物理学家留在了德国。第一个发现核裂变的核化学家奥托·哈恩也留在了德国，不过，他并不想加入纳粹。他默默地继续着自己的科研工作，尽可能地保护自己的同事，并与逃难离开德国的同事保持联系，其中包括迈特纳和奥托·弗里希。奥托·哈恩的好友、诺贝尔物理学奖得主马克斯·冯·劳厄（Max von Laue）则更不顾生命危险，多次高调地谴责希特勒政权。但奥托·哈恩的态度在德国物理学家中并不多见，更鲜少有人像冯·劳厄那样铮铮铁骨。

　　第二次世界大战开始后不久，海森堡不出意料地成为德国核项目的负责人之一。这个项目从一开始就不甚顺利。海森堡自慕尼黑的学生时代起，动手能力就很差，不时会犯低级的计算错误。他从前的学生派尔斯回忆道："虽然他的理论能力十分优秀，但他对数字十分粗心。"不仅如此，项目的进程还由于各种沟通不畅和档案错误而被拖慢。

　　此外，高纯度的石墨可以用来控制核链式反应，而这个十分重要的发现居然压根没被海森堡等人放在心上。他们发现低纯度的石墨不合适之后，便把注意力转向了一个更为稀少而昂贵的慢化剂——重水（Heavy Water）。这一错误决定更是拖延了他们的进度。

　　到了 1942 年，美国的核弹项目已经进行得如火如荼，德国却依然毫无进展。1942 年，在柏林的一次军火会议上，海森堡告诉他的上司，尽管他们不大可能在战争结束前造出核弹，但是核反应堆或许可以为德军供能。此后不久，尽管此前没有任何带领实验团队的经验，海森堡还是成了德国核项目实权最大的负责人。

直到 1945 年战争结束，海森堡的团队都还在试图造出可控的核反应堆，却全然不知费米于 1942 年就已经在芝加哥成功完成了这项工作，更不知反应堆若是失控的话该怎么防止核泄漏。1945 年 8 月 6 日夜，奥托·哈恩得知美国人在广岛投下了原子弹这个消息后，整个人都垮掉了。"我一个字都不信，"海森堡得知这一消息后说，"我不相信这和铀有关系。"奥托·哈恩嘲弄道："如果美国人真的造出了铀弹，那你们不就输了吗？可怜的海森堡啊！"当晚，他们从 BBC 的报道中听到了更多的细节，海森堡等人终于接受了现实——他们被打败了。

接下来的几天，海森堡试图找出项目滞后的原因。他笨拙的计算过程表明他从未真正弄明白该怎么制造核弹。当然，他一直以为自己弄明白了。

美国物理学研究因核弹项目改变

1939 年，玻尔结束在美国的访问，回到哥本哈根。当年 9 月，第二次世界大战便爆发了。1943 年 10 月，玻尔和家人一起乘渔船穿过厄勒海峡（Øresund）来到中立国瑞典。随后，玻尔飞往英国。在与英方人员碰头后，又启程飞往美国，第一时间来到曼哈顿计划的总部——洛斯阿拉莫斯。泰勒带着化名为尼古拉斯·贝克（Nicholas Baker）的玻尔来参观这里的设备，并且迫不及待地想要告诉玻尔，他之前对核能的悲观态度有失偏颇。"但我还没来得及开口，玻尔就说道：'你看，我说过只有把整个国家都变成一个大工厂才能做到。结果你们真的这么做了！'"

玻尔的话一针见血。直到第二次世界大战结束，曼哈顿计划花掉了近 250 亿美元，并在美国和加拿大的 31 个地点聘用了 125 000 名员工。数百名物理学家放下手上的工作，为曼哈顿计划添柴加火。

第二次世界大战之后，美国的物理学研究再也不是从前的模样了。由于核弹项目的成功，军方的研究经费大量流向了物理学。1938 年，第二次世界大战开始前，美国投入物理学研究的总费用是 1 700 万美元，其中几乎没有任何政府投资。到了 1953 年，第二次世界大战结束不到 10 年，物理学的研究经费就达到近 4 亿美元，也就是说在 15 年内翻了 25 倍。到 1954 年，美国投入物理学基础研究的费用中 98% 都来自军方或国防部门，其中包括由曼哈顿计划演变而来的原子能委员会（Atomic Energy Commission）。

有钱的地方就有人。由于战争终结于两朵蘑菇云，在《退伍军人权利法案》（*G.I. Bill*）的支持下，大量青年退伍军人涌入大学学习物理学。"我对物理学的兴趣来自我当年在新墨西哥制造原子弹的经历。"一位哈佛大学毕业的物理学博士在 1948 年这样说。

有人写道："因为战争，我终于意识到了物理学的重要性。"还有人写道："是战争带我走上了科学的道路。"物理学院里，学生人满为患。1941 年，美国每年授予的物理学博士学位大概是 170 个；1951 年，每年物理学院毕业博士人数变为 500 个，这个数字还在逐年增加（见图 4.1）；到了 1953 年，整个国家有一半的物理学家都不到 30 岁。培养新的物理学家不再是学术上的要求，而成了对军事基础设施的重要投资。

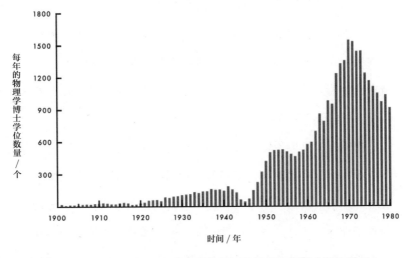

图 4.1　1900 — 1980 **年美国高校每年授予的物理学博士学位数量**

原子能委员会会长、普林斯顿大学物理系的前主任亨利·史密斯（Henry Smyth）在 1950 年的美国科学进步协会的发言上提到要"储备并分配科研人力"。他说："科学从业者是一项重要的战争物资，他们必须被高度利用起来。我说的科学从业者不是那些丰富我们文化的人，而是我们捍卫自由所需的武器。"

这样的局面让许多物理学家感到焦虑和不快。"第二次世界大战和冷战已经把我的职业变得面目全非，"美籍荷兰学者塞缪尔·古德斯密特（Samuel Goudsmit）抱怨道，"我们这些物理学家是第二次世界大战后最难适应环境的退伍军人。"古德斯密特是少数几个在希特勒当权之前，便从欧洲移民到美国的物理学家之一。他很怀念战前那些实验设备简陋的日子，那时候，物理学研究经费有限，大家习惯有什么就用什么。战后不到 10 年，迅速涌进这个行业的资金和人才，已经彻底改变了物理学研究的日常工作：

> 这确实很令人震惊。现在的实验设备都棒极了，按理说，这些东西明明是任何一个敬业的物理学家梦寐以求的，可我们不知怎的，不再像从前那样发自内心地爱它们了。
>
> 想当年，我们得到一个 300 美元的分光镜都开心得要庆祝一番。现在呢？我们拿着几百万美元的高级仪器，启用仪式刚过去不久，就开始想要申请买一台更高级的。从前，大家都是全身心地投入工作，一门心思去研究宇宙的基本法则。
>
> 而现在，我们不得不去做许多以前从未想过的事情，跟科学一点关系都没有的事情。我们要帮助国防部长制定明年预算；要去向总统汇报核储备……我们之中有的人进入了工业界，开始设计电子设备；还有人与美国驻英国、法国和德国大使馆的工作人员有联系。我的同事在广岛被投放原子弹之前甚至从未费心投票，

现在当原子能问题列入议程时，他们却坐在了联合国代表旁边。

古德斯密特自己早在第二次世界大战期间就尝尽了做这些事的滋味。他不仅在麻省理工学院（MIT）从事过雷达的研究（这也是一个重要的战时物理研究项目，聘用了数千人，耗资数百万），还是皇家空军的顾问。战前他在密歇根大学工作，原本准备从此告别科研一线，全身心投入教学工作，但战争改变了他的想法。

他回忆道："广岛被投放原子弹之后，我也被物理学界的迅速扩张冲昏了头脑，我比在大学校园时更想要与它紧密联结在一起。"古德斯密特成了美国新建的一批纯科研实验室之一——布鲁克黑文国家实验室（Brookhaven National Laboratory）物理部门的负责人。

尽管在"大科学"的潮流中一路做到了管理的位置，他却依然对这个领域的巨大动荡感到不安。"我们现在工作的状态，肯定不是促成科学突破的理想状态。"他在 1953 年这样说。

25 年前，我们可以就玻尔的研究畅所欲言，不用去管什么政府机密、武器工程或者间谍项目。我们不会为了升职做校长而苦心经营，也不会为了在工业界出人头地而不断分神，政府更是不会管我们这帮人在做什么。

我们不用为了权力钩心斗角，因为根本就没有什么用得到权力的地方；没有这些大型实验室，也没有什么军方项目。我们大家就像是在一个俱乐部里，全世界也就 400 个成员；大家彼此熟悉，至少知道对方在做什么。

如今，即使一个只有美国物理学家参加的会议，人数都是这个数字的 4 倍之多。大多数情况下，谁也不认识谁。

　　探索量子物理意义的研究是战争的牺牲品之一。全国的教室里都坐满了学生，教授无法再去谈论量子物理的哲学意义。而在第二次世界大战前，不管是在莱比锡的海森堡还是在伯克利的奥本海默，大西洋两岸的大学教授都会花大量时间去谈论概念性问题。

　　第二次世界大战前的教科书和试卷都会要求学生写文章讨论不确定性原理的性质和观测者在量子世界中的作用。学生数量激增后，这种细致的讨论成了不可能的任务。"对于这些问题（比如不确定性、互补性和因果性），光是讲课根本没什么用。"1956 年，一位匹兹堡的物理学教授抱怨道，"一脸茫然的学生不知道该在本子上记什么，恐怕不管他们记下了什么，教的人看到了都会感到崩溃。"较小的学院里还有一些人数不那么多的量子物理课程，这些课上讨论基础问题的时间会稍微充足一些。然而，随着学生的人数日益增加，这样的课程越来越少。大班的教学重点是"高效且可重复地做出计算"，而不是讨论理论基础。

　　教科书里关于理论基础的问题几乎被尽数除去，新一代的物理学期刊甚至夸奖新教科书"避开了哲学讨论和有哲学倾向的问题"。不愿跟随这一潮流的教科书则被批判"花了太多时间在位置和动量这种老掉牙问题上"。大科学的时代降临了，时代的车轮不愿意等待那些依然被量子物理的意义所困扰的人。

新一代物理学家摒弃了量子物理的诠释问题

　　海森堡与玻尔的关系再也没能回到从前。尽管如此，他们之后还是有过联系，甚至还见过几次面。海森堡一手创造出这个统一的哥本哈根诠释，或许是为了突出自己在量子物理史上的贡献。当然，哥本哈根诠释并不全是胡编乱造，玻尔与自己的学生及同事的观点确实有所重叠；但海森堡的讲座和玻尔自己写的文章差异显著，任何关注该问题的人都会明白，根本没有什么所谓的统一诠释。

尽管如此，"物理学巨匠玻尔和海森堡创建了统一的量子物理诠释"这个说法在曼哈顿计划完成后，还是广泛流传开来。大多数物理学家对哥本哈根诠释中混乱的概念并不抗拒，因为探寻量子物理意义这件事对他们来说意义不大。

量子理论的数学部分无疑非常成功，它在战后的军工业应用很广。与此同时，许多物理学家开始研究核物理和固体物理。这个物理学的分支是战后不久便得到发展的硅晶体管的基础，也是许多其他材料研究的基础。这些材料让电脑体积越来越小，性能越来越强。

从长远来看，量子物理的诠释对科学的进步至关重要，但当涉及量子理论的实际应用时，这些问题就变得无关紧要了。哥本哈根诠释这个貌似完整实则混乱的答案，让战后的物理学家可以不用再纠结理论的意义，只要去计算就好。

此外，战后有许多的物理学家都来到了美国。欧洲的物理学家大多是优秀的理论家，而美国的物理学家则更侧重实践。对于爱因斯坦和玻尔来说那么重要的诠释问题，在这新一代的美国物理学家眼中完全无关紧要，并不适合用五角大楼提供的大量经费去研究。

然而，并不是所有的美国物理学家都务实到可以完全接受哥本哈根诠释。"玻尔的互补原理相当于把自然放在了颤巍巍的围墙上。"亨利·马吉诺（Henry Margenau），一位颇为重视哲学的耶鲁大学物理学家抱怨道，"这个理论可以让我们绕过巨大的理论鸿沟，因为它认为这条鸿沟亘古存在且无法跨越。它将困难宣称为一种规范。"还有一位美国的物理学家注定要让哥本哈根诠释遇上大麻烦，第二次世界大战期间他在伯克利和奥本海默一起工作，战后不久又去了普林斯顿大学。

1947 年，玻姆以新晋助理教授的身份加入普林斯顿大学。他此前一度接受了哥本哈根诠释，但他很快就会被恼人的疑虑激怒。5 年之内，

What Is Real? (i) (i)
The Unfinished Quest
for the Meaning of
Quantum Physics   谁找到了薛定谔的猫？

这些疑虑逐渐演变成对量子物理正统理论的公然反对。玻姆接下来做了几件不可能的事：他推翻了冯·诺依曼的证明，让贝尔好不容易与量子物理握手言和的心再次蠢蠢欲动。他彻底改变了量子物理。

第二部分
寻求"真实"的量子异见者

我们强调，我们的观点绝非主流，目前关心这个问题的人也很少。大多数物理学家都认为问题早就解决了，但他只要花 20 分钟想一想，就会完全明白这到底是怎么回事。

——约翰·贝尔和迈克尔·纳恩堡，1966 年

第 5 章

玻姆：反对哥本哈根诠释的斗士

马克斯·德累斯顿（Max Dresden）步入座无虚席的研讨室，在众人的注视下走到黑板前。德累斯顿是一位供职于堪萨斯大学（University of Kansas）的物理学家，1925 年，他在普林斯顿高等研究院访问期间自告奋勇地说了说玻姆最近的研究成果。德累斯顿迫切地想要知道台下的观众对玻姆的研究有什么想法。那时的普林斯顿高等研究院聚集了许多物理学界最优秀的人才，包括爱因斯坦。不过，当德累斯顿举目看向观众席时，并没看到爱因斯坦那头不羁的白发。

当德累斯顿的学生最初向他提到玻姆的论文时，他不以为然，直接用冯·诺依曼那篇著名的论证驳回了他们的问题，毕竟哥本哈根诠释是理解量子物理的唯一方式。被问到的次数越来越多后，他终于仔细地读完了玻姆的文章。没想到这一读之后，德累斯顿发现，玻姆竟然真的提出了一种理解量子物理的新方式。

与拒绝直接解释量子世界的哥本哈根诠释不同，玻姆的解释描绘了一个亚原子粒子的世界；无论是否有人观察它们，它们都存在，而且时刻都有着确定的位置；每一个粒子都有一个对应的"导波"在引导它运动，这些导波的行为有序且可预测。就这样，玻姆找到了一个可以驯服量子世界的办法，它解决了此前量子世界的混乱和不可测量，同时也没有牺牲量子物理的精确性，因为它与"传统"的量子物理在数学上是完全等价的。

报告中，德累斯顿向听众介绍了玻姆的物理理论和数学表述。终于，最让他坐立难安的时刻来了——到了提问时间，他该回答物理精英们提出的问题了。此前，德累斯顿只有一周为报告做准备，他满心以为可以和大家一起深入地进行技术性的讨论。故事的最后让德累斯顿恐惧——人们对这个理论竟然完全嗤之以鼻。有人说玻姆是"烦人精"，有人说他是个叛徒，还有人说他是托洛茨基分子。至于玻姆的理论本身，则被认为是幼稚无知、误入歧途的产物。甚至有人认为德累斯顿的专业素养也有问题，因为他居然把玻姆的一派胡言当真了。

最后，研究院院长奥本海默发言了。奥本海默是当时最具影响力且负有盛名的物理学家，他在第二次世界大战中成功地领导了曼哈顿计划，在伯克利时也指导并培养了许多成就非凡的物理学家——玻姆正是他的学生。德累斯顿目瞪口呆地看着奥本海默对大家总结道："如果我们不能证明玻姆的理论是错的，那就对它视而不见吧。"

不在场的玻姆未能替自己的理论辩护。几个月前刚刚成为普林斯顿大学教职人员的他，此时被困在了巴西。玻姆的祖国把他列入了黑名单，随后直接将他驱逐出境。与此同时，玻姆的同事也全体反对他的新理论。

上述故事向我们展现了德累斯顿发现玻姆论文的过程，也说清了他的普林斯顿高等研究院之行的来龙去脉，还让我们看到了那里学者的态度多么令人咋舌。它极有可能与事实相去不远。关于玻姆以及人们对他的理论做出的反应，应该是这个故事里传播最广的；奥本海默鼓动人们忽视玻姆的理论更是令人唏嘘。可是，关于玻姆的传说还有很多，有一些来源可疑，甚至根本找不到出处。人们乐于讨论玻姆的故事，是因为哪怕在他去世二三十年后的今天，玻姆依然是个颇具争议性的人物。有

What Is Real?
The Unfinished Quest
for the Meaning of
Quantum Physics

谁找到了薛定谔的猫？

人说他疯癫，是个只想回到牛顿时代的老古董；也有人说他高瞻远瞩，是反对哥本哈根诠释的斗士。

描写玻姆生平的难点之一在于他曾遭受迫害，在数个人生关键节点都不得不寄居国外，许多有意义的个人文件都在途中丢失或损坏了。而最终赢得胜利的是反对玻姆的阵营，作为赢家，他们自然可以随意撰写历史，所以后人很难判断事情的真实性。

更难办的是，玻姆还有一批狂热的支持者，他们为了拨乱反正，过度地美化了他。玻姆的好友兼同事戴维·皮特（David Peat）为他撰写过一部传记，把玻姆描绘成对现实的本质有着不可思议的清晰洞察力的人。传记中还充满各种不实的故事，里面引用的言论有的张冠李戴，有的更是无中生有。还有，人们是在玻姆去世后才开始重视他的工作的，他们对玻姆的研究有很多疑问。如果有人在 1992 年玻姆去世前向他提出这些问题，本会是很容易回答的。就这样，这个原本并不出名的现代物理学家成了大量谣言和传说的主角。

这些传闻是很有意义的。我们可以通过它们看出玻姆在量子物理文化中占据了怎样的地位，也可以看到玻姆的理论引起了怎样的反应。这些传说的背后是一个极为简单的量子理论，以及一个不幸的天才命运多舛的人生。

从移民之家走上科研之路

我们确切知道的是，玻姆 1917 年 12 月 20 日出生于宾夕法尼亚州的威尔克斯 - 巴里（Wilkes-Barre）。玻姆的父亲沙穆埃尔（Samuel）是匈牙利籍犹太人，19 岁时孤身移民来到宾夕法尼亚州。他在那里认识了此前与家人一起移民美国的立陶宛犹太人弗里达·珀普奇（Frieda Popky），随后与她结婚。

　　沙穆埃尔·玻姆性格十分务实，在小镇上开了个家具店，街坊都知道他精明能干，但也有些拈花惹草。他的夫人弗里达·玻姆（Frieda Bohm）则完全相反，是个内向的家庭主妇。自从与家人一起离开了欧洲后，她整个人都变得自闭疏离，情绪时常大起大落。随着玻姆一天天长大，他母亲的精神状态也愈加恶化——她开始出现幻听，打坏了隔壁邻居的鼻子，还扬言要杀了自己的丈夫，最后不得不被送往精神病院。

　　玻姆与母亲很亲近，但她的这些行为还是让他恐惧，于是只好去书中寻找安宁。在涉猎科幻小说后，他逐渐对科学产生了兴趣，但玻姆的父亲并不待见自己儿子的科学爱好。当玻姆告诉他有行星围着太阳公转的时候，沙穆埃尔只是耸一耸肩膀，说这件事与现实生活毫无关系。不过，不管怎么说，他还是花钱送玻姆去了宾夕法尼亚州州立大学。尽管当时的宾夕法尼亚州州立大学还是一所小规模的城镇大学，而非今天的大型高等学府。

　　在宾夕法尼亚州州立大学读书期间，玻姆的朋友和教授都注意到了他过人的聪慧和独特的性格。他的好友梅尔巴·菲利普斯（Melba Phillips）评价道："玻姆有一种让人想要照顾他的魔力，还有一种天生的忧郁。"玻姆自大学起就患上了严重的腹痛，所以他总是格外担心自己的健康。尽管如此，他还是十分勤奋，1939 年从宾夕法尼亚州州立大学毕业后顺利考取了加州理工学院的物理学博士生。

　　作为一个宾夕法尼亚州移民家庭的儿子，他能到这个世界一流的物理研究中心深造，已经是很争气了。可是，仅过了一个学期，他便开始对那里的课程内容和研究机会感到失望。他曾回忆道："我在加州理工学院的时候并不开心。那里的人对科学根本不感兴趣，一心只想在技术方面保持领先。"在失望和迷茫中，他回到威尔克斯 - 巴里待了一个暑假。

　　等回到帕萨迪纳后，他越发感到不快乐，"总的来说，我当时有点郁闷，谈不上是抑郁，但的确有点低沉。"在朋友的建议下，玻姆去见了伯克利的一位年轻有为、魅力四射的访问教授，想看看他的课题组里有没有适合自己的工作。结果，下个学期一开始，玻姆便沿着加利福尼亚州海岸一路北上，开始与自己的新导师奥本海默一起工作了。

玻姆在奥本海默的身上看到了一个相似的灵魂：他们都是来自美国东海岸的犹太人，都想解决理论物理学中最重要的难题，而且都对物理之外的各种智识活动感兴趣。同时，玻姆和奥本海默也有许多不同之处，其中最重要的差别在于玻姆出身于典型的工薪家庭，而奥本海默则生于曼哈顿上流社会一个富足人家。

奥本海默在哈佛大学念了本科。他以最优等成绩毕业后，就去往欧洲攻读博士学位，导师是玻恩。之后，奥本海默在瑞士和泡利共事。虽然奥本海默并未在哥本哈根学习，但他见过玻尔，对玻尔也非常了解。回到美国后，奥本海默——朋友和学生都叫他"奥皮"（Oppie），决心把伯克利的理论物理研究中心打造成世界一流的。

1941 年"玻姆出现时，玻尔和奥皮已经在伯克利声名远扬"，奥皮的另一位博士生，乔·温伯格（Joe Weinberg）这样说。玻姆加入他们的小组后，乔·温伯格一心想要玻姆接受玻尔的理论。玻姆后来回忆道："我跟乔·温伯格很深入地讨论过玻尔的理论。当时，我发自内心地认为玻尔的理论是正确的，在之后的数年中，我也是根据他的理论做研究的。乔·温伯格是个很强势、很有说服力的人，我完全被搞昏了头。更何况奥本海默也同意这个理论，我自然很看重他的想法。"

奥本海默亲自安排了玻姆毕业后去洛斯阿拉莫斯国家实验室工作的事宜，可玻姆没有通过军队的安全调查。不仅如此，玻姆与乔·温伯格的私人关系也使他被拒之门外。玻姆的论文研究方向是原子核的互相作用，这与洛斯阿拉莫斯正在进行的工作紧密相关，以至于他的研究的保密级别超过了他本人的安全级别。于是，军方马上收缴了他的实验笔记和计算结果，也不允许他写完自己的博士论文。好在此时奥本海默伸出了援手。他亲自出面向伯克利大学的管理层作担保，有理有据地表示，玻姆无论如何都应该被授予博士学位。

战后，玻姆在伯克利继续做了几年研究，发了好几篇论文，讨论的都是量子物理中的几个极为艰深的问题。1947 年，由于这些研究成果以及惠勒为他写的一封极为正面的推荐信，普林斯顿大学物理系决定聘玻姆为助理教授。系主任史密斯说："玻姆的推荐人告诉我们，他是奥本海默带出的最有能力的理论物理学家。"几年后，史密斯的说法却变成了"只知道用蛮力解决科学问题"。

与伯克利相比，玻姆发现普林斯顿大学的校园和科研环境都有些令人失望，他还觉得那里的学者都"过于看重自己的地位"。尽管如此，玻姆还是迅速适应了新环境。他以奥本海默的课程讲义为基础，开始在这里教授量子物理，招了好几个颇有前途的研究生，并开始了新的研究。他有了新的朋友，甚至和普林斯顿高等研究院一位教授的继女汉娜·罗伊（Hanna Loewy）谈起了恋爱。玻姆与罗伊的感情迅速升温，很快就到了谈婚论嫁的程度。罗伊还把玻姆带回家，见过了母亲艾丽斯（Alice）和继父埃里克·卡勒（Erich Kahler）。在这里，玻姆还见到了卡勒最好的朋友之一——爱因斯坦。

爱因斯坦启发玻姆产生新理论

玻姆把自己教授的量子物理课程讲义整理成一本教材。他在里面非常小心地解释和捍卫了哥本哈根诠释。在这个过程中，他的心里却渐生疑问。1950 年夏天，随着书稿的完成，他对哥本哈根诠释的疑问越来越深。玻姆说："写完教材后，我并不满意，因为我发现自己没有真正理解它。"

不久后，玻姆被带到了托伦顿（Trenton）的联邦法院，以蔑视议会、拒绝为非美活动调查委员会作证为由，并以藐视国会的罪名被正式起诉

What Is Real?
The Unfinished Quest
for the Meaning of
Quantum Physics

谁找到了薛定谔的猫?

（图 5.1）。随后，罗伊和玻姆的学生萨姆·施威伯（Sam Schweber）一起开车来到了托伦顿，将玻姆保释了出来。回到普林斯顿大学后，他们发现校长哈罗德·多兹（Harold Dodds）已经停止了玻姆所有的研究和教学活动，并禁止他再出现在学校里。玻姆被列入了黑名单。

图 5.1　玻姆在众议院非美活动调查委员会作证后

1951 年 2 月，在等待出庭的日子里，玻姆举办了一次小型的聚会，庆祝他的新书《量子理论》（*Quantum Theory*）出版。这本教科书非常简洁明了，侧重于概念而非计算。书里有整整一章都在讨论测量问题，其中，玻姆详尽地维护了哥本哈根诠释。"我写这本书时希望它能符合玻尔的思想，我已尽力去理解这一门学说。教了 3 年量子物理，我写了很多讲义，最后还写了一本教科书。"玻姆的教材反响不错，甚至得到了素来严苛的泡利的盛赞，说他很欣赏玻姆的论述方式。

这本教科书出版后没多久，玻姆就接到了一个电话，这个电话改变了他一生的轨迹。"爱因斯坦给我打了个电话。我当时住在他某个朋友的家里，他说他想见见我。"玻姆说。

爱因斯坦读了玻姆的书后想跟他谈谈。玻姆回忆道："他（爱因斯坦）认为，我对哥本哈根诠释的解释已经足够好了，但他还是不能接受这个理论。总的来说，他认为这个理论在概念层面尚不完善。换言之，波函数并不能完整地描述现实世界，还有很多我们没有发现的东西。他反对的就是这个。"时隔 25 年，爱因斯坦依然没有放弃自己当初发现的问题：量子理论这么一个成功的理论，为何偏偏不能解释什么是真实呢？

"在我们讨论的过程中，他表示，应该有一个理论可以反映真实存在的世界。这个世界应该可以独立于观测者而存在。"玻姆回忆道："他很确定量子理论做不到这一点，因此，即便它的正确性毋庸置疑，却依然不完备。"

玻姆走出爱因斯坦的办公室时，脑海中充斥着一个疑问："我们能不能换一种方式来看待这个问题？"还有没有其他的办法，可以解释量子物理的那些特殊的数学表述？还是说，哥本哈根诠释才是唯一的诠释？玻姆说："看来爱因斯坦是对的，我已经感到不满意了。我越发怀疑，也许波函数并不能完整地描述现实世界。"爱因斯坦很笃定它不能。

玻姆顺着这个思路，仅几周后，便发现量子理论的基本公式都可以用一种更简单的方式来表达。用这种方式做出的预测和结果和原来的一样，因为它们在数学上是等价的，但它所讲述的故事——数学暗示的世界图景，与哥本哈根诠释截然不同。玻姆自己都对这个发现感到惊奇。他将自己的想法写成两篇论文，这两篇论文将发表在最著名的物理学研究期刊《物理评论》（*Physical Review*）上。一个月后，普林斯顿大学物理系宣布不再续签玻姆的合同。玻姆失业了。

当年夏末，在爱因斯坦和奥本海默的帮助下，玻姆在巴西圣保罗大学（University of São Paulo）找到了一份工作。他此前从未离开过美国，也完全不会说葡萄牙语，但他别无选择。于是在 10 月，他启程前往巴西。

尽管经历了这一连串的坎坷，玻姆依然对自己即将在来年 1 月发表的论文抱有极大的期望。他希望自己对量子理论的全新理解能为人们提供新的灵感，也能为自己赢来一些声望。"我不知道人们会怎么评价我的论文"，刚到巴西不久后，玻姆向普林斯顿大学的一位朋友去信说，"长久而言，它肯定会有深远的影响力。对于这一点，我很欣慰。"而他最担心的是"那些拥有话语权的人会不约而同地无视我的文章。或许，他们会有意无意地向后辈表示，这篇论文在逻辑上没有什么错，但它论述的重点属于哲学范畴，并没有实际用处。"

玻姆尝试着学习葡萄牙语，尝试着再一次适应这个他并不喜欢的新环境。他等待着自己的思想面世的那一天。

导波理论：玻姆破解双缝实验之谜

玻姆的量子物理理论几乎解决了量子物理的所有问题。不管有没有观测者存在，每个物体在任意时间都有着确定的位置。粒子有波动的性质，但是并不存在什么"互补"。粒子就是粒子，只不过它们的运动由导波引导。粒子在这些波的引导下沿着它们运动，导波因此得名。

海森堡不确定性原理依然成立，我们对粒子的位置越是确定，就越是不确定它的动量，反之亦然。不过，根据玻姆的理论，这一现象只是因为量子世界不愿意向我们提供更多的信息而已。在玻姆构造的宇宙中，我们或许不能知道某个电子的确切位置，但电子始终存在。

这个简单的概念让玻姆一举解决了量子物理中的悖论。哥本哈根诠释不允许我们在观测盒子内部之前，提出关于薛定谔猫的问题，因为它坚持不可观测的物体没有意义。而根据玻姆的导波理论，我们不仅可以提出问题，还能得到问题的答案。在我们打开盒子看之前，猫要么已经死了，要么还活着，打开盒子不过是让我们知道它到底怎样了。观测行为和猫的状态毫无关系。

乍看之下，这个解释未免也太简单了。在玻姆的理论中，粒子的位置和薛定谔的猫根本没有什么奇怪的地方，它要怎样解释量子物理中其他匪夷所思的实验结果呢？

答案在于数学。在数学上，玻姆的理论与量子物理最核心的薛定谔方程是完全等价的，因此它做出的预测与其他诠释并无不同。这么说当然没错，但我们还不能通过这一点就体会到玻姆的诠释到底是怎么一回事。要想搞明白这个，我们还是来仔细看看量子物理史上最不寻常的实验——双缝实验吧。

伟大的物理学家费曼有一句名言："双缝实验直指量子物理的核心"。还有一句是"其实，它（双缝实验）才是唯一的谜题"，虽然听上去很深奥，但双缝实验其实是一个非常简单的实验。将一块屏幕放在感光板前面，屏幕上有两条间隔窄小的狭缝，再将一个光源放在屏幕前；光波穿过狭缝之后将互相干涉，并且在感光板上投下明暗交叠的光路（见图 5.2）。

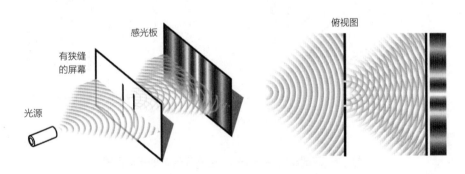

图 5.2　双缝实验中正在互相干涉的波

这个结果没什么特别的量子特性，毕竟光波的干涉随处可见。池塘里由两块石子激起的水波以及两个喇叭发出声波都会发生干涉。波的干涉并不神秘，一个波的波峰如果刚好跟另一个波的波谷重叠，它们就会完全抵消，不复存在；反之，如果两个波的波峰重叠在一起，波动就会被放大。图 5.2 中有明有暗的光路就是这么来的。

减弱双缝实验里中的光源,怪事就会出现。这次,让我们不用手电筒,而是将光的量降到最少,一次只发送一个光子。这么一来,每一个光子就都会像引言中提到的纳米哈姆雷特一样,必须在左右两条狭缝之间做出选择。随后,光子在穿过其中一条狭缝后,会击中缝后方的感光板,并在碰撞的地方留下一个斑点。你或许会以为,如果不断重复这个过程,两条狭缝后会各有一组光斑(见图5.3a)。

毕竟,光子是粒子,像是一个个的光球。这些光球像网球一样,如果我们把它们朝着一组狭缝(当然会大很多)扔去的话,它们砸中墙壁的位置会分别集中在两条缝的正后方。不过,光子毕竟不是网球,事情也远没有这么简单。虽然每个光子只会在感光板上留下一个斑点,这些斑点却会在感光板上形成一组干涉图样(见图5.3b)。

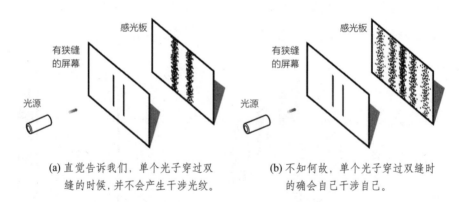

(a) 直觉告诉我们,单个光子穿过双缝的时候,并不会产生干涉光纹。　　(b) 不知何故,单个光子穿过双缝时的确会自己干涉自己。

图 5.3　双缝实验中光子留下的光斑形成的干涉图样

每个光子都是独自穿过双缝的,可它们仿佛知道自己应该到达感光板上的哪个位置,以形成干涉图样。尽管粒子之间没有相互干涉,并且每次穿过双缝的都只有一个粒子,但当光子通过时,还是有什么东西在干涉它。

你百思不得其解,于是在重复实验时做了个小小的改动。这一次,你为了弄清楚每一个光子分别是从哪条缝里穿过,又是如何形成干涉图样的，便在两条狭缝上都安装了一个小小的光子探测器。这次实验的结果证实了你之前的猜想：光子果然是在故意逗你玩儿。一旦你开始观测，它们就偏偏不再形成干涉图样了，而是像你最开始以为的那样，形成了两组泾渭分明的斑点。

这到底是怎么回事？为什么你的观测会影响光子的行为？光子怎么知道你有没有在观测它们？经典的哥本哈根诠释给出的答案有些模棱两可，在玻尔的互补性哲学语言的表述下，更是愈发显得神秘。哥本哈根诠释称，粒子与波是两个互补的概念，光子不可能既是粒子又是波。也就是说，这两种性质不能同时存在，但要解释双缝实验的结果，这两种性质必须交替存在。

当我们没有测量光子的位置时，光子是波，因此可以在通过双缝时互相干涉。可是，如果我们开始观测光子的具体位置，它就会展现出粒子的性质：在双缝后面的感光板上，一个光子必然只能击中一个位置。这也就是为什么在两条狭缝上安装探测器会让光子展现出粒子的特性。只要有探测器存在，每个光子就只能穿过其中一条狭缝，无法产生干涉；而一旦取下探测器，它们就又可以像波一样，同时穿过两条狭缝了。

想在测量之前确定光子的位置是没有意义的，因为波并没有唯一的位置。由于实验要测量的性质是由测量本身创造的，因此在事先询问它的位置只是一个伪命题。我们注定无法理解这个现象的原因，也无法解释量子世界在不被观测时是什么样子。玻尔说过，根本没有量子世界。

玻姆却偏偏反其道而行之。为了解释双缝实验之谜，他详尽地构建出了一个量子世界，并提出不管有没有人观测，量子世界都依然存在。玻姆认为，光子是由波承载的粒子。虽然粒子本身只能通过一条狭缝，导波却能同时通过两条狭缝，从而产生自干扰。由于粒子由导波引导，导波的自干扰便会影响粒子的运动。粒子被导波推向特定的方向，只要通过双缝的光子数量足够多，便会在感光板上呈现出干涉图样（见图 5.4 ）。

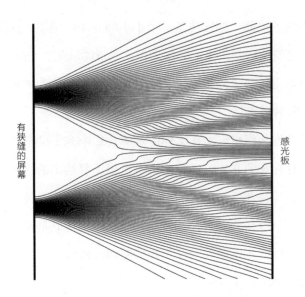

图 5.4　双缝实验中，由导波引导的粒子运动轨迹（俯视图）

[图片由加利福尼亚大学圣迭戈分校（UCSD）的查尔斯·西本斯（Charles Sebens）教授提供的数学软件代码生成]

　　在双缝上安装光子探测器会影响导波的航线，因为不管设计多么精妙，海森堡不确定性原理都决定了探测器必然会改变导波的走向。同时，在玻姆的诠释中，不确定性原理也限制了测量设备可以在多大程度上避免干扰它们试图测量的东西。测量行为改变了导波和粒子的路线，感光板上的干涉图样也随之变成了两组集中在狭缝后方的点。根据玻姆的说法，尽管观测行为会改变粒子的运动，但所有粒子都有确定的位置，而这一点并不受观测行为影响。

　　玻姆的诠释和德布罗意 1927 年在索尔维会议上提出的诠释很像。它们在数学上几乎完全等价，只是侧重的概念不尽相同。这两种诠释所代表的物理洞见也是一致的：量子世界是由跟随波运动的粒子构成的。只不过玻姆的诠释成功了，而德布罗意的没有。

　　由于玻姆坚持量子世界中所有的物体（包括被观测的物体和观测设备）都应该以量子的方式来看待。就这样，他轻而易举地解决了泡利和克拉莫斯等人 25 年前在索尔维会议上提出的问题。用量子物理来解释整个世界是一个十分激进的想法。在玻姆的导波诠释中，大型物体的量子现象非常微小，所以我们在日常生活中无法发现它们。但所有物体，无论大小，最终都是由同一套量子方程控制的。

相比之下，哥本哈根诠释并不认为整个世界都遵循量子物理的定理，尤其是用于观测的实验器具，比如感光板和双缝。玻尔认为，量子物理最基本的性质之一是"必须把测量器具当作没有任何量子行为的物体看待"。量子物理是只属于微观物体的物理，而不是宏观物体的，两者之间泾渭分明。有一次，玻尔的学生伽莫夫为了向大众阐述量子世界的规则，构造了一个虚幻的世界，其中宏观物体也有了量子行为。玻尔得知后并没有觉得有趣，反倒有些不安。

哥本哈根学派坚持，量子物理不是一种普世通用的物理理论；它只是我们观测微观世界的方式、解决实际问题的工具和预测实验结果的方法，仅此而已。玻尔认为这无可厚非，因为物理学家的工作"并不是去揭示这个世界的真相"，而是去寻找"对人类经验进行调查归类"的方法。

该不该寻找哥本哈根诠释之外的另一种诠释？

玻尔的看法究竟对不对？物理学家是不是真的不该揭示世界的真相？是不是只要找到可以准确预测实验结果的理论就够了？而如果玻姆的理论与"常规"的量子理论给出的结论完全相同的话，它的存在有什么意义？如果两种理论的意义相悖而结果相同，那么它们算不算是不同的理论？

以上这些问题是科学哲学中最深奥的问题（我在第 8 章中还会讲到它们）。简而言之，玻尔错了，至少是不够直截了当。理论对现实世界的描述是其至关重要的一部分。两种预测结果相同的理论对世界的描述可能大相径庭，比如地心说和日心说，而这些描述又反过来决定了很多日常科学实践。如果你相信地球不是太阳系的中心，而太阳才是的话，那你就很有可能认为地球和太阳系本身并没有什么神奇的，其他恒星也很有可能被行星围绕着。

地心说和日心说都能预测出地球上不同的光将如何穿过天空，但这两种不同的理论讲述了两个完全不同的故事。伴随科学理论而来的故事会影响科学家选择做怎样的实验，对新数据做出怎样的分析，并最终指引着他们对新理论进行探索。

玻姆在 1952 年发表的论文上强调的正是这一点，他在第二篇论文的结论中写道："理论的目的并不只是把我们已经知道该如何得到的观测结果联系起来，同时也要表明对新观测的需要，并预测其结果。"玻姆将哥本哈根诠释部分归咎于逻辑实证论这种受马赫启发的科学哲学（我在第 3 章中提到过这一点）。

在玻姆看来，哥本哈根诠释在很大程度上是由"看不见的物体不是真实的"这一观点指导的，玻姆将这种观点归因于实证论。而正如玻姆指出的："很多时候，在找到直接观测某些物体或元素的办法之前，就需要假设它们是真实存在的。这是一种非常富有成果的做法，而且在科学研究的历史上屡见不鲜。"玻姆给出的例子是原子。尽管有充分的实验数据支持，马赫却至死都不承认它们的存在，仅仅因为原子不能被直接观测。玻姆抵达巴西后，在给同为物理学家的友人阿瑟·莱特曼（Arthur Wrightman）的信中写道：

> 我们在获得实验性证据之前，就需要一些初步的概念来指导实验的选择和设计，并协助解释这些概念。证实新物理概念的实验，很多时候都是在意外的情况下发生的（比如，是一位生物学家发现了原子存在的第一个证据——布朗运动）。然而，只有知道了背

后可能的理论，实验者才能意识到这些结果的重要性。因此，在物理学界，我支持广泛传播一切具有可能性的知识。在如今的时代，物理学家应该知道所有的可能性，并且应该明白，尽管自己尚不知道这些理论是对是错，但只要能够更好地解释某种现象，他们就必须准备好抛弃传统而美丽的旧理论，拥抱新奇而不太美丽的新理论。

正如玻姆在他 1952 年发表的论文中提到的，"实证论依然是很多现代理论物理学家正在不自觉地遵循的科学哲学。"对于这些有实证论倾向的物理学家来说，量子物理不需要一种新的诠释方法，因为理论根本不需要任何诠释。作为一种科学理论，量子物理预测的结果与实验结果对应得严丝合缝，对于彻底信服实证论的科学家来说，这已经足够了。对他们来说，用理论来解释自然的本质，反而是个额外的负担。

科学史学家贝勒说，玻尔"必然性的雄辩"背后就是这样的逻辑。玻尔和他的追随者都声称，哥本哈根诠释不仅是正确的量子物理诠释，而且是唯一的诠释。它是必须，也是必然。

罗森菲尔德，玻尔最亲近的同事之一曾说过："当时我们被灌输的理念是用经典的概念理解量子现象会引起歧义，而哥本哈根诠释是唯一能避开这些歧义的办法。"因此，按照玻尔学派的看法，寻找另一种诠释方式不仅不必要，而且完全是徒劳。玻姆的论文面世时，距第二次世界大战结束已经 7 年了。

第二次世界大战改变了物理学的文化，这样的观点已经成为当时物理学界的主流看法。玻姆提出的另一种诠释，明摆着是在反对哥本哈根诠释的"必然性"，许多人不愿承认玻姆的理论。玻姆也早就料到了自己的理论可能会遭到忽略或质疑，但他听说普林斯顿大学方面的反应后，还是有些不开心。

爱因斯坦认为导波理论很"廉价"

"我才不在意普林斯顿大学的那些小喽啰是怎么想的，我很确信我的方向没有错。"玻姆孤身一人在巴西，只能通过给好友写信来释放自己的愤懑。这些信件也是他当时得知物理界到底在发生什么的唯一渠道。

他在给爱因斯坦的信中写道："最好的可能，是他们希望我好好待在巴西，哪儿也不要去；而最坏的可能，是他们想把我遣回美国，因为他们又要开始追究那些旧事了。"玻姆本来希望可以去欧洲，和那边顶尖的物理学家交流，为自己的理论辩护。"我迫切地需要去欧洲作报告。如果不能去欧洲的话，那回美国也可以。否则不会有人去读我的论文。"他给友人的信中这样写道。

在他的论文发表之前，玻姆将论文的草稿发给了量子物理的几位奠基人，其中有几位在几个月之前刚刚通过信件赞扬了他的新书。德布罗意回信称，自己在 25 年前就有过类似的想法，但泡利等人就导波提出了几个重要的问题，驳回了他的想法；泡利的回信也提出了同样的问题。玻姆强调测量设备本身也必须被纳入他的量子描述中，他以这一天才的办法，沉着优雅地回应了这些问题。

随后的几个月，泡利和玻姆通过信件进行了激烈的讨论。最终，泡利承认玻姆的理论是自相连贯的，但他依然坚持，没有办法通过实验验证该理论与"正常"的量子理论有何不同，因此它只是"一张空头支票"。最终，泡利仍觉得玻姆的想法只不过是"人为的形而上学"。

玻尔并没有回复玻姆的信。然而，通过当时正在访问玻尔研究所的朋友莱特曼，玻姆辗转得知了他的反应。据莱特曼说，玻尔除了说玻姆的理论"很愚蠢"之外，并无更多评价。冯·诺依曼的反应没有这么轻蔑，他认为玻姆的想法"自相连贯"，甚至"十分优雅"；但同时，他怀疑玻姆的理论无法解释量子自旋现象。这个质疑在后来被证实是错的。

之所以冯·诺依曼会抱有质疑，很可能是因为他自己此前已经证明过哥本哈根诠释之外"不可能"存在其他诠释。玻姆知道如果自己的理论成立，就意味着当年那个证明中存在错误，或者说它并不像大家以为的那样绝对正确。在他的第二篇论文中，玻姆论述了自己的理论与冯·诺依曼的证明之间的冲突。然而，他对冯·诺依曼理论的分析不但不清晰，甚至有的地方根本就是错的。这样一来，许多物理学家都认为问题是出在玻姆的理论上。他的理论不可能是对的，因为冯·诺依曼已经证明了这样的理论不可能存在。

有少数几位物理学家是站在玻姆这边的，其中最值得一提的是德布罗意。德布罗意重新开始宣传自己之前提出的理论，还与玻姆就谁最先提出该理论一事起过争执。玻姆最初并不愿意承认德布罗意的贡献，"有一个人捡到了一颗钻石，但误以为它只是一块不值钱的石头，就把它给扔了。后来，第二个人找到了这颗钻石，并发现了它真正的价值。你难道不觉得这颗钻石属于第二个人吗？"不过，这场争执很快就平复了。几年后，当玻姆写书论述这一新诠释的时候，德布罗意还为他写了一篇热情洋溢的序言，说玻姆的工作"优雅而富有前瞻性"。德布罗意在巴黎的研究所成了世界上少数几个反对哥本哈根诠释的机构之一。德布罗意的几位学生，其中最著名的是让 - 皮埃尔·维吉耶（Jean-Pierre Vigier），也支持玻姆的理论。

虽然米特里·布洛欣采夫（Dmitrii Blokhintsev）和雅科夫·特尔雷斯基（Yakov Terletsky）明确表示不同意玻尔的互补原理和其他形式的哥本哈根诠释，甚至曾公开反对过，但他们也不支持玻姆的诠释，而是开始发展自己的理论了。

罗森菲尔德在这个并不存在的争议上花了不少时间，煞费苦心地阻断玻姆理论的传播。他成功地阻止了玻姆的一篇论文在《自然》（Nature）上发表；有一篇反对互补原理的论文，从俄文译为英文后本来要在《自然》

上发表，结果罗森菲尔德也成功地说服了译者，在最后关头撤下了这篇文章。他甚至还阻止了德布罗意一本论述导波的英文版图书问世。

几年后，玻姆也出版了一本同样内容的书，罗森菲尔德特意撰写了一篇言辞尖刻的书评，声称玻姆对量子物理的理解错得令人发指，"开拓新领域的人走错路也就算了，很难想象一个游客照着前人描绘得精细到不差毫厘的地图居然也能迷路。"物理界有许多人都持有与罗森菲尔德相同的看法，罗森菲尔德的一位好友写信给他说："我看到大家集体攻击玻姆的时候就觉得很好笑。有好几位泰斗级的科学家都在反驳他，这也算是一种荣誉了吧，毕竟他还这么年轻。"

这些泰斗级的科学家不仅包括罗森菲尔德和泡利。海森堡也对玻姆的理论不屑一顾，说它只是"与现实世界毫无联系"。玻恩也说泡利的回应"无论是在哲学上还是在物理学上都一招击败了玻姆"。

海森堡、玻恩、泡利、罗森菲尔德，以及哥本哈根诠释的其他守卫者的意识形态之间，其实也有分歧。尽管如此，哥本哈根诠释的奠基人们在面对玻姆的时候，还是团结地站在了一条战线上。

不认同玻姆想法的人不仅是这些前辈。年轻一代的物理学家中很少有人注意到玻姆的研究，即使注意到了，也都不屑一顾。许多人都被玻姆理论中一个不可避免的事实所困扰：它是非局域的，也就是说，距离很远的粒子可以瞬间相互影响。一个粒子独自在宇宙中漫游而没有撞上任何东西，它的路径是由它自身的导波所引导的，并且是完全局域的。但是如果引入第二个粒子与第一个粒子以任意方式相互作用，它们就会被突然地"连接"在一起，或者说产生纠缠；一个粒子的导波会根据另一个粒子的精确位置而改变，无论它们相距多远。

这种"鬼魅超距作用"也出现在哥本哈根诠释中，而这恰恰是爱因斯坦在EPR论文中反对的重点。还有很多物理学家并不知道EPR的论点，而大多数知道它的物理学家又深深地误解了它。对这些人来说，玻姆理论中明显的超距作用让它与哥本哈根诠释相比又败了一筹。

还有一个问题：玻姆的理论到底会不会指向新的研究方向？由于玻姆的理论中包含了粒子间的超光速连接，它似乎并不能与狭义相对论兼容。而此时，相对论性量子理论，或称量子场论（Quantum Field Theory，QFT）已经成为美国和欧洲活跃的物理研究领域。量子场论的奠基人是狄拉克，当时的领军人物是费曼、朱利安·施温格（Julian Schwinger）、朝永振一郎（SinItiro Tomonaga）和弗里曼·戴森（Freeman Dyson）等人。

量子场论十分成功，狄拉克凭借它预测到了反物质的存在，并被授予了诺贝尔物理学奖，其他人则用它来证明了看似无关的量子特性之间的深层联系。随着世界各地的粒子加速器越来越多，量子场论还解释了高能粒子物理学中越来越复杂的结果。同时，非相对论性量子理论也在固体物理等领域取得了成功。

据施威伯所说，玻姆在物理学其他领域是很受尊重的，但是没有人知道如何将他关于量子理论的新观点应用到自己手头各种有趣的问题上。施威伯回忆道："当时固体物理和高能物理都在飞速发展，大家对基础问题不那么感兴趣了。"至于玻姆的量子理论诠释，他说："这个理论用处不大，人们很难把玻姆的量子理论应用到量子场论上。它只好被搁置一旁。"

玻姆的理论若要传播开来，就必须解释量子场论的成功，还要将自己与其他已具活力的研究领域联系起来。可此时的玻姆人在巴西，进展实在不如人意。"我孤身一人，居然需要在一两年内发起一场将牛顿、爱因斯坦、薛定谔和狄拉克的影响集于一身的科学革命。"他向朋友抱怨道。

不仅如此，身处他乡的玻姆更难以得知量子物理界的最新进展。他说好友费曼的量子场论"用又臭又长的计算证明了一个毫无用处的理论"，而这个理论后来被授予了诺贝尔物理学奖。玻姆在地理位置和意识形态上的双重隔绝严重干扰了他的研究。

哪怕像薛定谔这样坚定反对哥本哈根派理论的人也没有支持玻姆。

25 年来，薛定谔一直认为哥本哈根诠释错漏百出，并至死都在对抗。他于 1960 年致信玻恩说："哪怕面对毫无辨别能力的普罗大众，你依然简单粗暴而又言之凿凿地声称哥本哈根诠释是物理学界的共识，这无疑是在触碰底线。难道你对历史的判决毫无畏惧之心吗？"

然而，玻姆给薛定谔写信讨论导波诠释的时候，却只收到了他秘书的回信，说薛定谔对他的研究并不感兴趣。玻姆抱怨道："伟大的薛定谔没有屈尊亲自回我的信，不过他倒是让秘书告诉我，伟大的薛定谔认为量子物理中无论有没有力学模型都无关紧要。当然了，伟大的薛定谔也认为没有必要看我的论文。这种人在葡萄牙语里叫 'um burro'，至于这具体是什么意思，你们自己猜吧。"薛定谔只顾着用自己的方法去诠释量子物理，在他看来量子世界中只有波函数，不存在任何粒子。他对由导波引导的粒子毫无兴趣。

不过，最让人失望的还是爱因斯坦的反应。爱因斯坦当然同情玻姆的动机，正是由于爱因斯坦的建议，玻姆才有勇气提出自己的理论。但是爱因斯坦对玻姆的结论不甚满意，他致信老朋友玻恩说："你有没有发现玻姆觉得他可以用决定论的术语来诠释量子理论（但德布罗意早在 25 年前就这样做了）？对我来说这很廉价。"

爱因斯坦的信里没有解释为什么玻姆的理论"很廉价"，但导波理论确实有一些爱因斯坦明显不能接受的点。物体能以奇怪的方式移动，也可以在看起来应该移动的时候完全不动。爱因斯坦指出，在玻姆的理论中，一个困在盒子里的粒子纵使有很大的动能也有可能一动不动，而这明显有悖于量子物理和经典物理观测大型物体时结果应该一致的原则。

玻姆回应指出，在这样的情况下，等我们打开盒子，盒子的壁就会与该粒子相互作用，这样一来，本来一动不动的粒子就能够以与它的动能相对应的速度跑出盒子。这听上去很奇怪，但是任何想重现量子物理的反直觉结果的理论总是奇怪。值得赞扬的是，爱因斯坦安排将玻姆的回应与他自己的批评一同发表。

爱因斯坦也不喜欢非局域性这个概念。他知道哥本哈根诠释也是非局域的，所以玻姆的诠释并不比通常的看法差，但是爱因斯坦找不到任何物理上的理由放弃局域性。EPR 的论点清楚地表明，量子物理要么是非局域的，要么是不完整的，而爱因斯坦认为答案是后者。他在给玻姆的信中说："我想遍了我所知道的一切物理现象，尤其是那些可以被量子物理完美预测的，但还是找不到任何放弃局域性的理由。"

爱因斯坦还想找到其他方法来描述量子层面上正在发生的一切。哥本哈根诠释和玻尔坚持使用经典概念，以及对测量仪器的经典描述。玻姆的理论对这两点都有所反驳，但没有爱因斯坦希望的那么彻底。爱因斯坦想要的是一种看待自然的全新角度；一种能够揭露新的事实的，藏在量子物理背后的理论；而不是一个重新诠释已有量子理论的新方法。爱因斯坦想要通过统一场论（Unified Field Theory）来实现这个目的，将他的广义相对论与他确信存在于量子物理数学基础之下更深层的现实联系起来。玻恩在爱因斯坦逝世后评价道："他的想法比玻姆还要极端，这听上去完全是天方夜谭。"

历史在重演，就像 25 年前的索尔维会议一样。尽管哥本哈根诠释的捍卫者私下存在着分歧，却依然站在同一战线上面对反对者；反对者一方却彼此无法说服，最终失败。

阿哈罗诺夫 - 玻姆效应

两年后，玻姆迫不及待地想要离开巴西。由于他的理论不是被忽视就是受到质疑，于是他迫切地想要出面反驳。他向爱因斯坦寻求帮助。尽管爱因斯坦不同意导波理论，但总体上还是很支持玻姆的。爱因斯坦动用私人关系联系了以前的助手、EPR 论文的共同作者罗森，问他能不能在以色列为玻姆找一份物理系的工作。

对于玻姆这样一位才华横溢的物理学家来说，以色列几乎是个完美的去处；而爱因斯坦作为全世界最著名的物理学家之一，在那里的影响力可谓举足轻重。在罗森的安排下，玻姆找到了新的工作。

爱因斯坦建议玻姆加入巴西国籍，持巴西护照去以色列。这时，玻姆在巴西的人脉就派上了用场，他于 1954 年 12 月 20 日成为巴西公民。几个月之后，玻姆结束了在巴西近 4 年的停留时光，离开了那里。

玻姆很快就适应了在以色列的生活。他遇到了同是移民的萨拉·伍尔夫森（Sarah Woolfson），很快便和她结婚了。他出版了一本阐述自己的量子物理理论的书，去欧洲和其他物理学家工作、交流，甚至还去过几次在哥本哈根的玻尔的研究所。不过他在那里的研究仅限于等离子体物理学；此外，并没有记录显示他和玻尔就导波诠释进行了任何讨论。

玻姆在特拉维夫（Tel Aviv）还遇到了一位很有天分的学生亚基尔·阿哈罗诺夫（Yakir Aharonov）。玻姆不想让自己的异端学说影响阿哈罗诺夫，便在一开始就与他达成协议——他们不会去碰玻姆的新理论，只在"正常"量子物理范畴内工作。他们一起发现了量子物理的一个惊人的新结果：阿哈罗诺夫 - 玻姆效应，它描述了电子和其他带电粒子在电磁场附近运动时的反常行为。这是玻姆在"正常"物理学领域最著名的研究成果。

与此同时，玻姆也逐渐开始认为导波理论有错误。在完成讲述该理论的教材后，玻姆觉得自己搞错了，这个诠释其实说不通。不过，他依然坚持传统的哥本哈根诠释同样也不对。他放弃自己的理论有几个不同的原因：他不知道该怎么把这个理论与狭义相对论相结合；物理学界对他的理论普遍不甚感兴趣，而他也没找到把这个理论继续发展下去的空间。数年后，他说："因为当时不知道该怎么继续研究，我便开始投入到其他的研究方向了。"

玻姆转向了量子物理的新方向，他的职业生涯终于逐渐稳定起来。

他于 1957 年离开以色列，去英国的布里斯托大学（University of Bristol）工作了几年，随后又在伦敦大学伯贝克学院（Birkbeck College, University of London）寻得了一个终身职位。后来，他还得到了两个美国的终身职位，一个在波士顿新成立的布兰迪斯大学（Brandeis University），一个在新墨西哥矿业及科技学院（New Mexico Institute of Mining and Technology）。最后，玻姆选择留在了伯贝克。

　　随着玻姆转向新的研究领域，导波诠释也逐渐变得不为人知。此时，在那个孕育了这一切的地方——普林斯顿大学，又一个新的诠释诞生了。

第6章

埃弗里特：离经叛道的"平行宇宙"之父

那是 1954 年 4 月 14 日的新泽西州，爱因斯坦在普林斯顿大学发表了他人生中最后一场演讲。这本是惠勒的相对论研究生研讨会上的客座演讲，可话题还是不可避免地转向了"量子物理中观测者的真正角色"。[爱因斯坦有一次对朋友奥托·斯特恩（Otto Stern）说："我在量子物理上花费的脑力比相对论多得多。"] 爱因斯坦概述了他对量子物理的反对意见。随后，学生在提问环节问了一些问题，试图维护惠勒教给他们的玻尔的看法。爱因斯坦耐心地给予解答，并微笑着反问道："老鼠在做观测的时候，也会改变整个宇宙的状态吗？"

那天，有一名一年级研究生记住了爱因斯坦对哥本哈根诠释精辟的质疑。一年后，爱因斯坦去世了，而那名学生，休·埃弗里特三世（Hugh Everett Ⅲ）则用爱因斯坦的原话来捍卫自己的新理论。与爱因斯坦不同而与玻姆相似的是，埃弗里特试图通过量子物理本身的数学来解决量子物理的问题，而不是去寻找一种全新的理论。埃弗里特的答案中没有导波的存在，直接触及了量子物理的基础。它别出心裁，比玻姆和爱因斯坦提出的任何理论都要新奇得多。

着迷于博弈论的埃弗里特

休·埃弗里特三世于 1930 年 11 月 11 日出生在弗吉尼亚州。他的父系家族已经在这里生活了数代，他的曾祖父曾在南北战争中为联邦而战。埃弗里特的父亲，休·埃弗里特二世是一位全身心投入工作的军事工程师和后勤官员，他的母亲凯瑟琳（Katharine）则是一位自由主义作家与和平主义者。不管是性情还是人生观，凯瑟琳和埃弗里特二世都截然不同。于是，埃弗里特三世出生后没几年，他俩便离婚了（在当时，离婚还是一桩丑闻）。

埃弗里特在马里兰州贝塞斯达（Bethesda, Maryland）长大，与父亲和继母一起生活。由于埃弗里特略显敦实的身材，他的家人给他起了个小名叫"小胖"（Pudge）。他恨极了这个名字，而这个外号伴随了埃弗里特一生。

埃弗里特热爱科幻小说，自小便显露出学术上的天分和对悖论的喜爱。12 岁时，他曾致信爱因斯坦说他解决了一个旷世难题——当绝不可挡的力遇到绝不可移的物体时会发生什么。信件现在找不到了，可是爱因斯坦给他写过回信说，虽然"绝不可挡的力"和"绝不可移的物体"并不存在，但"似乎的确有个固执的小男孩，自己给自己制造了一个奇怪的难题，并强行解决了它，获得了最终的胜利"。

一年后，埃弗里特获得了奖学金，来到华盛顿特区的圣约翰（St John's）天主教军事预科学校学习。他成绩优异，每门课都名列前茅。尽管埃弗里特是个众所周知的无神论者，但他学起必修的宗教课程依然如鱼得水。1948 年，埃弗里特以荣誉毕业生的身份毕业，去往同在华盛顿特区的美国天主教大学（Catholic University of America）攻读化学工程和数学。在那里，他的教授和同学很快就发现，他在数学和逻辑方面有着过人的天分。作为一个注重逻辑的人，埃弗里特自然也保持着对悖论的喜爱。

　　埃弗里特于1953年从天主教大学毕业，并获得去普林斯顿大学攻读物理学博士学位的资格。他的申请晚了6周，但这并没影响到他，因为普林斯顿大学的教授迫切地想要见见这位才华横溢的学生。

　　埃弗里特在全新的物理研究生入学考试中拿到了99%的分数，推荐人对他评价也极高："这是一封我一生只会写一次的推荐信……埃弗里特比我在普林斯顿大学、罗格斯大学和美国天主教大学教过的任何学生都要强出许多。埃弗里特的数学知识已经超过了天主教大学的大多数在读研究生，论天分，或许没有任何研究生可以与他相提并论。"当时刚刚成立的国家科学基金（National Science Foundation，NSF）对他也颇为赏识，为他提供了全部的学费和生活费。

　　在普林斯顿大学，埃弗里特与三个同学的关系尤其亲密（图6.1）。几年后，他们四人合租了一间公寓。"埃弗里特是个有趣的人，他很喜欢找别人的麻烦。"三个好友之一黑尔·特罗特（Hale Trotter）说。"不管是什么事，玩扑克也好，打乒乓球也好，他（埃弗里特）都想赢，不赢就不罢休。"另一个朋友哈维·阿诺德（Harvey Arnold）说。第三个朋友查尔斯·米斯纳（Charles Misner）表示同意，说埃弗里特"是个聪明绝顶的怪才，他的爱好就是战胜别人"，不过，米斯纳很快地补充道："当然，我们的竞争都是友谊第一的。"

　　埃弗里特在普林斯顿大学的朋友对他的聪敏印象深刻。"和他熟识后，他的才华实在是让我叹服。"阿诺德回忆道，"了解他之后，你才会意识到他到底有多聪明。然后你就会确信，这家伙今后一定会有非凡的成就。他在很多领域都展现出惊人的才智。一个绝大多数时间都在看科幻小说的人，却轻而易举地从化工转行到数学再转到物理。这不是天才是什么？"

　　在普林斯顿大学的前期，埃弗里特将这份才华投入博弈论的研究里。这个学科数学性极强，对充满好胜心的他来说也很合适。埃弗里特之所以会去研究这个领域，一是出于个人兴趣，二是出于现实原因。

图 6.1　1954 年，玻尔在普林斯顿

（从左到右分别是米斯纳、特罗特、玻尔、埃弗里特和戴维·哈里森）

当时，五角大楼的军事参谋和行动研究员都必须熟悉博弈论，而埃弗里特一早便打算毕业之后就去那里工作。普林斯顿大学当时在博弈论研究方面领先世界，这门学科的奠基人之一——冯·诺依曼就在隔壁的普林斯顿高等研究院，像奥斯卡·摩根斯特恩（Oskar Morgenstern）和阿尔伯特·塔克（Albert Tucker）这样的博弈论巨擘就在这里工作。

这里每周都有一场博弈论讲座，来演讲的一般是普林斯顿大学的教职人员或者访问学者，其中还有约翰·纳什（John Nash）。埃弗里特在这里的第一年经常参加这类讲座，随后也做过一次报告。基于该报告的论文日后成了博弈论的经典之作。

除了博弈这个爱好，埃弗里特对量子物理也越来越感兴趣了。在当时的美国，量子物理方向的研究生课程几乎都不会去讨论这门学科最核心的谜题，埃弗里特在研究生一年级时上的量子物理课也不例外。不过，在看了冯·诺依曼的经典教材和玻姆的著作后，埃弗里特发现这个理论有一个根本性的问题。冯·诺依曼的书里讲得很明白，波函数的坍缩并不属于薛定谔方程的内容，也就是说，需要有一些额外的解释才能让这个理论说通。但那是什么呢？

此时，玻姆的书勇敢地反对了哥本哈根诠释。埃弗里特由此得出结论——常规的量子物理理论是无法解决这个问题的。同时，玻姆的导波系列论文又给出了另一个诠释量子物理的方向。做这一类的研究并不被主流物理学家所看好，不过埃弗里特并不在意这个。此外，爱因斯坦也对哥本哈根诠释持反对态度，挑战这个理论似乎并不是很出格。事实上，普林斯顿大学当时有好多人都不大同意玻尔的说法，其中不乏维格纳和冯·诺依曼这样专攻量子物理基础的专家。

与此同时，埃弗里特的教授惠勒正在全身心地研究另一个不被看好的课题——广义相对论。这个理论广为人知，接受度也很高，但它在当时并不被视为一个合理的研究领域。惠勒想解决的问题和爱因斯坦一样：把广义相对论与量子物理结合在一种量子引力理论中。他们的最终目的是用量子宇宙学（Quantum Cosmology）描述整个宇宙以及其起源，而这在当时是一个更不被看好的新兴学科。他安排埃弗里特的好友米斯纳来研究这个问题。"在那时，只要是和惠勒说过话的人，注意力都会被吸引到量子引力方向去。"米斯纳回忆说。埃弗里特才华横溢，对量子理论的基本问题又十分感兴趣，自然而然地，他成了惠勒的学生。

埃弗里特之所以对测量问题感兴趣，不只是因为惠勒的影响和他热爱博弈的天性，还有一个很重要的原因是他争强好胜的性格。这一次，他的对手是玻尔的助手。1954 年秋天，埃弗里特读研究生二年级时，玻尔来普林斯顿大学待了 4 个月。与玻尔同行的还有他的助手奥耶·彼得森（Aage Petersen），一位只比埃弗里特年长几岁的丹麦物理学家。埃弗里特和彼得森成了朋友, 也通过他认识了玻尔。那年秋天, 阿诺德曾看到过埃弗里特同彼得森还有玻尔一起在普林斯顿大学的校园里漫步, 相谈甚欢。玻尔在普林斯顿大学做的演讲, 埃弗里特和米斯纳都参加了。他们亲耳听到了量子物理的老一辈大师大手一挥, 说 "关于测量问题的量子理论" 是执迷不悟的。

差不多同一时期, 埃弗里特通过了资格考试, 开始认真思考他的博士论文了。埃弗里特想做一个短小而有趣的研究项目, 但他需要找到合适的课题。这个课题是他后来喝酒的时候想到的。"有一天晚上, 在研究生宿舍里, 我们喝了几杯雪莉酒。你和奥耶在聊量子力学背后的含义什么的, 完全不着边际。后来我也跟你们一起聊起来了, 说从你们刚才谈论的话中可以推导出很诡异的结论。然后我们又喝了点酒, 醉醺醺地聊着。你不记得了吗, 查理? 你当时人就在那里啊!" 米斯纳不记得了。埃弗里特说他当时可能喝太多雪莉酒了, 谈话继续:

> 埃弗里特: 反正一切都是从这些讨论中开始的。我记得我后来去和惠勒说: "你看, 不如这样, 我去研究这个吧。量子理论的自相矛盾是多么明显啊。"
>
> 米斯纳: 惠勒对此这么感兴趣倒是很奇怪, 毕竟这与他伟大的导师玻尔宣称的理论完全背道而驰。
>
> 埃弗里特: 是啊, 他到现在还是会有这样的感觉。

据米斯纳所说, 当时惠勒推崇的观念是这样的: 我们应该抛开其他因素, 只分析公式本身, 顺着物理学最基本的逻辑推下去, 公正客观地看看结论是什么。埃弗里特在他的博士论文中听取了惠勒的建议, 公正客观地分析了量子物理那些诡异的理论。让他大吃一惊的是, 最后的结果要比他热爱的科幻小说更像是天方夜谭。

人人都有分身：荒唐的多世界诠释

我们在第 1 章中就已经讨论了测量问题。简单说来，问题是这样的：量子的波函数平稳地运动着，遵循着薛定谔方程这一简单而确定的法则；然而在被测量时，波函数将不再遵循这个法则，瞬间坍缩；波函数到底是如何坍缩的？为什么会坍缩？到底什么样的行为才算是测量行为？这就是量子物理的核心谜题——测量问题。

埃弗里特认为冯·诺依曼的教材中描述的测量行为太过神奇，"一个在其他时间都自然地保持着延续性法则的系统，为什么偏偏会在被测量时发生如此极端的变化？"测量行为与其他的物理过程不应该有任何本质上的差别。

埃弗里特说更糟糕的是，冯·诺依曼的论述根本就没告诉你什么样的行为才算是测量行为。如果测量行为只在有观测者的时候发生，那么谁才算是观测者呢？埃弗里特认为这样的推理难免会导致唯我论——只有你是宇宙中真实存在的，其他人都是次要的，甚至是只存在于幻觉中的。一切都处于某种混沌不明的状态，而只有当你这个能够使波函数坍缩的最高仲裁者开始观测时，它们才会成为真实存在的东西。

在论文中，埃弗里特承认这个观点不算是自相矛盾，然而"如果要在量子力学的教材中谈论波函数坍缩，作者应该格外谨慎，避免将这样的观点强加于读者。"

玻尔主张，微观的量子世界遵循着与宏观世界截然不同的规律。这个说法倒是为测量问题提供了一个解决的办法，而代价是接受一种并非圆融统一的世界观。可想而知，埃弗里特并不愿意接受这样的代价。

"哥本哈根诠释实在太不完整，因为它的推论完全依赖经典物理，从原则上排除了通过量子物理推导出经典物理的可能，也没有详细地分析测量行为的具体过程。"埃弗里特抱怨道，"如此说来，宏观世界有所谓的物理实在而微观世界却没有，这在哲学上毫无美感。"埃弗里特在给彼得森的信中很清晰地阐明了自己的意图。"是时候把量子物理看作一种独立于经典物理的理论，并且从量子理论推导出经典理论了。"正如之前的玻姆一样，埃弗里特想把量子物理变成一种普适的理论。

在测量问题上，埃弗里特既不同意冯·诺依曼的答案也不同意玻尔的，于是他提出了自己的答案。埃弗里特提出，波函数根本就没有坍缩。这个说法本身并不新鲜，玻姆之前也说过同样的话。然而，玻姆的理论是用具有确定位置的粒子来解释测量的结果的。

埃弗里特没有往系统中添加新的粒子，他觉得这没有必要。他坚持，有一个单一的宇宙波函数就够了。这个巨大的波函数描述了整个宇宙中所有物体的量子态，并且在任何时候都遵循着薛定谔方程。它不会坍缩，但是会分裂。任何一次实验或量子事件都会导致宇宙波函数生成新的分支，创造出若干个崭新的宇宙，把所有事件的所有结果都囊括其中。埃弗里特这个令人震惊的想法后来被称作量子物理的"多世界诠释"（Many-Worlds Interpretation）。

不管怎么想，多世界诠释可能听起来很荒唐。我们住在一个世界里，而不是若干个世界。如果说每一个量子事件（如果整个世界都是量子的，那也就是说整个世界里发生的所有事件）都会导致宇宙分裂的话，那些其他的宇宙都到底在哪里呢？它们的数量如此之多却又如此隐秘，这到底是如何做到的？

话说到这里，其实还有一个问题，像光子穿过双缝这样的单一事件到底是怎么导致整个宇宙分裂的？想要明白多世界诠释是如何回答这些问题的，我们需要回顾一个比双缝实验还要简单的量子实验：薛定谔的猫。

早在引言里，我就讲过薛定谔这个困扰了美国防止虐待动物协会（ASPCA）80 多年的思想实验。把一只猫、一管毒药和一块弱放射性金属一同放进盒子；将锤子连在一个盖格计数器上，一旦探测到任何放射，锤子就会落下，砸开那管毒药。只要时间够长，猫活下来和死去的概率就会各自接近50%。然后呢？猫到底是死是活？

根据哥本哈根诠释，这个问题并无意义，因为在打开盒子前，猫的状态不可观测，所以这个时候无法探究它的死活。而根据玻姆的导波理论，这个问题是有意义的，只是我们不知道答案而已。猫要么是死要么是活，但我们要打开盒子才能知道。

这个问题在数学上该怎么表述？薛定谔方程对此又该如何表述？那块放射性金属的波函数一半"有放射"，一半"没放射"。这个波函数和探测器的波函数相互作用，产生了纠缠，所以现在这块金属和探测器不再拥有属于自己的波函数，而是有了同一个波函数。这个状态就有些奇怪了，因为这个波函数有一半"有放射且被探测到了"，还有一半"没有放射且没有被探测到"。

而在这个量子系统中，各种各样的波函数将不断产生纠缠——锤子的波函数与探测器及放射性金属的波函数产生纠缠，毒药和锤子、探测器以及放射性金属的波函数产生纠缠……以此类推。到最后，那只猫的波函数也会和其他的波函数纠缠在一起。于是猫、盒子、金属和毒药——整个系统，将会拥有同一个波函数。这个波函数也同样有两个部分，一半是"有放射且猫死了"，还有一半是"没有放射且猫没死"。

到这里为止还比较好理解，那么打开盒子之后会发生什么呢？哥本哈根诠释和冯·诺依曼的教科书给出的主流答案是测量行为会导致波函数的坍缩。那如果没有发生坍缩呢？如果我们像看待盒子里的东西一样看待观测者本人呢？如此一来，当你观测盒子内部的时候，你也和这个系统发生了相互作用。于是你也会和整个盒子的波函数产生纠缠，我们也就有了一个更大的波函数。它还是分为两个部分：一半是你看见一只死去的猫和一管被砸开了的毒药；另一半是你看见一只活蹦乱跳的猫，

毒药完好无损。那么波函数的哪一部分是真的呢？埃弗里特谨记惠勒的
建议"公正客观地看待物理法则的结果"，得出了结论：两部分都是真的。
我们没有任何理由选择其一而不选其二，因为在薛定谔方程中这两个部
分是完全相等的。所以埃弗里特说，在你做这个实验的时候，两个结果
都会发生，你本人也会一分为二（见图6.2）。

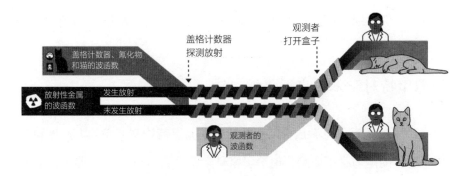

盖格计数器、氰化物
和猫的波函数

盖格计数器
探测放射

观测者
打开盒子

放射性金属
的波函数

发生放射

未发生放射

观测者的
波函数

图 6.2 多世界诠释中的分支

当然，做实验的人并不会真的一分为二，任何时候都不会。但埃弗
里特也有办法解释这一点。如果我问那个看到了活猫的"你"面前有几
只猫，你的答案将是"一只"。如果我去问波函数另一个分支上的"你"
同样的问题，你的答案将是一样的（虽然语气会有所不同）。

埃弗里特指出，我们去问"你"有多少个自己的时候，你的答案也
将是一样的。在波函数的每一个分支上，都只有一个你。即使你重复这
个实验，答案也是一样的。虽然这会产生更多的分支，但每一个分支上
都依然只有一个你。根据薛定谔方程，每一个分支都独立于其他分支，
分支和分支之间几乎没有任何联系。

是不是很诡异？你和周边的事物互动时会和它们产生纠缠，而它们
也会和别的事物产生纠缠。以此类推，到最后整个世界都会变成一个庞
杂繁复的波函数——宇宙波函数。随着事件的数量逐渐增多，宇宙波函

数也会分裂成越来越多彼此独立的分支。其中的每一个分支都会按照薛定谔方程的确定性节拍前进，它们就是埃弗里特诠释中的多世界。

乍看之下，这简直是无稽之谈，我们日常感知到的明明只有一个宇宙。埃弗里特说，会持有这种观点的人当然远远不止你一个。对于宇宙波函数每一个分支上的每一个人来说，他们的世界都是唯一的世界，就好像盒子里的那只猫是你看到的唯一一只猫一样。这正是多世界诠释最大的特点：我们看到的只有一个世界，但其实有许多个世界真实地存在着。

埃弗里特对学术界毫无兴趣

1956 年 1 月，惠勒成为第一个读到埃弗里特论文初稿的人。惠勒对埃弗里特的能力毫不质疑，他给国家科学基金会写信说："埃弗里特提出了一个关于量子理论中测量问题的悖论。在同普林斯顿大学的其他学生、研究人员以及玻尔谈论这个问题的过程中，埃弗里特发现了这个问题的新突破。假以时日，这一定可以发展为一篇出色的博士论文。埃弗里特无疑是个极富创新能力的人。"

但惠勒深感矛盾。他想支持自己这位才华横溢的学生，并继续推动量子宇宙学的发展，而支持埃弗里特的"宇宙波函数"理论对这两点都有益；同时，惠勒也想对自己的良师益友玻尔保持忠诚。惠勒非常崇拜玻尔，他曾说过："与玻尔一起在卡拉姆堡森林（Klampenborg Forest）中漫步交谈，让我确信孔子、伯里克利、伊拉斯谟、林肯这样的智者真的存在过。"

和爱因斯坦完全相反，惠勒很会与人相处，也懂得如何让别人支持自己的想法（图 6.3）。他深知，如果为了支持埃弗里特而不惜牺牲与玻尔的友好关系，对他的职业生涯恐怕没有好处。"惠勒和所有人的关系都很好"，米斯纳回忆说，"但在埃弗里特这件事上，惠勒不能像平时那样去经营关系。因为他不能鼓励埃弗里特照着自己的想法将这个理论有力地提出来，它们与玻尔的想法背道而驰。"可是，惠勒也确实不愿意放弃埃弗里特的宇宙波函数理论。他觉得这可能是推进量子引力的一个突破口，实在是机不可失。此时，他能做的只有在表达自己支持的态度前，先争取到玻尔对埃弗里特工作的认可。

图 6.3　1954 年，惠勒（右）、爱因斯坦（左）与诺贝尔物理学奖得主
汤川秀树（Hideki Yukawa）在普林斯顿大学

1956 年中，惠勒的机会来了。他收到邀请去了荷兰莱顿大学（Leiden University）进行了为期几个月的访问。惠勒刚刚安顿好，就把埃弗里特的《无概率波动力学》（*Wave Mechanics Without Probability*）的论文草稿和一篇自己写的介绍一起寄给了玻尔。为了避免让玻尔认为埃弗里特的研究有悖于他自己的，惠勒自谦道："这篇论文从标题到内容都需要更多的分析和改动。"不久后，惠勒还亲自去哥本哈根待了好几天，好同玻尔和哥本哈根其他的学者一起深入讨论这个问题。

　　哥本哈根之行后，惠勒给埃弗里特写了一封信。开始他的语气非常积极，也很明确接下来该做的工作。"玻尔和我为此事进行了三次很长也很激烈的讨论。简单陈述下结论吧，你美丽的波函数形式无疑是很好的，但同时，我们都认为文章的描述还存在着一些问题。"惠勒鼓励自己的学生亲自来哥本哈根解决这些问题，还提出要给埃弗里特付一半的船票钱。"玻尔很愿意让你过来待几个星期，彻底地解决这个问题。我不认为我们应该贸然得出任何结论，除非你和玻尔一起把诠释的问题解决了，毕竟你的工作影响范围如此之广。请务必过来，如果可能的话，也顺道来见见我吧！从一方面来说，你的博士论文已经全部完成了；而从另一方面来说，真正艰难的工作才刚刚开始。你最早什么时候可以来？"

　　这封信的最后几句话肯定让埃弗里特不好受。因为惠勒之前说他的论文一定会通过考核，夏末即可拿到博士学位，而埃弗里特此时已经准备好在 3 周后去五角大楼的行动研究部门报到。

　　然而，对于埃弗里特的想法，玻尔和哥本哈根其他的学者其实并不像惠勒想象得那么感兴趣。"埃弗里特的某些观点似乎并没有太多实质性的内容，比如他的宇宙波函数。"亚历山大·斯特恩（Alexander Stern）写道。亚历山大·斯特恩是一位当时正在玻尔手下学习的美国物理学家，负责主持关于埃弗里特理论的研讨会。

　　亚历山大·斯特恩的信件基本代表了哥本哈根学派对埃弗里特的看法，"他的方法论虽然十分细致，却不具备完整性和确定性。其中最致命的缺点在于他对测量过程缺乏正确的理解。埃弗里特似乎没有明白宏观测量行为的基本性质——它具有不可逆性，是一种无法定义的相互作用。"

　　紧接着，亚历山大·斯特恩在没有解释的情况下，继续声称薛定谔方程和波函数坍缩之间并不存在任何矛盾，因此所谓的测量问题根本就不存在，埃弗里特说它们之间有矛盾根本站不住脚。他最后总结道，埃弗里特的理论要么是神学，要么是形而上学，因为埃弗里特假说里那些额外的世界不能以任何方式被看见或感知。

尽管哥本哈根学派并不看好埃弗里特的工作，惠勒还是想利用宇宙波函数来推动量子宇宙学的发展。因此为了得到玻尔的首肯，他就需要将描述宇宙波函数的部分修改得与哥本哈根诠释更相符。惠勒想保留埃弗里特想法中自己喜欢的部分，同时在描述上与哥本哈根诠释保持一致。他在随后寄给埃弗里特的信中，把这一点表达得很清楚。这封信也展示了他在得知哥本哈根方面的态度后，如何完全改变接下来的预期工作量：

> （和玻尔解决这些问题）将需要我们花很多时间，费很大的工夫去说服玻尔这样重实际而且想法固执的人。我们还需要不断地写稿、改稿。既能谦虚地接受纠正又能坚定地保持立场是一项难得而珍贵的品质。我知道你具备这样的品质，然而光有这样的品质还不够，你还需要和最强的对手对峙。
>
> 　　坦白说，我觉得即使每天都专注于这项工作，我们也至少需要花两个月来修改这篇论文。改的主要是文字，而不是论点（即，宇宙波函数的概念）。

惠勒还给亚历山大·斯特恩回了信。他在强力维护宇宙波函数的同时，也明显地流露出支持玻尔和哥本哈根诠释的态度。更令人惊讶的是，他居然声称埃弗里特对哥本哈根诠释也持支持态度：

> 　　如果不是真心认为宇宙波函数的概念可以让我们用一种更明确、更令人满意的方法来呈现量子理论的话，我是不会把埃弗里特的理论拿给我的朋友们分析的。我这么说的前提，是我从未以任何方式怀疑过现有量子力学的自洽和正确。相反，我一直以来都强烈地支持测量问题现有的，也是必然的答案，而我未来也会

What Is Real?
The Unfinished Quest
for the Meaning of
Quantum Physics

谁找到了薛定谔的猫？

继续支持它。准确说来，埃弗里特或许对此曾有过一些怀疑，但我从未有过。再者，我认为这位出类拔萃、能力超群且富于独立思考能力的年轻人已经逐渐接受了测量问题现有的解决方法，并且同意它是正确且自洽的。尽管论文中还有一些怀疑的痕迹，但那已是过去式。为了避免可能的误会，我想在这里申明，埃弗里特的论文并没有想要质疑测量问题现有的解决方法，相反，他想接受并推广它。

几天后，惠勒又给埃弗里特写了一封信，并将亚历山大·斯特恩的信和自己的回信都附在其中。这封信表明，他越发担心埃弗里特的理论很难与玻尔的理论相容。"你的论文在文辞方面还需要大量的删改，但数学方面基本没有问题。出于责任心，没有改完我是无法推荐它通过考核的。还有，我认为除非我和你或者你和玻尔等人能够花上几周的时间进行面对面的讨论，否则我们将无法就文章中的问题达成共识。"

惠勒接着告诉埃弗里特，他确信埃弗里特的工作会得到玻姆的论文那样的反响。说这句话是绵里藏针也毫不过分。惠勒当然也在这封信中向埃弗里特保证，说自己是他的支持者，会尽力维护他的名声和前途。

尽管惠勒强烈建议埃弗里特马上去哥本哈根，但埃弗里特并没有去。其中很大一部分原因在于，彼得森发来一封短信告诉埃弗里特，直到秋天玻尔都不在哥本哈根；而且玻尔和他麾下的人都希望埃弗里特能在来之前多做点功课。"如果你能在做出批评前多做些背景研究，尽量多了解一些互补性的描述方法，明确地指出到底是哪一些部分让你觉得不够完善，那就再好不过了。"

埃弗里特不甘示弱："在我这么做的同时，希望你们也可以用同样的态度来了解我的研究。我相信，如果你们仔细地多读几遍我的论文，所有的怀疑自然会烟消云散。"不管怎么说，埃弗里特还是想去哥本哈根的，但是对方提出的时间并不合适。

不到一个月后埃弗里特就该去五角大楼的武器系统评估小组工作，为军方的核行动出谋划策了。让他在开始一份全职工作的同时花功夫仔细地回复罗森菲尔德和玻尔，再按照惠勒的要求对自己的博士论文进行大幅修改，简直是个不可能的任务。彼得森提出的让他秋季去哥本哈根待两个月的计划也完全行不通，毕竟这和他在武器系统评估组的工作完全无关。

惠勒没法强迫埃弗里特去哥本哈根，但他可以强迫埃弗里特把论文改到让他满意为止。惠勒在 1956 年夏末回到美国后，逼着埃弗里特对论文进行大刀阔斧的修改。他日后回忆道："为了改好这篇论文，休和我经常在我的办公室工作至深夜。"惠勒对他的朋友兼同事布赖斯·德威特（Bryce DeWitt）说："陪埃弗里特改论文的时候，我说什么他写什么。"

终于，6 个月后埃弗里特把一篇删改得面目全非的博士论文交了上去，标题也改成了《量子力学的"相对态"表述》（"Relative State" Formulation of Quantum Mechanics）。这篇论文章的重点变成了宇宙波函数的数学形式，弱化了造成多世界的"分裂"。

有了惠勒的认可，埃弗里特终于在 1957 年 4 月拿到了普林斯顿大学的物理学博士学位。他删改后的论文被评为"非常优秀"，并得以发表于《现代物理评论》（Review of Modern Physics），旁边还附有惠勒的一篇补充性介绍。在介绍中，惠勒声称埃弗里特的诠释"并不是想要推翻哥本哈根诠释，而是在为它寻找一个全新而独立的理论基础"。

尽管如此，哥本哈根的学者还是没能与惠勒达成共识。玻尔看过惠勒寄过去的删改版论文后曾致信惠勒，表示埃弗里特"在观测问题上存在一些误解"。玻尔坦诚地表示，他没有时间写下自己对这个问题的全部想法，并保证会让彼得森给埃弗里特一个更为详细的回复。

彼得森的评价的确更详细，但同时也更尖刻。他写道："我觉得我们这边（哥本哈根）的大多数人，在这个问题上还是持有不同的看法。我们不知道你在论文中想要解决的那些问题到底是什么，观测这个概念本身就包括在经典理论的框架中。"

换言之，彼得森和哥本哈根的其他人认为，观测行为一定是一种符合古典理论的行为，因此用量子物理去描述观测的过程在原则上绝不可行。他们认为这个世界是一分为二的，一边是经典物理的，另一边是量子物理的，而量子物理绝对不能被用来描述观测和测量这样的经典事件。可是，几句话之后他又自相矛盾地表示，测量仪器中存在量子效应，但由于仪器足够大，这些效应可以忽略不计。

也就是说，他一边用大小来解释为何测量仪器和量子世界之间存在分界，一边又居然说这样的分界并不存在！他写道："经典理论和量子理论的使用范围并无明确界限，因为相较于测量仪器的质量，单一原子级别的粒子的任何量子效应都可以忽略不计。"

埃弗里特立刻看出了这个矛盾，迅速回信说："你提到宏观系统大得足以让我们忽略它们的量子效应，但你从未解释过这条规律到底是如何得出的。根据薛定谔方程，任何测量过程都会导致奇怪的叠加态（比如薛定谔的猫）。你的说法绝对不符合薛定谔方程。"

埃弗里特还指出，如果像之前信中以及玻尔 30 年前回答爱因斯坦时所说的那样，把海森堡不确定性原理应用在测量仪器上的话，就有违哥本哈根诠释中不允许用量子理论解释测量过程的规定。然而彼得森和哥本哈根的其他人并没有做出回应，完全忽略了埃弗里特在他的博士论文中对哥本哈根诠释提出的疑问。除了哥本哈根的玻尔等人，并没有多少人看到埃弗里特的研究。惠勒把埃弗里特的论文发给其他几位物理学家，其中包括薛定谔、奥本海默和维格纳。很多人甚至没有回信，回了信的那几个也只是像玻尔和亚历山大·斯特恩那样直接驳回了这个理论。

惠勒在 1957 年的教堂山（Chapel Hill）量子引力会议上简短地宣传

了宇宙波函数的理论，但那边的回应也是一样。惠勒曾经的学生费曼当时也在场，直接说埃弗里特的想法实在太出格。"宇宙波函数的概念太难以理解了。"他在会议现场评价道，"因为它让人不得不相信，'真实'还存在于若干个可能的世界中。"这个想法实在太过离经叛道，难怪激进如费曼也很难接受。

但不是所有人都直接否定埃弗里特的新诠释。控制论之父、博弈论巨擘诺伯特·维纳（Norbett Wiener）也收到惠勒寄去的论文。他告诉惠勒和埃弗里特，他可以理解这个想法是怎么来的。惠勒还把埃弗里特的论文寄给耶鲁大学的马吉诺。

马吉诺是哥本哈根学派著名的叛逃者，数年来一直对测量问题提出质疑，说波函数坍缩是一种"数学上的虚构""莫名其妙的说法"，并坚持"测量不应该被看作能够解决一切问题的神圣行为。"毫不意外地，他对埃弗里特的想法表示支持，虽然他承认自己并没有时间仔细地看完整篇论文。

惠勒的同事德威特是一名量子宇宙学家，也是教堂山量子引力会议的组织者之一。起初，他对埃弗里特的理论并不看好。他写信给惠勒说："恐怕埃弗里特的理论中最重要的结果，恰恰也是包括我在内的很多人最不能理解的。这个理论中，我完全无法接受的一点就是世界的分裂。你我都可以用个人经验证明这一点，比如说，我就确实没有分裂。"惠勒把德威特的信转交给埃弗里特，在回复中，埃弗里特把德威特的反对与哥白尼的日心说受到的反对相提并论，语言中带着他惯有的讽刺意味：

　　反对哥白尼日心说的声音中，最强硬的一个便是"地球的运动与人们的日常体验相悖"。换言之，连傻子都知道地球不会动，原因是我们感觉不到它在动。但是有了更完整的理论后，我们就可以推论出地球上的人并不能感觉到地球在动（通过牛顿的物理学即可得出这个结论），这样一来"地球在运动"的理论也就没有那么难以接受了。因此，要问理论是否与我们的体验相悖，必须先搞明白这个理论预测出的感受是什么样的。您的信中提到"我就确实没有分裂"。我不得不问问您，您能感觉到地球在动吗？

德威特瞠目结舌，只能笑着承认埃弗里特说得没错。他被说服了，成了埃弗里特当时唯一的支持者。

被物理学界遗忘的宇宙波函数

埃弗里特终于拿到了博士学位，之后他一直在武器系统评估小组，以及冷战时期的军事工业复合体中的其他部门工作，一生都没再回到学术界。乍一看，他放弃学术似乎是因为对惠勒和玻尔的态度心灰意冷。但事实上，埃弗里特从未想过要成为一名学者。他早在惠勒那次并不顺利的哥本哈根之行之前就打算离开学术界了。

在惠勒访问了玻尔的研究所并给他写信之前，他就早已得到了武器系统评估小组的工作。惠勒在莱顿大学给埃弗里特写信时，曾诚恳地劝他留在学术界。惠勒让埃弗里特访问哥本哈根时他没有听从建议，这次他也没听从。

埃弗里特确实对基础物理很感兴趣，但是他在工作和生活方面还有很多其他的兴趣。他爱吃喝玩乐，沉迷烟酒美食。他想活在《广告狂人》（ Mad Men ）般的灯红酒绿中，学术界不能给他这样的生活，但在冷战时期担任技术官员职位可以拥有这种生活。

到了 1958 年，埃弗里特已经如愿住进了华盛顿富足的弗吉尼亚区。他收入不菲，一跃进入了上层社会。与此同时，由于工作性质，他还与此时刚刚兴起的军事工业复合体的高层们保持着密切来往。作为冷战时期的行动研究人员，他的工作依然涉及"多个世界"，只不过现在它们变成了"末日核战的若干种后果"。埃弗里特在工作上一如既往地得心应手，他参与研究的分析核战恶果的报告独具影响力，这份报告曾被艾森豪威尔总统亲阅。不管从什么角度来看，宇宙波函数对他来说都已是前尘往事。

不过 1959 年 3 月，埃弗里特终于还是去了哥本哈根。此时距惠勒最初劝他去时已经过了整整 3 年。他与妻子南希（Nancy）带着襁褓里的幼女莉兹（Liz）一起去欧洲旅行，而丹麦是他们去的第一个国家。埃弗里特在哥本哈根待了两周，花了几天时间和玻尔、彼得森、罗森菲尔德等一众哥本哈根学派人士进行会晤，他还去拜访了已经在玻尔的研究所工作的米斯纳，米斯纳刚刚和一个丹麦姑娘苏珊娜·肯普（Suzanne Kemp）订了婚，而她的父亲是玻尔的好友。

据米斯纳事后回忆，玻尔和埃弗里特当时并没有碰撞出什么火花，会晤的过程也平淡无奇。跟玻尔聊天并不是一件容易的事，他声若蚊蚋，而且不管是自己在说话还是对方在说话，他都会不停地忙着给自己的烟斗点火。米斯纳回忆道："你还没来得及说什么，他就已经给自己点了 17 次烟了。他说话声音很小，需要凑得很近才能听见。"

埃弗里特不喜欢公开演讲，所以没有任何机会在公共场合谈论他的观点，更何况就算他讲了，恐怕也无济于事。米斯纳说："当时，全世界几乎所有的一线物理研究学者都接受了玻尔对量子力学的阐述。让一个初出茅庐的后辈用区区一个小时的演讲就改变这个现状，显然是不可能的。"埃弗里特本人也同意这个说法，不过他的态度要更直白一些。

埃弗里特生前只留下了一份录音，记录着 1977 年米斯纳对他的采访。当米斯纳问到哥本哈根之行时，两人都大笑起来，除了他们的笑声，什么都听不见，只能隐隐约约听到埃弗里特说："那次真的……从一开始就像是见鬼了一样。"

在玻尔圈子里的人看来，埃弗里特就是一个研究不受主流重视领域的年轻人而已。"说到埃弗里特嘛，他来哥本哈根推销的理论错得离谱，惠勒真是不该鼓励他去研究这个。他来的时候，我和玻尔都不胜其烦。"罗森菲尔德数年后写道，"他蠢得要命，连量子力学最基本的概念都没有搞懂。"事实上，玻尔已经把自己的互补原理提高到了绝对正确的高度，而他能站在这个位置上看到埃弗里特才真是个奇迹。

罗森菲尔德继续写道："有一次，玻尔和我们一起边漫步边敞开心扉地讨论他的想法。玻尔隆重地宣布，他觉得将来的某一天互补原理会被收录于中小学教材中，成为通识教育的一部分。他还说'互补性'这个概念对人们的指引将会变多。"

除此之外，玻尔依然不愿相信有一个完整的量子世界存在。玻尔的追随者弗拉基米尔·福克曾抱怨说："玻尔已经完美地论证了古典概念存在局限，然而没有任何证据显示会有新的理论可以取代这些古典的概念。"说到底，埃弗里特和玻尔的学派之间，从目的到认知都大相径庭，无法互相理解，彼此只感到失望。

和玻尔进行了一天无果的讨论后，埃弗里特在丹麦铁灰色的日暮中走回了他在哥本哈根暂住的旅店。他把量子物理抛之脑后，在旅店的酒吧里不断地抽烟喝酒。米斯纳的妻子苏珊娜回忆说："他非常邋遢，走到哪里都叼着烟。"此时，他突然灵机一动，想到了一个和宇宙波函数完全无关的好主意。他一边咕噜噜地灌下啤酒，一边在旅店的便签纸上草草地记下了几行想法。就这样，埃弗里特想出了一个分配军事物资的最优化算法，这个算法应用起来非常简单，很适用于当时庞大而低效的计算机。

回到美国后，埃弗里特为这个算法申请了专利，让他自己以及他在军事工业复合体的朋友都大赚了一笔。埃弗里特最终实现了自己的愿望，终于有了喝不完的酒、抽不完的烟和吃不完的美食，于是再无他求了。

同时，埃弗里特的量子理论逐渐淡出了人们的视野。惠勒当年的预言并没有成真，谈论埃弗里特理论的人比谈论玻姆理论的还要少。埃弗里特的理论只在少数几次会议中引起过注意，其中一次是在波多尔斯基（EPR 中的 P）1962 年于泽维尔大学（Xavier University）组织的关于量子物理基础的会议上。自爱因斯坦和玻尔论战以来，这是第一场专门讨论量子理论哲学意义的会议。与此前的一系列辩论不同，这次会议十分低调。波多尔斯基在开场演讲时说："我们希望会议的参与者可以畅所欲言，不用担心他们谈论的内容会传到报纸上去。"

不管怎么说，量子物理的基础已经奠定，若是再去研究它们，实在是浪费时间。话虽如此，仍有许多量子物理的奠基人参加了这次会议。除了波多尔斯基、罗森（EPR 理论中的 R），相对量子场论之父狄拉克以及维格纳等人也参加了会议。虽然此时玻姆还被流放在外没能参加，但他的学生阿哈罗诺夫是在场的。在为期 3 天的会程中，大家讨论了测量问题等哥本哈根诠释中不能自洽的地方，也探讨了诸如玻姆的导波等其他理论。会议第一天，有人指出埃弗里特的理论中不存在坍缩，于是会议的组织者向埃弗里特发去了一个迟来的邀请。

会议第二天，埃弗里特便从华盛顿特区飞去了泽维尔。会议中，各路物理学前辈轮番"拷问"了埃弗里特。"也就是说存在着无数个世界？"波多尔斯基评论道。"是的。"埃弗里特回答。这时，另一位参会者温德尔·弗里（Wendell Furry）对这个极限的数量表示难以置信："我可以想象出各种不同的弗里，但我没法想象存在着无数个弗里。"会议继续进行，之后也的确有人发自内心地对埃弗里特的理论产生了兴趣。

不过除了这一小部分人，没有人知道会议中到底发生了什么。会议记录在之后的 40 年中都未曾向大众开放，而 40 年后，除了阿哈罗诺夫等零星几个人之外，当时在场的大多数人都已经去世了。

接下来的 10 年，埃弗里特的理论逐渐被人淡忘，在物理界也没有引起任何类似玻姆当年引起的反应。大家就这么完全忽略了宇宙波函数，而埃弗里特自己也躲在冷战战士的身份背后，不为人所知。极其偶然的，某些物理学出身的同事会提到这个问题，埃弗里特却不愿意谈论太多，也从未把这个话题带到公共场合。他喜欢悖论带给他的智力上的愉悦，也喜欢随心所欲地与人争论，或是跟亲近的人开开玩笑。学术界的广阔舞台对他并没有吸引力，更何况他不喜欢公开演讲。埃弗里特从未觉得有义务去纠正大家对量子物理的误解。

因此，能做到这件事的人不仅是一个学者，还应是一个充满了道德感和责任心的人；他将不畏权势，勇敢地在众目睽睽之下讲述不受欢迎的理论，还要用出色的口头和书面表达能力说服人们，用合适的方式吸引人们的注意力。这个人一直都知道哥本哈根诠释有问题，也看到了玻姆做出的不可能之举。他就是贝尔。

第 7 章

THE MOST PROFOUND DISCOVERY
OF SCIENCE

贝尔：反传统理论学者的启发者

贝尔和妻子玛丽刚到美国的时候，整个国家都沉浸在哀痛中。他们在加利福尼亚落地的前一天，肯尼迪总统在达拉斯（Dallas）被人开枪暗杀。贝尔后来说："我们来得实在太不凑巧了。"

贝尔和玛丽都是从瑞士来的粒子加速器物理学（Accelerator Physics）专家，受邀来到相距半个地球的斯坦福直线加速器中心（Stanford Linear Accelerator Center，SLAC）进行为期一年的学术访问。不过他们很快就适应了这边的工作，贝尔回忆说："玛丽很快就融入了加速器小组，而我也顺利开始了在粒子理论小组的工作。"

贝尔想要利用眼前的新环境，来弄清一个困扰了自己十几年的问题。自从读了玻姆1952年发表的那几篇论文之后，贝尔就知道冯·诺依曼的证明是有问题的，该证明说类似玻姆的导波这样的诠释不可能存在。可是，同时期的物理学家还是会以冯·诺依曼的证明为由忽略玻姆的理论。

贝尔离开瑞士前不久，曾与日内瓦大学的物理学家约瑟夫·尤奇（Josef Jauch）进行过一次讨论。尤奇那时刚刚发表了一篇证明，据说是冯·诺依曼证明的加强版。尤奇为了说服贝尔，还让他去看另一篇声称证明了玻姆的理论不成立的证明。贝尔说："在尤奇的刺激之下，我更想证实这个想法是错误的，我们的谈论颇为激烈。"在陌生而荒凉的加利福尼亚，贝尔马上开始准备自己的反击。在这个过程中，他做出了一个重大发现，解开了量子物理的一大谜题，最终撼动了哥本哈根诠释在物理学界的地位。

"冯·诺依曼的证明不仅不成立，还很愚蠢！"

贝尔出生于 1928 年 6 月 28 日，是北爱尔兰贝尔法斯特一个工薪阶层家庭四个孩子中的老二。他自己说过，他家祖祖辈辈都是"木匠、铁匠、劳力、农夫和卖马的商人"。贝尔是他家第一个读完高中的人。他的父亲 8 岁就离开了学校，兄弟姐妹也都在 14 岁之前便开始工作了。16 岁时，贝尔从当地学费最低的高中毕业了，但当地的女王大学拒绝接受 17 岁以下的学生，于是他开始找工作。

多年后，贝尔回忆道："我应聘了很多岗位，有小工厂里的文员，也有 BBC 的初级工作，但没人要我。"终于，他找到了一份在大学物理系做实验室助手的工作。"这件事对我意义重大，我在那里遇到了我之后的教授。他们对我很好，还找了书给我读。我是在帮学生们清理实验室和搭电线的过程中读完一年级高等物理的。"

在女王大学读本科的最后一年，贝尔第一次接触到了量子物理中的数学以及哥本哈根诠释，他无法认可这个理论。贝尔回忆说："我们先是学了元素周期表——量子理论的实际应用，之后的内容就变得很奇怪。"对于波函数的性质，贝尔的老师和教科书都语焉不详。他们从没说清楚波函数到底是真实存在的事物，还是用来描述物理现象的工具。

如果波函数只是一种承载信息的工具，那么这些信息的来源又是什么呢？再者，如果像玻尔所说，量子世界并不真实存在，那么这些信息又是关于什么的呢？贝尔甚至为此和他的老师争执过："我情绪很激动，言下之意是说他的教学态度不真诚。他也越来越激动，说我这句话太过分了。但我当时又激动又生气，什么都听不进去。"

贝尔感到深深的困扰，但他阅遍量子物理奠基人的著作，也没能找到想要找的答案。玻尔一直都没讲清楚量子世界和宏观世界的界限在哪里。贝尔说："玻尔似乎对数学非常不敏感，而我们不知道应该把它应用于世界的哪一部分。他似乎觉得问题已经解决了，但是我在他的文章中却找不到任何答案。毋庸置疑的是，他深信自己已经找到了答案，并对原子物理学、认识论、哲学乃至全体人类都做出了贡献。"

至于海森堡，贝尔更是觉得自己完全看不懂他想说什么。测量问题明明是一个重要问题，但哥本哈根诠释却把它说得无关紧要。贝尔想要一个严谨且诚实的答案，可他的问题被一些轻描淡写的答案打发掉了。

然后，贝尔看到了冯·诺依曼的证明——其实是玻恩转述的版本，因为贝尔不懂德语。"居然有人白纸黑字地证明了哥本哈根诠释是量子力学的唯一诠释，而且这个人还是冯·诺依曼，于是我就被说服了。"贝尔说。于是，他把注意力转移到了别的地方。"我知道一旦开始深入研究这个问题，肯定会无法自拔，所以我宁愿回避它。"贝尔回忆说，"我觉得过早地开始研究这些东西会让我落入无法回头的深渊。"

从女王大学毕业之后，贝尔在英国哈韦尔（Harwell）的原子能研究基地（Atomic Energy Research Establishment）找到一份工作（图 7.1），在曼哈顿计划前工作人员克劳斯·富克斯（Klaus Fuchs）的手下，开始了对核反应堆的研究。可是，几个月后，贝尔就被转到加速器物理学分部。他在那里认识了同为物理学家的玛丽·罗斯（Mary Ross），他后来的妻子。约翰正是在那里与玛丽一起工作时，读到了玻姆 1952 年刚刚发表不久的导波系列论文。

人们对玻姆的理论反应居然如此冷淡，贝尔知道后很是惊讶。"25年了，大家都说除了哥本哈根诠释不可能有别的诠释，而玻姆提出了新的诠释后，这些人又说诠释并不重要。他们还真是说什么都有理。"看了玻姆的论文后，贝尔马上意识到冯·诺依曼的证明肯定有问题。但那时，这个证明还没被翻译成英文。他在哈韦尔找到了一位会说德语的同事，弗朗兹·曼德尔（Franz Mandl）。他回忆道："弗朗兹向我转述了冯·诺依曼写的某些内容。这时我已经察觉到，冯·诺依曼证明中的某个公理并不合理。"

图 7.1　1952 年左右，贝尔在英国哈韦尔

冯·诺依曼证明的英文版 3 年后才面世，而那时的贝尔已经开始了与他的博士论文课题完全不同的研究工作。贝尔刚开始读博士时，他的博士导师派尔斯让他就自己最近研究的东西作一个报告。贝尔说他最近研究了两个课题，一个是加速器物理学，一个是量子物理的诠释，派尔斯表示自己肯定更想听加速器物理学。贝尔照他所说，在此后的几年里都没有再碰量子物理。

几年后，贝尔在瑞士日内瓦的欧洲核子研究组织（European Laboratory

for Particle Physics，CERN。如今以大型强子对撞机而闻名）遇到了玻尔。那时，贝尔夫妇刚刚开始在那里工作，而玻尔则是去庆祝这个新研究中心落成的泰斗。贝尔在电梯里见到了玻尔，但不知道该怎么和这个传说中的人物谈话。他后来回忆说："我也没胆子跟他说'我觉得你的哥本哈根诠释有问题'。况且我们在电梯里也没待多久，如果电梯中途坏掉了，或许我会有机会吧！但结局会如何，我也无从得知。"

3 年后，贝尔夫妇去加利福尼亚度假时，贝尔终于可以放下 CERN 的工作好好研究一下冯·诺依曼到底是哪里搞错了，并向尤奇证明他错了。冯·诺依曼的证明广受推崇，经常被用来反驳哥本哈根诠释以外的理论，可是贝尔发现它根本没有证明什么。"仔细地读过冯·诺依曼的证明后，你就能发现它根本没什么意义，甚至连失误都算不上，它完全就是个笑话！"

原来伟大的冯·诺依曼犯了一个小错误——他证明中的一个假定条件并不成立。"从物理学的角度来看，（冯·诺依曼的）那些假定条件完全不合理。冯·诺依曼的证明不仅不成立，而且很愚蠢！"

量子物理具有互文性

贝尔不仅证明了冯·诺依曼和尤奇是错的，他还提出了一个新的证明。冯·诺依曼的原证明及其衍生物，包括尤奇那篇加强版证明，以及尤奇和贝尔提到过的那个安德鲁·格利森（Andrew Gleason）的证明，都声称自己排除了隐变量（Hidden Variable）的量子物理诠释。

根据隐变量理论，量子物体在被观测之前就拥有确定的位置及其他性质，即使这些性质不能通过理论本身计算出来。这些性质无法通过量子物理的数学计算得出，因此得名"隐变量"。

玻姆的导波诠释便是这种理论的一个完美例子。在玻姆的量子世界中粒子一直有确定的位置，虽然这些位置经常无法被观测到，也不能通过薛定谔方程计算得出。冯·诺依曼、尤奇以及格利森都主张这种情况不可能存在，可是玻姆的导波理论明显是成立的，而贝尔也很清楚这一点。

贝尔感觉自己知道是哪里出问题了，他仔细地把这些反对隐变量的证明分解成小步骤，一点点地分析每一步，直到他找到了有明显错误的部分——一个不成立的基本前提。贝尔排除了这个错误的前提后，证明了这些原本反对隐变量的证明都指向了一个出乎意料的结论。他发现只要隐变量理论具有一种独特的性质——互文性（Contextuality），这些证明的结果就不再成立。

互文性意味着量子系统的测量结果取决于测量者在测量量子系统的同时，还测量了什么其他性质。也就是说如果你测量了物体的某一性质，你得到的结果会随着你同时还测了什么其他的性质而改变。这样一来，如果你同时测量一个中子的自旋和动量，你测到的自旋是 A ；而如果你测量中子自旋的同时测量了它的位置，你测到的自旋将会是 B，因为测量到的自旋值取决于测量的情境。

让我们用比中子更宏观、更熟悉的轮盘为例，进一步认识互文性。假设你的朋友芙洛（Flo）一边在赌场玩轮盘，一边跟你通话。你看不到轮盘，但你可以根据芙洛说的话，得知每一局中球落在了哪里。你可以问她，球落到的格子是奇数还是偶数，数字是大还是小，颜色是红还是黑（轮盘上的数字一半是黑色的，一半是红色的，但颜色与数字的大小和奇偶都没有关系——红色的数字一半是大数值一半是小数值，一半是奇数一半是偶数，黑色的也一样。见图 7.2 ）。

但芙洛偏偏不告诉你所有的信息，每次转完轮盘后，她只会回答你这三个要素中的两个。在一般情况下，这并不会影响游戏的结果。不管芙洛跟你说了什么，球每次都会落在一个特定的位置。所以哪怕你不知道它的确切位置，在球落下的那一刻，你问的三个问题就已经确定了答案。

如果球落在了"34"这格，即便芙洛只回答了两个问题，这三个问题的答案都是不变的——大、红、偶数。

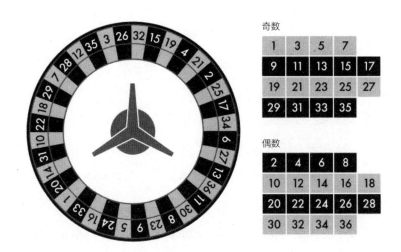

奇数

1	3	5	7	
9	11	13	15	17
19	21	23	25	27
29	31	33	35	

偶数

2	4	6	8	
10	12	14	16	18
20	22	24	26	28
30	32	34	36	

图 7.2　一场公平的轮盘赌

（数字的大小、颜色和奇偶都是均匀分布的）

但是当轮盘有了互文性，这一切就都不再成立了。对于一个有互文性的轮盘来说，"球是不是落在了红色的数字上"的答案将取决于你同时还问了什么问题。

打个比方，假设球停下时你问的是"球是不是落在了红色的数字上"以及"是不是落在了偶数上"，答案都是肯定的。而如果你之前的问题变成了"球是不是落在了红色的数字上"以及"是不是落在了一个大数值上"的话，这两个问题的答案都会变成否定的。所以"球是不是落在了红色的数字上"这个问题的答案其实取决于你同时还问了什么别的问题。

这就是互文性：问题的答案取决于你当时还问了什么别的问题。贝尔在证伪那些反对隐变量的证明时，也证明了量子物理描述的是一个具有互文性的世界。

乍看之下，"量子物理具有互文性"这个结论似乎是在支持哥本哈根

What Is Real? (i) (i)
The Unfinished Quest
for the Meaning of
Quantum Physics 谁找到了薛定谔的猫?

诠释，或类似的诠释。如果问题的答案取决于同时提出的其他问题，难道不就是在说，直到提出问题的那一刻，这些问题都是没有答案的吗?

如果量子世界有互文性，那它肯定不会像轮盘那样，有一个落在特定位置的球等着我们去观测，因为球的位置取决于我们问了什么问题。你问数字是不是奇数时，它的颜色是不会变的；而34刚好是红色的，这也不会因你问了什么问题而改变。因此，量子物理的世界里肯定不会有这样的球。就像约尔当说的，"是我们决定了测量的结果"。

尽管这听起来合情合理，贝尔却引用玻尔的原话，说这是在"打太极"。贝尔撰文论证了互文性是量子世界的一个重要性质。在同一篇文章中，他还指出这个结果并不奇怪，因为玻尔早就说过，我们不可能清楚地辨别"原子物体的行为"与"原子物体与测量仪器的相互作用"之间的明显区别。我们无法在不改变量子世界的情况下观测它，但这并不代表在我们观测它之前它不存在。恰恰相反，如果它不存在，我们也就不能通过观测来改变它了!

一个具有互文性的轮盘是可能存在的，当你用不同的方式看时，球的位置会改变，因为你不能将球自身的行为和它与你的互动行为分开。这并不意味球不存在，或者它在你看它前没有落在一个确定的位置；而是意味着球十分敏感，再轻微的干扰都会让它到处乱跳，大幅改变自己的位置。

玻姆的导波诠释中的隐变量正是这样的。根据玻姆的理论，粒子在任何时候都有确定的位置，但这些位置会因轻微的扰动和实验条件的细微差别而彻底改变。在玻姆的量子世界中，你只要稍微改变向电子提出的问题，就会得到截然不同的答案，但电子始终拥有一个确定的位置。

而正因玻姆的理论具有互文性，那些试图将它推翻的证明便失败了。贝尔总结道："那些声称玻姆的理论不可能成立的证明者只证实了一件事，就是他自己的想象力是多么贫瘠。"

贝尔定理：科学中最深刻的发现

虽然贝尔明确地证明了玻姆的理论是成立的，但他还是对导波理论中最奇怪的一点有所怀疑，那就是"它过于非局域了"。贝尔说："玻姆的理论中有些特别匪夷所思的事情。比如，只要宇宙中的任何人挪动了一块磁铁，粒子的轨迹就会瞬间改变。"玻姆理论的非局域性到底是不是量子物理不可或缺的性质呢？贝尔在他那篇推翻冯·诺依曼证明的论文结尾处问道，并将它作为未来研究工作的一种可能的方向。

贝尔对非局域性提出的问题过了很久才被人们注意到。他这篇论文由于一连串的笔误，延误了两年才发表。与此同时，贝尔无法忽略这个问题，他迫切地想要知道答案。他想把这个问题作为自己的下一个课题。"当然，我知道 EPR 是非局域性的关键，因为它导致了远程的关联。"贝尔后来回忆说，"于是我开始研究在一些简单的 EPR 场景下能否设计出一个小模型，使量子力学变得更完备，排除掉非局域性。"

贝尔在研究中用到的简化版 EPR 实验，来自玻姆研究导波理论前写的那本教科书。对于贝尔来说，玻姆的 EPR 实验比原来的版本直观很多，其中没有两个相撞后向反方向弹开且动量相互纠缠的粒子。玻姆的 EPR 实验用的是偏振相互纠缠的光子。

偏振是光的性质之一。光是一种电磁波，而偏振就是波的方向。对我们来说，重要的在于它是有方向的。偏振就像一个小箭头，指向不同的方向，每个光子都携带着它。不过也没这么简单。首先，我们不知道某个光子的偏振箭头到底指向什么方向，我们能做的就是测量光子在某一特定的轴上的偏振；方法是向起偏器（Polarizer，类似偏光太阳镜的镜片）发射光子，光子击中起偏器时可能会穿过它，也可能无法穿过它；光子的偏振越接近起偏器的透光轴，穿过起偏器的可能性就越高。

在玻姆版本的 EPR 实验中，两个光子的偏振相互纠缠。它们来自同一个光源，朝着两个位置相反的起偏器飞去，而两个起偏器将用同一条透光轴测量光子的偏振。

由于这两个光子的偏振是相互纠缠的，它们抵达起偏器时的行为也是一样的——它们要么一起通过起偏器，要么一起被拦住。只要两个起偏器的透光轴是一样的，纠缠的光子在它们面前的行为就必然相同。还有一点很重要：起偏器之间的距离并不影响实验结果，无论它们相距多远，两个光子都必然会同时穿过它们，或者同时被拦住。

量子物理也是这么预测的——两个纠缠的光子共享同一个波函数。因此，当它们遇到两个拥有相同透光轴的起偏器时，行为必然相同。但我们并不能通过波函数预测出它们的行为具体是怎样的，我们只知道它们的行为一定相同。

爱因斯坦提出的二选一难题（他曾担心它在 EPR 论文中没有被强调）再次出现。假设自然是局域性的，那么这两个纠缠的光子能够保持远距离同步的原因，一定在于它们在飞离共同光源之前就做好了"预先安排"。可是，纠缠的光子共享的波函数无法解释这种"预先安排"，它只能保证这两个光子是完全相关的，且在起偏器前会有同样的反应。因此，如果自然是局限性的，那么波函数并不足以描述一切，必然还有一些隐变量存在。要么是量子物理理论并不完备，要么便是自然不具有局域性。在量子物理中，局域性和完备性不可兼得。这就是爱因斯坦提出的二选一难题，也是 EPR 论文的核心。

贝尔反复思索着 EPR 和玻姆的思想实验，试图构建一个新的模型，既不影响量子物理的结果，又能保留量子世界的局域性。贝尔说："我所有的尝试都失败了，我开始觉得这件事可能根本无法实现，于是，我提出了一个不可能性证明。"

爱因斯坦已经证明了量子物理必须在局域性和完备性之间做出选择，而贝尔的不可能性证明则提出必须在局域性和正确性之间做出选择。贝尔假定自然是局域性的，并推导出一个不等式，这是任意一个局域性理论都必须遵循的数学条件。然后他又聪明地将玻姆版本的 EPR 思想实验稍做修改，并证明了在某种情况下量子物理的预测会违背上述不等式。

贝尔的天才之处在于他并没有执着于完美的情况，而是选择考虑不完美。毕竟，玻姆版本的 EPR 实验具有完美的关联性，很容易与局域性兼容。比如，光子可能是在共同的光源那里收到了同样的隐形指令。然而，一旦我们改变一个起偏器的透光轴，量子物理会预测：到达起偏器的纠缠光子将不再每次以完全相同的方式运动。

贝尔还证明了量子物理预测的这种强烈的不完全相关性，并不能用任何局域性理论解释。因此，要么自然是局域性的，而量子物理给出的预测有误；要么量子物理是正确的，而"鬼魅超距作用"的确存在。就这样，贝尔发现了一个影响深远却有违常识的真理。

贝尔还提出要想知道这两种情况孰对孰错，只要做一个实验即可得知。只要有人将这个贝尔修改过的 EPR 思想实验付诸实践，或者用纠缠的粒子设计一个类似的实验，答案便昭然若揭。如果实验结果违背了贝尔不等式，那么量子物理就是正确的，而自然就是非局域性的；如果实验结果符合贝尔不等式，结论则相反。

贝尔的不可能性证明，把关于非局域性的讨论从概念上的论证变成了可以用实验证实的猜想。这一证明就是贝尔定理（Bell's Theorem），它被恰当地称作"科学中最深刻的发现"。

贝尔是如何得出这个违背常识的定理的？

贝尔的结论不仅出人意料，还引发了许多问题。局域性是物理学乃至所有科学的基本前提之一。没有了局域性，我们就很难再作任何控制变量的实验。因为不管我们如何小心地控制实验条件，实验结果还是有可能受到其他远程而瞬时的影响。

爱因斯坦专门强调过，局域性是科学的核心原则之一，若非绝对必要不应推翻。他写道："我们所有的想法、对所有熟悉的现象的理解，都建立在一个前提之下，即空间上彼此分隔的事物是独立存在的。如果没了这个前提，我们就无法构建、并用实验证实任何物理定律，无法建立任何封闭的系统，因此无法用我们熟知的方式得出任何可测的定律。"

即使暂且忽略这些哲学上的顾虑，爱因斯坦的研究结果也明确地体现了局域性是物理世界的一个主要性质。根据狭义相对论，物体的速度不能大于或等于光速，否则将会引起一系列"无限能量"之类的悖论。或许你在想，要是找到一个跑得比光还快的物体，这个理论不是就不攻自破了吗？可是，迄今为止还没有任何人找到过这样的物体。

事实上，相对论性粒子物理学显示，这样的物体将会极其不稳定，"无限能量"的悖论使它们根本无法存在。即便你找到了让它们存在的方式，发出了一个比光更快的信号，但悖论依然存在。根据相对论，超光速信号会生成所谓的"快子电话"（Tachyonic Antitelephone），它可以穿越时间将信息发回到过去。

不过贝尔定理并不意味着我们可以给昨天的自己打电话，或者把德劳瑞恩（DeLorean）汽车送到1955年。贝尔和其他人后来证明，利用量子纠缠实现超光速通信并无可能。此外，他们还证明了纠缠粒子表现出的非局域性十分细微，而且只会在非常特定的环境下出现，并不会像爱因斯坦担心的那样撼动科学的根基。

即便如此，由于所有的物理现象都遵循狭义相对论，这个世界看上去也是局域性的。贝尔定理提出的非局域性的幽灵令人深感不安。如果贝尔设计的实验结果遵循量子物理的预测并违背贝尔不等式，那么非局域性就真的存在，而局域性反而是个假象。那意味着，我们对时空的概念需要进行修正的彻底程度，远远超越爱因斯坦的相对论。一个违背贝尔不等式的世界必然是一个我们难以理解的世界。

贝尔到底是怎么得出这么一个如此违背常识，影响又如此深远的证明的呢？要想理解他的证明，一个轮盘远远不够，我们需要用到整个赌场（如果你对该证明的细节不感兴趣，可以直接跳过下一部分，这样做不会影响对本书其他部分的理解。但通过下一部分的论证，你会更深刻地理解贝尔是如何得出证明的）。

加利福尼亚州人烟稀少的东北角，有个小镇叫贝尔维尔（Bellville），那里新开了家赌场。赌场的主人是"小熊"罗尼（Ronnie the Bear）。罗尼似乎是混黑道的，加利福尼亚州博彩局（California Gaming Bureau）的调查员法蒂玛和吉利恩怀疑他另有所图，于是赶在赌场开张之前来到了贝尔维尔，对赌场进行检查。

或许是为了让调查员留下深刻印象，罗尼的赌场里摆着一套十分复杂的轮盘系统。房间的中间是一个大型的发球机，机器的两边各有一条滑道，连接着房间两头的轮盘赌桌。这两张轮盘赌桌上都有三个轮盘，中间是一个能旋转的指针。根据州法律，轮盘上只能有红黑相间的格子，不能有数字，在加利福尼亚州带有数字的轮盘是违法的（见图7.3）。

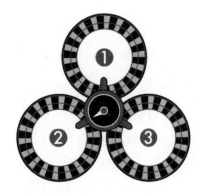

图 7.3　加州的轮盘与罗尼赌场中的三轮盘

（罗尼的赌场中的"三轮盘"，指针在中间）

当法蒂玛和吉利恩分别在一张轮盘赌桌前落座后，罗尼按下机器上的一个按钮，每条滑道中间都落下一个小球朝着赌桌滚去。在小球滚动的过程中，调查员一起转动赌桌中间的指针。小球会在被选中的那个轮盘上落下，最终停留在红色或黑色的格子中（见图 7.4）。

赌桌 A   赌桌 B
（吉利恩）   "小熊"罗尼   （法蒂玛）
                花哨的轮盘机器

大约十米

图 7.4　贝尔维尔"小熊"罗尼赌场的轮盘赌桌

为彻查这些轮盘，吉利恩和法蒂玛将这个过程重复了很多次并仔细记录下结果：小球每次都滚向了哪个轮盘，落在了什么颜色的格子里。重复了几十次后，小球落在两种颜色的格子里的概率几乎相等，两位调查员便回到办公室去分析他们的笔记了。调查员发现每个轮盘赌桌上的结果看起来确实是随机的，小球落在红色和黑色格子的次数基本一样，但法蒂玛和吉利恩的记录之间有些奇怪的关联。每次只要两个赌桌上的指针指向同一个轮盘，两个小球就会落在同一个颜色的格子里。比如，在第 87 次实验中两枚指针都指向了轮盘 2，两个小球就都落在了红色格子里（见图 7.5）。

调查员们最后总结：中间那个大型的发球机里有猫腻，它会在两个赌桌上的指针指向同一个轮盘时，让小球落在同一种颜色的格子里。不仅如此，法蒂玛还发现了另一个奇怪的关联：两枚指针没有指向同一个轮盘的时候，两个球落在同样颜色的格子里的概率只有 25%。法蒂玛觉得这肯定有问题，于是她把这两个小球可能收到的 8 种指令都写了下来（见图 7.6）。

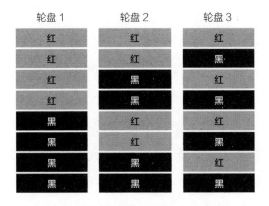

吉利恩   法蒂玛

实验编号	轮盘	颜色	轮盘	颜色
83	3	红	3	红
84	3	红	1	黑
85	1	黑	1	黑
86	3	黑	2	红
87	2	红	2	红
88	1	黑	2	红
89	1	黑	3	黑

图 7.5 抽样对比吉利恩和法蒂玛的记录

轮盘 1   轮盘 2   轮盘 3

红	红	红
红	红	黑
红	黑	红
红	黑	黑
黑	黑	黑
黑	红	黑
黑	红	红
黑	黑	黑

图 7.6 两个小球可能收到的全部指令

接收到第一种指令"红 红 红"后，无论小球在哪个轮盘里都会落入红色格子。如果收到的指令是第二种，即"红 红 黑"，那么小球在进入轮盘 1 和轮盘 2 时会落入红色格子，进入轮盘 3 时则会落入黑色格子，以此类推。

法蒂玛指出，无论这两个小球收到的是哪一种指令，她和吉利恩选择不同的轮盘时结果相同的概率应该大于 25%：

     如果这两个小球收到的指令是"红 红 红"或"黑 黑 黑"，那

What Is Real?
The Unfinished Quest
for the Meaning of
Quantum Physics

谁找到了薛定谔的猫？

么结果相同的概率应该是 100%，即使它们落入的是不同的轮盘。

如果它们收到的是其他指令，并且法蒂玛和吉利恩选的是不同轮盘，那么它们落在同样颜色的格子里的概率将是 33%。

比如，假设指令是"黑红红"，这时法蒂玛和吉利恩的轮盘如果分别是 1 和 2，2 和 1，1 和 3，或者 3 和 1 的话，球就会落在两个不同颜色的格子里，但是如果他们选的轮盘是 2 和 3，或者 3 和 2 的话，球落在两个不同颜色格子的概率将会是六种可能中的两种，也就是 33%。

其他的指令（除了"黑黑黑"和"红红红"）也可以以此类推。

因此，如果法蒂玛和吉利恩选的轮盘不是同一个的话，她们应该有 33% 的概率会得到同样的结果，因为球得到不同指令的概率是相等的。而事实上，她们只有 25% 的概率得到的同样的结果。两位调查员不得不得出一个结论：这两个球并没有得到同样的指令。

可与此同时，只要她们选了同一个轮盘，球就总会落在同一个颜色的格子里，这明明就显示了两个球之间有所关联，而这也是调查员起先怀疑它们收到了同样指令的原因。所以要想解释最后的结果，这两个球必然在知道自己将要落在哪个格子后，彼此发送了信号。

物理学家为什么不肯承认非局域性？

粗略来说，之前这个小节便是贝尔定理的证明过程。这一对球代表的是一对偏振纠缠的光子，轮盘代表的是从三个不同的方向测量偏振的起偏器，它们的透光轴是在光子飞来的过程中随机决定的。贝尔定理便是故事中的那个法蒂玛发现的证明。如果你的轮盘真的会给出这样的结果，那其中一定有古怪。

即便我们假设球在被发射出来的时候收到了某种隐形的指令——隐变量，也依然不能解释这个奇怪的现象。纠缠的光子真的会给出这样的结果，所以量子物理肯定有所古怪。但贝尔证明的究竟是什么？让我们再来仔细看看罗尼的赌场里到底发生了什么。

起初，我们假设了轮盘上的球不能瞬时、远程地交流（虽然我们并没有明说）。换言之，我们假设了局域性。我们因此认为，球本身必然带有隐形的指令，不然吉利恩和法蒂玛选同一个轮盘的时候怎么会每次都得到同样的结果呢？可当吉利恩没有跟法蒂玛选同一个轮盘时的反常关联又排除了隐变量的可能性，因此我们的假设肯定不对，局域性也一定不会成立。

在罗尼的赌场里，轮盘球当然还是有可能被动了手脚，并通过无线电交流的。而在真的实验中，轮盘上的球本是以光速运动的光子，而轮盘则是距离很远的起偏器（在某些实验中它们相隔数百千米）。在光子离开光源后，它不可能在抵达起偏器并且需要决定自己是否通过之前，接收另一个光子发来的以光速运动的信号。

简言之，纠缠光子的实验中，有某种比光速更快的东西在左右实验的结果。纠缠并不是量子物理中的某种数学结果，它是真实存在的物理现象。远距离的物体之间，真的存在着瞬时的联系。

这个结果令人咋舌。怎么可能呢？这个世界到底该怎么解释？有一个显然的答案：这是一个非局域性的世界。玻姆的导波量子物理诠释跟贝尔定理完全没有冲突，因为玻姆的理论很明显是非局域性的。远程粒子间的瞬时联系本是导波诠释里最明显的弱点，而玻尔理论把这一点变成了它的长处。贝尔的理论强烈显示了量子物理必须是非局域性的，只不过导波理论把这个罕见的现象变得非常明显而已。

可是，承认非局域性的代价很大。相对论是现代物理中最颠扑不破的理论，也是其最稳固的根基，但现在非局域性有可能会撼动它的地位。

还能不能用别的方式解释贝尔定理？非局域性到底是不是唯一可能的前提？吉利恩和法蒂玛的确假定了她们的笔记完整地记录了当时所有情况。

具体说来，她们假定了轮盘的转动只有一个结果，即他们记下来的结果。但如果球落在轮盘上时或者光子穿过起偏器时能有多个结果的话，那贝尔的理论就完全不成立了。埃弗里特的多世界诠释中讲得正是这个情况。根据埃弗里特的理论，轮盘每次转动都会有许多个可能的结果，可能是红，也可能是黑，它们在宇宙波函数中的多世界里不断分裂。那么贝尔定理也就意味着：如果我们不想否认这个世界的局域性，埃弗里特的想法中最奇怪的一点反倒变成了必要条件。

现在有两种可能的假定：其一，这个世界有局域性；其二，我们存在于一个单一的宇宙。实验结果的确有违贝尔不等式，因此这两个假定中必然有一个不成立。这个二选一的选择是不是贝尔定理强加在我们身上的呢？还是说，存在着第三个奇怪的原因？

有可能选择转盘的指针并非随机，所以球在落地之前就知道自己会落入哪一个轮盘。诸如此类轮盘和球之间的阴谋可以解释法蒂玛和吉利恩看到的结果。不过在真实的物理实验中，这就有点说不通了，光子和起偏器之间的阴谋听上去实在不太可能。那如果做实验的人每次都故意选择使用特定的起偏器呢？可是光子又是怎么提前得知的？我们选择实验条件的时候，应该是出于自由意志的吧！

而即便连这个都是假象，要说光子跟我们事先串通过也实在太难以想象了。不过，我们的确不能排除这种所谓的"超决定性"，而它们也确实可以推翻贝尔定理。如今还有少数科学家在致力于提出这样的理论（话说回来，如果自然里真的有这么大的阴谋，科学到底成不成立也得好好想想了）。

除此之外还有没有其他的可能？贝尔定理还有没有别的解释？有不少书和论文都声称贝尔的证明里还有一个假设，那就是隐变量的存在。

它们的理论是：如果我们不假设轮盘上的球接收到了隐形的指令，整个证明就不成立了。但这并不对，我们没有预设球接收到了任何指令。我们假设的只是局域性的存在，隐形指令只是我们后来不得不作的一个假设。不然我们无法解释为什么吉利恩和法蒂玛每次选择了对应的轮盘后，都会得到同样的结果。

是不是听起来有些耳熟？这跟 EPR 的推理一模一样。如果这一对轮盘球总是落在相同颜色的格子上，那它们要么是在一开始就收到了同样的指令，要么是在落下之后用超光速信号有过沟通。隐变量不是我们做出的假设，它只是我们要保留局域性而不得不得出的结论。

"这一点似乎特别容易被误解——隐变量不是分析中的一个预设。"贝尔定理发表了十五年之后，贝尔抱怨道，"在我自己写的第一篇相关论文（贝尔定理）中，我在一开头就总结了 EPR 里从局域性推出决定性隐变量的推理。可是几乎每一个评论这篇论文的人都说它一开始就预设了隐变量的存在。"

还有一个类似的说法是贝尔定理假定了某种"物理实在"。这个说法在哥本哈根诠释的支持阵营中很受欢迎，他们宣称：如果不假定量子物理有"实在"的性质，或者压根就不假定量子世界真实存在的话，那贝尔定理便不成立。

这个说法也不对，因为"某种物理实在"这个说法有问题。具体什么才算是"实在"？某些物理学家说，贝尔定理假定了量子物体在被测量之前就有了某些定义明确的性质，这就是"物理实在"。但是这根本不对。我们之前说了，贝尔定理里并没有任何预设的性质（也就是"隐变量"），跟 EPR 里一样，它完全是由局域性推出的。

还有的人说，贝尔定理中预设的"物理实在"其实是"事物的存在不受观测影响"的性质，而这正是可以让哥本哈根诠释保留局域性，且不受到贝尔定理影响的关键。抛开这个说法，物理学变成了唯我论不谈，

What Is Real?
The Unfinished Quest
for the Meaning of
Quantum Physics

谁找到了薛定谔的猫？

它还有一个问题：如果不假定事物的存在不受观测影响，局域性就丧失了意义。如果物体本身和物体的位置根本不存在的话，去谈论两个位置之间的超光速运动到底是什么意思？

通过否定"物理实在"去否定贝尔的证明，必然也会同时否定局域性。为了让物理学保留局域性，反"物理实在"者们居然愿意付出如此惨重的代价！贝尔说得好，"我实在无法用符合量子力学结果的方式去理解局域性，所以我觉得我们恐怕不得不承认非局域性。"

贝尔定理中甚至没有预设量子力学的存在。法蒂玛在解释罗尼的轮盘结果时，并不需要动用到量子力学。贝尔定理只是在形容这个世界，其过程不受量子物理的影响。如果罗尼轮盘上的球，抑或纠缠的光子真的有赌场里那种行为的话，那么除非局域性不成立，否则我们的世界就是像多世界诠释中形容的那样（要么自然就是一个超决定性的阴谋）。

在贝尔的推理中，量子物理仅在一处起到了作用——是量子物理中的数学预测出纠缠的光子会给出罗尼的轮盘球那样的结果。因此，如果量子物理准确无误，或者说至少在这个特定的情形中成立的话，我们就必须放弃局域性，否则就必须承认我们所在的世界并非单一（或两者皆是）。简而言之，贝尔定理清楚地给出了三种可能性：

第一，自然在某些方面具有非局域性；第二，尽管我们以为自己所在的世界是单一的，但它并不是；第三，在某些实验中量子物理并不成立。

不管结果如何，贝尔的研究都威胁到了哥本哈根诠释，或许是因为它跟物理学界普遍的看法完全背道而驰。物理学界中有许多人一直以来都难以理解贝尔定理到底意味着什么，这些误解早在定理还没有发表时就已经存在了。

贝尔的论文引发针对哥本哈根诠释的革命

贝尔刚写完这篇革命性的论文后，并不确定自己该把它投给哪本期刊。最好的选择当然是《物理评论》，物理学界声誉最高的刊物。此前的30年，EPR论文、玻尔对EPR的回应，以及玻姆的导波系列文章都发表在这个刊物上。世界上每一位物理学家几乎都会读《物理评论》，它记录着物理学的进程。

可是，在这本期刊上发表文章需要缴费，这笔费用通常是由作者所在的研究机构给的。作为SLAC国家加速器实验室的访问学者，贝尔不太好意思问招待自己的研究机构要这笔钱，更何况文章的内容还这么离经叛道。"我不好意思让他们出钱给我发表论文。"贝尔说。于是，贝尔把文章投给了《物理 物理 物理》(*Physics Physique Fizika*①)，一本名不见经传的新期刊。

《物理 物理 物理》是一本不同寻常的刊物，全名其实是"*Physics Physique Fizika*"，专门收录任何物理学家都该看的国际期刊。它是由两位地位显赫的固态物理学家成立的——菲利普·安德森（Philip Anderson，他后来获得了1977年的诺贝尔物理学奖）和贝恩德·马蒂亚斯（Bernd Matthias）。

就像这本期刊的副标题里写的，安德森和马蒂亚斯想让他们的期刊成为物理学界的《哈泼斯》杂志，涵盖物理学的所有子领域。就像《哈泼斯》一样，安德森和马蒂亚斯不但不收作者发表费，反而会给他们一笔（很少）的稿费。这对贝尔来说再合适不过，"把论文投给《物理 物理 物理》刚好可以化解我的尴尬。"

安德森对贝尔的论文印象很好，但他喜欢这篇文章的原因跟贝尔原以为的不一样。安德森曾回忆道："我很高兴玻姆论（安德森原话）遭到

---

① Physics Physique Fizika 分别是"物理"的英语、法语和俄语。

了反对，而且这篇文章的内容看起来也是对的。"作为论文的编辑兼审稿人，安德森似乎正是因为这个误会而决定发表贝尔的论文的。

祸不单行，《物理 物理 物理》还没发行几期就早早夭折了，安德森和马蒂亚斯不得不把它转型为传统的固态物理期刊。到了 1968 年，它在发行方面也出了问题，而出版社不愿再作宣传，干脆彻底停刊了。贝尔的研究就这样被深埋在一本鲜有人知并且不再发行的学术期刊里，数年无人问津。论文发表近五年内，贝尔都没有收到过任何回应。不过，读了这篇文章的人都很是买他的账。70 年代中期，贝尔的理论启发了量子物理界内大批反对传统理论的学者，引起了自爱因斯坦 - 玻尔争论后第一场大规模针对哥本哈根诠释的革命。

其实在此之前，甚至在贝尔还没有提出他的定理之前，另一场革命已然默默拉开序幕。这场学术之战很快愈演愈烈，全新的认知由此而生，并对量子物理产生了深远的影响。然而，它却不为贝尔甚或大多数其他物理学家所知。

事实上，参与这场学术之战的大多数人根本不属于物理学界。新兴起的科学实在主义浪潮推翻了逻辑实证主义，颠覆了科学哲学，因而也撼动了哥本哈根诠释的根基。

第 8 章

MORE THINGS IN HEAVEN
AND EARTH

天地之间的许多事情①

空气里弥漫着陈啤酒花的味道，城市上方的天空灰蒙蒙的。铺着鹅卵石的街道沿着小山蜿蜒而上，微微倾斜。小山的存在本身就很值得一提，因为整座城市都坐落在低矮的岛屿上，而这座被鹅卵石环绕的小山安然伫立于哥本哈根市郊。

拐角处有个男人走了过来，他看上去刚步入中年，穿着西装，戴着厚厚的黑框眼镜，有着深色头发，但已经谢顶了。他沿着墙走，穿过街道，来到了嘉士伯啤酒厂大门前。这天是 1962 年 11 月 17 日，星期六，托马斯·库恩（Thomas Kuhn）来到这里是为了拜访在嘉士伯荣誉府邸住了 30 年的玻尔。

库恩是加利福尼亚大学伯克利分校新建的量子物理历史档案馆的馆长。库恩本是物理学出身，在哈佛读博士时却对物理学史产生了兴趣。15 年后，他已成为伯克利的科学史教授。从此前的几个月到之后的两年间，库恩和他的助手们将在世界范围内采访尚在世的量子物理奠基人——海森堡、德布罗意、玻恩和狄拉克等人。此时，爱因斯坦、薛定谔和泡

---

① More things in heaven and earth，出自《哈姆雷特》——"霍拉旭，天地之间有许多事情，是你们的哲学里所没有梦想到的呢。"

145

利已经过世，但库恩和他的团队编辑了他们的论文，并对他们的工作进行了粗略的归纳总结，希望有助于当代和未来的历史学家的研究。

当然，玻尔无疑是他们寻找的人中最重要的一位。即使抛开他对量子物理的重要贡献和他在物理学界的巨大影响力不谈，玻尔在哥本哈根的研究所是数百位科学家的重要论文发源地，他们在过去的40年里一直是这里的客人。难怪库恩和他的团队决定暂时驻扎在此，以哥本哈根为中心，在欧洲寻访、收集采访及论文资料。

今天，库恩将再次亲自采访伟大的玻尔。他们在3周内已经做过4次采访，而库恩还准备再和玻尔聊几次。进入嘉士伯府邸后，库恩来到玻尔和他的两名助手——彼得森、埃里克·鲁丁格（Erik Rudinger）面前；短暂地闲聊了几句后，库恩打开了磁带录音机，话题很快转到了玻尔和爱因斯坦在量子物理方面的争论。

玻尔回忆道："我第一次见到爱因斯坦的时候就问他，你在做什么，你到底想要干什么？你是不是觉得如果自己能证明'量子物体'是粒子，就可以让德国警察制定一条法律，不允许大家使用衍射光栅了？或者反过来，如果你能维持波面图，是不是就不准大家用光电池了？"

爱因斯坦从未否定过粒子和波动性质对量子物理的重要性。事实上，他很早就开始拥护这两个概念了。他对量子物理的质疑在于其局域性和完备性，而玻尔从未认真地回答过这两个问题。可是，在玻尔看来，他与爱因斯坦的辩论早已落幕，输的人是爱因斯坦。"与爱因斯坦闹的这一出让我很难做，因为爱因斯坦对很多东西都有看法，而在我看来他这些看法都是不对的。可他就不开心了。"

爱因斯坦为了反对量子物理，想出了无数个思想实验，这些实验最终促成了EPR论文。对于他徒劳浪费的这些光阴，玻尔很是痛心疾首。"爱因斯坦居然和波多尔斯基一起去搞那玩意儿去了，真是太糟了。"玻尔说，"我觉得那个罗森就更不用提，他到现在都还相信那个EPR思想实验。

据我所知，波多尔斯基倒是想明白了。只要仔细想想，我们就会发现这个实验实在是毫无意义。你可能觉得我说得太绝对了，但事实就是这样，这是毋庸置疑的。"

玻尔还聊到了互补原理，说自己相信它有朝一日会变成"常识"，并成为人类日常活动的基本要素。在物理学的范畴内，他认为互补性无非是量子物理无法阐述的大型物体（比如测量仪器）的必然后果而已。"我真的觉得问题其实很简单。测量仪器是重物，不属于量子物理范畴，所以产生互补性是必然的。可能我这么说不对或者不公平吧，但是我真的想不明白，为什么会有人不同意它。"

哲学学者似乎也无法理解他的理论，这让他尤其烦恼。他抱怨道："没有任何一个称得上是哲学家的人真正理解互补性形容。"在这段采访后期，彼得森让玻尔清楚地阐述了一遍互补原理，而玻尔没有正面回答。他说自己对爱因斯坦解释过了，但爱因斯坦"不喜欢"。随后，玻尔便把话题引到了别处，这个问题就这么不了了之。

虽然玻尔对哲学界的反应不甚满意，但当时许多著名的哲学家对哥本哈根诠释是持友好态度的。不过，他们的态度也正在逐渐改变，其中部分原因在于一本同年发行的新书《科学革命的结构》（*The Structure of Scientific Revolutions*）。书里认为，科研方法需要进行重大改革，这一观点与当时哲学界的主流看法背道而驰。尽管作者的看法并未受到哲学界的普遍认同，但它所批判的标准——"逻辑实证主义"，本就已经开始没落，而这本书更是加速了这一标准的消亡。

逻辑实证主义跟哥本哈根诠释一样，主张不可观察的事物是无意义的；事实上，实证主义经常被物理学家和哲学学者用来捍卫哥本哈根诠释。《科学革命的结构》一书并未针对哥本哈根诠释，相反，书中对哥本哈根学派颇为推崇。可是，它对实证主义尖锐的批评对于量子物理的正统学派来说是潜在的不利消息。

库恩的采访原本是得知玻尔如何看待《科学革命的结构》中观点的大好机会，因为这本书的作者不是别人正是库恩。不幸的是，库恩那天并没有聊到实证主义，而他今后也不会再有机会跟玻尔聊到这一问题，并且更不会再与玻尔聊任何事情了。次日午饭后，玻尔打了个盹，便再也没有醒来。他没能活着看到逻辑实证主义的崩塌，也没有看到随之而来的物理哲学家对哥本哈根诠释的倒戈。

维也纳学派宣扬逻辑实证主义的雄心

1929 年 10 月，摩里兹·石里克（Moritz Schlick）回到维也纳的时候，他的同事们都非常高兴。他们的领袖回来了！前一个学期在斯坦福访问的石里克是维也纳大学的自然哲学主席，在美期间，他收到了德国波恩大学发来的一份很有诚意的聘书。

石里克考虑了好几个月，最后还是决定留在维也纳现有的职位上。波恩大学的职位再好，也没有石里克在维也纳的这个非正式职位吸引人。他是"维也纳学派"的领袖，这个学派是一个由科学家和哲学家组成的组织，主张逻辑实证主义。

石里克气质温和，为人优雅，聪明过人，非常适合领导这群激进的学者。为了"感谢和庆祝"领袖回归的决定，学派里资格最老的几位成员——奥图·纽拉特（Otto Neurath）、鲁道夫·卡尔纳普（Rudolf Carnap）和汉斯·哈恩（Hans Hahn）特意撰写了一篇宣扬维也纳学派哲学观、科学观和政治观的宣言，准备在石里克回归之际交给他。《科学的世界观念：维也纳学派》（*The Scientific Conception of the World: The Vienna Circle*）像其他所有宣言一样，它不仅大力宣告了支持什么，还坚定地表明了反对什么，并把两边的观点都渲染得十分宏大：

　　"有许多人宣称，不管是在生活中还是在科学界，形而上学和神学思想现如今又开始流行了。只用看看大学教材里的主题和哲学界的新书，我们就知道他们说的的确没错。

　　可与此同时，启蒙运动和反形而上学的实证研究也在蓬勃发展。在某些学派中，扎根于经验且反对胡乱猜测的思维模式已成为趋势。正因为反对学派的得势，他们的回击亦是空前有力。科学的世界观念已经崛起，即将渗透实验科学的所有领域。"

　　宣言中称，维也纳学派反对的"形而上学和神学思想"风潮不仅仅是一种信仰。当时，德国观念论是中欧影响最为深远的哲学理论，其与维也纳学派推崇的脚踏实地的经验主义背道而驰。德国观念派的哲学家认为意识凌驾于物质之上，这一想法出自 19 世纪初叶著名德国哲学家黑格尔。黑格尔相信历史的行进促生了一种世界精神，而世界精神也会左右未来的进程，直至历史终结。

　　他的论点很容易促生关于物理实在的宏观说法，所以实证主义者会认为他的学说故弄玄虚、难以理解。例如，在其最有名的著作之一——《历史哲学论纲》（*Lectures on the Philosophy of History*）中，他宣称"理性是实体，也是无尽的力量；其自身无尽的实体是所有自然和精神生命的基础，其自身无尽的形式是物质运动的原因"。实证主义者听到这些，只会觉得莫名其妙。

　　不仅是黑格尔和他的拥簇者，还有一位现代德国哲学家马丁·海德格尔的哲学理念也与维也纳学说完全相反。海德格尔并不同意黑格尔的所有观点，但他们都强调，抽象概念和直觉比经验的数据和物质更为重要。

　　维也纳学派用这份宣言，向它眼中老旧、晦涩、故弄玄虚的哲学宣战。宣言中提到"应当鼓励简洁明了，拒绝神秘隐晦"。归根结底，黑格尔、海德格尔和他们的追随者宣扬的都是形而上学。"有些人似乎认为直觉比知识更为高等、强大，以至于它能够凌驾感知经验，不受概念思维的限制。但我们拒绝这种观念，因为没有经验就没有真正的知识；没有任何理念可以超越经验的范畴。"

在维也纳学说为取代唯心论和神学论而提出的"科学的世界观念"中，有两个重要的特质：其一，科学的世界观念是符合经验主义和实证主义的，只有经验才能带来知识，这为真正的科学制定了界限；其二，逻辑思维定义了科学的世界观念，而"逻辑实证主义"正是由此得名。

面对对方海市蜃楼般的论点和艰涩难懂的著作，难怪逻辑实证主义者无法接受这所谓的形而上学。然而，逻辑实证主义者对形而上学的态度不仅是反对，他们甚至认为任何形而上的说法都是无意义的。他们坚持认为，"意义"属于"验证"的一种，明白一句话的意义就等于知道如何用感知验证它。

在逻辑实证主义者看来，当你说"外面比这里热"时，你想表达的其实是"如果你现在到外面去，会感觉外面比这里更热。"这句话的意义在于你能通过亲身经验去验证它。如果无法用经验去验证它，那这句话就没有意义。所以，黑格尔那些充斥着"本质"和"形式"的深奥语句，以及形而上学的说法对逻辑实证主义来说没有意义，因为它们跟可观测的世界毫无关联。

然而，与感知没有关联的说法并非只属于唯心论和神学。还有很多譬如"即便没人在，客厅里的沙发还是在那儿"这样显而易见的话，其实也无法被直接验证。这一类说法属于实在主义；也就是说，物质的持续存在独立于感知。换言之，不管是否有人存在，世界都是真实存在的。这个认知是科学的根基。可某些实证主义者宁可错杀也不肯放过，他们宣称实在主义的说法同样无意义，因为其无法被经验证实。他们认为，只有基于感知的说法和纯数学推论才有意义。

实证主义学派就这么陷入了两难的境地。一方面，他们认为去谈论一个独立感知而存在的世界毫无意义；另一方面，他们又希望能证明科学是有效的。为了解决这个问题，他们提出了一套符合意义验证理论的科学哲学。他们将科学定义为组织感知的行为。科学理论只是利用数学把过去的经验加以归类、组织，以预测未来的方法。科学研究的并不是独立于我们的感知，客观存在的世界；一切感知之外的事物都只是形而上学，即便我们常常误以为它真实存在。科学理论中提到的所有不可观测的"真实"事物，都只能算是不必要的猜想，而对于科学研究的最终目标来说，这些猜想只是累赘。

举个例子，在这一科学哲学的观念中，电子就并非真实存在的物质，因为我们无法观测到电子。只有类似云室这样的粒子探测器中直接可见的轨迹才是真实的。物理学家谈论起电子，就好像它真的存在一样，然而这只是他们用以解释自己感知的方式罢了，不能当真。科学只是预测感知的工具，仅此而已。这一科学哲学后来被称为"工具主义"。

实证主义者还坚持，科学学者和哲学学者应该努力实现"科学一体化"，基于科学和观测，将科学所有领域的结果化零为整，得出一个统一而自洽的世界观。生物应该扎根于化学，化学应该扎根于物理，以此类推。这一观点在如今看来似乎理所当然，但在当时的科学界却遭遇了很强的阻力。物理界和化学界的争论几乎持续了 19 世纪那整整 100 年的时间——化学家大多相信粒子的存在，大部分物理学家却对此表示怀疑。

到了 20 世纪初叶，物理界和化学界对化学物质的交互作用才有了统一的理解，而生物学界直到这时都还不同意另外两个学界的看法。当时的某些生物学家相信所谓的"生机论"，认为生物体与不动体并不遵循同样的物理法则；同样，在他们看来，细胞的繁殖和传承中有某些非物理的过程更不属于热力学的范畴。

实证主义反对这样的看法，但有人喜欢这类毫无意义的形而上学。维也纳学派宣言里还提出，就连哲学也应当算是科学的一部分："所谓的哲学，算不上是一门可以与经验主义科学各个领域并驾齐驱或超越它们的基本科学。"哲学和自然科学一样，应该立足于观测和感知。

维也纳学派在重点强调经验主义和逻辑的同时，还想把自己的学说拓展到科学和哲学之外的领域。他们认为科学统一论适用于所有人类活动，并在宣言中大胆声称："从教育、育儿、建筑，再到理性的经济社会塑造方面，我们都能看到科学的世界观正逐步渗透至私人生活与公共生活中。"学派中的成员与持有相似思想的艺术和社会运动达成结盟，其中包括包豪斯设计与艺术学院。

学派的成员跟随着启蒙运动中伟大的经验主义哲学家休谟和洛克的脚步，大力推崇启蒙主义价值观：国际合作优于民族主义、理智优于信仰、人道主义优于法西斯主义、民主制度优于君主制度。他们不仅不认为工业化等于压迫，反而认为它正推动着现代化进程。

"走向新的经济社会关系的道路、走向人类统一的明天的道路、走向学校和教育改革的道路，都建立于科学的世界观念之上。"纽拉特在维也纳学派宣言里如是写道："科学世界观念的代表们坚定地扎根于人类经验本身。他们将自信地铲除所有上个世纪遗留下来的形而上学糟粕和神学碎片。"

本着人道主义和国际化政治精神，石里克和他的同事们开始在全球范围内寻求支援。宣言称："维也纳学派并不打算闭门造车，只要其他当代运动也愿意摒弃形而上学和神学，它也愿意与它们联合起来。"在这一点上，他们一度获得过成功。

德国哲学家汉斯·赖欣巴哈（Hans Reichenbach，柏林学派的领袖）和英国哲学家艾耶尔（A. J. Ayers）等人曾到访维也纳，回去之后便开始宣扬逻辑实证主义，使其跨过了传播过程中的国境和语言的障碍。卡尔纳普成为维也纳学说的强烈倡导者，他的名作《世界的逻辑结构》（*The Logical Structure of the World*）让他成为逻辑实证主义的巨擘，此后他的许多学生也成为影响深远的哲学家。卡尔纳普和赖欣巴哈还设法接管一本现存的期刊《哲学精粹》（ *Annalen der Philosophie* ），并将其更名为《认知》（ *Erkenntnis* ），在其中专门发表自己学派或友派的文章。

与此同时，纽拉特野心勃勃地开展起数项以科学统一的名义改变世界的工作。纽拉特是个精力旺盛的彪形大汉，艾耶尔回忆说，"石里克有多么优美儒雅，纽拉特就有多么粗暴炽热。他人高马大，喜欢画一只大象作为签名。"他先是着手做一项宏大的百科全书项目——《国际统一论科学百科全书》（ *International Encyclopedia of Unified Science* ），想要用这套权威的参考书解释实证主义的思想，甚至解释所有的科学理论。

为了能够精准无歧义地表示感知数据，他参与创立了一种国际通用的图像文字 ISOTYPE，希望以此推动科学界与哲学界的国际合作。他还组织了一系列的会议——科学统一论国际代表大会，让全世界的实证主义学者可以聚集一堂讨论各自的哲学研究和社会工作进程。

19 世纪 20 年代末到 30 年代初，在那么一段时间里，维也纳学派宣言里写的那些雄心壮志似乎真的要实现了。

被选择性接受的"改良"版实证主义

实证主义中的许多想法都跟哥本哈根诠释不谋而合。比如，它们都强调观测行为的重要性，都将"实在"和其他不能看见的东西视作形而上学，也都认为科学只是一种整合感知的工具。逻辑实证主义和量子物理诞生于同一个时间和地点。

维也纳学派和柏林学派都创建于 19 世纪 20 年代，而海森堡和薛定谔（他们分别来自德国和奥地利）也正是在那时首次提出了量子物理的完整理论。这不完全是巧合，却也并无阴谋。或许是当时当地的学术氛围促生了实证主义和量子物理，而我们可以更确定的是，这两个领域都

What Is Real? (i) (i)
The Unfinished Quest
for the Meaning of
Quantum Physics   谁找到了薛定谔的猫？

得到了某些相似的灵感，其中最重要的便是马赫的思想。

马赫曾在维也纳大学工作，属维也纳学派的前一代哲学工作者。他坚持认为，所有的科学理论都只应包含可观测的存在体。（我在第 2 章时就曾提到过他，他以不可观测为由拒绝承认粒子的存在，害得玻尔兹曼颇为懊恼。）马赫这套只认可观测结果的科学哲学直接影响到了逻辑实证主义。维也纳学派甚至在他们的宣言中将他视为本学派的引路人，其对维也纳学说有着极为重要的影响。

马赫不仅仅启发了石里克和纽拉特等人，他还是天纵英才维也纳数学家泡利的教父。马赫的思想深深地渗入了泡利的科学哲学观。"谈论原则上无法观测的数量毫无意义。"1921 年，刚刚大学毕业的泡利如是写道。他认为这些数量"属于假想，并无物理意义"。三十多年后，当爱因斯坦提出对量子物理的质疑，说它无法形容测量行为之间都发生了什么时，泡利则回应道："我们连这些东西存不存在都没法知道，又怎么能知道它们的行为呢？有工夫去想这个，还不如去想想另一个古老的问题——针尖上能站几个天使？"

除了马赫，维也纳学派和哥本哈根的物理学家们还有另一个共同的灵感来源：爱因斯坦。爱因斯坦在这两个不同的圈子里都与马赫地位相当，他自己也受到了马赫的影响。在狭义相对论里，他坚持只考虑可以用钟表测量的存在物，并以此否定了光以太这个看不见摸不着的介质，为整个物理学领域翻开了新篇章。因此狭义相对论的成功经常被视作马赫派物理学说的一大胜利——1926 年海森堡便是亲口对爱因斯坦这么说的。

不只是海森堡，泡利也认为狭义相对论证明了自己教父的想法，实证主义者也持有同样的观点。石里克早在初出茅庐时，便在《现代物理中的时空》（*Space and Time in Contemporary Physics*）中大力推崇过相对论及其哲学意义。至于维也纳学派的其他人，更是自信地认为爱因斯坦对本学说一定抱有支持态度，因此自作主张地在他们宣言的结尾中说爱因斯坦是"科学世界观念的一大代表"。

事实上，尽管爱因斯坦的确从马赫那里得到过灵感，但他对马赫的科学哲学并非完全认同——至少他后来是这么说的。1919 年，他在写给友人的信中说道："你猜我对马赫的那匹小马是怎么想的？它孕育不出什么生命，顶多能扼死害虫。"维也纳学派的奠基人之一菲利普·弗兰克（Phillip Frank）曾问及爱因斯坦的科学哲学，在得知爱因斯坦并非实证主义者时十分诧异。当对方提出爱因斯坦在相对论中遵循的正是实证主义思想时，爱因斯坦答道："再好的笑话，说过几遍之后也就不好笑了。"早在几年前，他就已经向海森堡澄清过自己的观点。

毋庸置疑的是，爱因斯坦认为科学不只是在整合感知。他曾说过："我们口中的科学只有一个目的，那就是什么是'是'。"在一篇回应玻尔和其他批判者的论文中，他写道，他对量子物理最大的质疑，便是它否定了"物理学整个学科的目的——寻找对一切真实情境的完整形容（因为'真实情境'的存在不应受到观察和测量的影响）"。

爱因斯坦心知肚明，这句话与当时的主流哲学思潮格格不入。在说完这句话后，他还特意颇有嘲讽意味地作了一段补充。他说，若是一位实证主义者认为相对论和量子物理都支持自己的哲学思想，在听到自己刚刚说的那句话后，应该会想：

> 有实证主义倾向的现代物理学家听到这样的话，只会报以一个同情的微笑。他会对自己说："听吧，又一个形而上学的论点，既言之无物，又满是偏见——一个试图反驳近二十多年所有重大物理知识论突破的偏见。有任何人感知过所谓的'真实情境'吗？事到如今，恐怕任何讲道理的人都不会相信这么一个冰冷的假想敌能把我们最基本的知识和理解一笔勾销吧？"

谁找到了薛定谔的猫？

写到这里，他恳求大家道："再多一点耐心吧！"随后，他继续巧妙地为自己的观点做出辩解，耐心地再次解释为什么 EPR 实验提出的问题还没有得到解答。不过，不管爱因斯坦自己是怎么想的，他的工作的确启发了海森堡、泡利、弗兰克、维也纳学派，乃至于整整一代的德国物理学家。

爱因斯坦的研究还促进了一批维也纳和哥本哈根学派之外的、有实证主义倾向的哲学理论的发展。1927 年，一位来自哈佛的实验物理学家珀西·布里奇曼（Percy Bridgman）提出了一个名为"操作主义"的科学哲学学说。

在《现代物理学逻辑》（*The Logic of Modern Physics*）一书中，他开篇便明确表示，自己受到了相对论的影响。"毫无疑问，这些理论永远改变了物理学。"布里奇曼写道，"虽然爱因斯坦本人并未明确提出或强调过这一点，但我相信，他的研究终将证明，他已经从根本上重新定义了物理学中到底什么概念有用，而我们应该提出什么概念。"

布里奇曼接着宣称，爱因斯坦已经表明，一切科学概念都必须有操作性的定义。也就是说，它们必须由某种实实在在的实验操作来定义，比如"温度"就必须由"水银温度计所测的量"来定义。在布里奇曼看来，相对论的深层意义，在于操作性的定义是所有科学概念最基本的定义。"通常来说，我们所说的任何概念都无非是一组操作，概念本身的意义就是与其相对应的那一组操作。"

布里奇曼是美国顶尖的物理学家，后来获得了 1946 年的诺贝尔物理学奖。这么一位物理巨匠如此拥护的科学哲学居然跟自己的如此相似，维也纳学派自是欢欣不已。1939 年，维也纳学派邀请布里奇曼出席他们举办的科学统一论国际代表大会。

实证主义者和量子物理的创始人不仅从同一处获得了灵感，并且互相之间也保持着密切联系，时常讨论科学和哲学上彼此都感兴趣的话题。

图 8.1　第二届科学统一论国际代表大会

[1936 年 6 月，在哥本哈根玻尔府中。站立的是乔根·乔根森（Jørgen Jørgensen），玻尔坐在前排最右，旁边是弗兰克。乔根森左边第一位是波普尔。纽拉特在第四排左起第三位，他的正后方是卡尔·汉佩尔（Carl Hempel）。前排的空座很可能是预留给石里克、卡尔纳普和赖欣巴哈等人的。他们本都打算参加此次大会，但最终未能出席]

纽拉特曾访问哥本哈根数次，1934 年见到玻尔后，更是与他保持了好几年联系。

纽拉特在初次见到玻尔后，就在给卡尔纳普的信中说到玻尔"有一些基本态度跟我是吻合的"。玻尔此后给纽拉特的信中也表示为彼此的默契欣慰。1936 年夏天，纽拉特和玻尔还有丹麦实证主义派学者乔根森一起，组织了第二届科学统一论国际代表大会（图 8.1）。大会理所当然是在哥本哈根召开，会场的地址则选在玻尔家中——嘉士伯荣誉府邸。在这次会上，弗兰克代表石里克作了一个名为"量子理论与自然的可知性"的报告。石里克的报告提出"从理论上就无法探知的因素在物理学中不具意义"，以及在量子物理中阐述这些变量"既非正确也非错误，它只是无意义的"——这听上去与哥本哈根诠释非常相似。

当然，上述内容并不是说逻辑实证主义就是哥本哈根诠释的哲学起源。玻尔本人很可能并不完全支持逻辑实证主义。我们如今很难知道玻尔的观点到底是什么——研究他思想的论文都能堆成小山了，但大家得出的结论却不尽相同。不过，玻尔的确对某些逻辑实证主义明确反对的观点表现过一丝暧昧的倾向，比如生机论。他在自己家里举办的这次大会里，还用互补原理的逻辑支持过生机论，而刚刚提到的那篇石里克的论文却对生机论做出了反驳。

纽拉特觉得玻尔"写的都是语焉不详的形而上学"，此外"他表达的东西不是很清楚"。可与此同时，玻尔似乎也赞同逻辑实证主义者的看法，并且在某些场合几乎快要承认自己是他们其中一员了。弗兰克问玻尔对 EPR 论文的回应是否用到了实证主义的推理时，玻尔答道："你很敏锐地察觉到了我的意图。"

不管玻尔真正的哲学信仰是什么，哥本哈根诠释中的论点和标语确实明显带有逻辑实证主义的影子。用验证来赋予意义的理论，尤其是"无验证即无意义"的说法。作为解释世界如何运作的全新认识，它被引入了物理学教程，也常被视作量子物理理论成功功不可没的部分。20 世纪 50 年代一本广受欢迎的量子物理教材提到，"量子改革之前的物理学假定的是像光子这样的粒子在任何时候都有固定位置"。量子力学却提出，光子的位置只有在测定它位置的实验中才有意义。

海森堡也常常用操作主义的语言阐述量子物理，他宣称："要想观测到一个粒子中的电子围绕原子核旋转是不可能的，因此并不存在常规理解中电子绕着原子核轨道旋转的行为。"根据他的说法，只要当时没有观测行为，我们就不能假定电子有自己的轨道或轨迹，因为"这样的说法词不达意，并且毫无道理"。

坦白说，物理界其实并没有接受逻辑实证主义。它只不过是为了自身目的才选择性地接受了一个"改良"版本。"可证才有意义"理论其实并不能解释哥本哈根诠释中的大多数说法，也很少有物理学家像维也纳学派一样，真正相信电子并不存在。物理学家不过是持有一种略含实证主义意味的态度而已。连看都看不见，还去想它干什么！看不见的东西反正也没有意义。如果有人不信，实证主义给出过许多类似的论述，直接嫁接过来作为证据就好了。这样的做法已经足以让许多人不去深究了，更何况，他们还想利用量子物理这一强有力的数学工具，来实现各种各样有趣的应用呢。

尽管这一幕漫画般的滑稽剧漏洞很多，但第二次世界大战时期和战后许多务实的物理学家还是买它的账。而维也纳学派的某些成员，比如石里克和弗兰克，确实也表示哥本哈根诠释的哲学基础隶属于逻辑实证主义范畴。可是第二次世界大战在为哥本哈根学派带去曙光时，浇灭了实证主义者的希望。

19 世纪 30 年代中期，维也纳学派的很多人不得不离开欧洲。

1933 年，赖欣巴哈被迫停止了他在柏林的工作，前往伊斯坦布大学工作了好几年。几年前就来到布拉格大学工作的卡尔纳普，在美国实证主义哲学家查尔斯·莫里斯（Charles Morris）的帮助下，于 1935 年移民美国，并很快在芝加哥大学找到了新工作。石里克留在了维也纳，于 1936 年被枪杀。

1939 年第二次世界大战爆发时，纽拉特成了维也纳学派唯一一位还留在欧洲大陆的核心人员。法西斯占领奥地利后，他逃往荷兰，准备在海牙继续自己胸怀四海的工作。1940 年，他和助手在鹿特丹的大火中乘船逃亡英国。

战后，维也纳学派曾试图重振其辉煌。然而，1945 年 12 月，纽拉特的突然离世基本算是为这些努力画上了句号。实证主义继续以"逻辑经验主义"留存于世。维也纳学派发起的这场政治、哲学、科学三方革命的伟大梦想，就此烟消云散。

不仅如此，美国战后的政治环境更是彻底扼杀了实证主义振兴的可能。第二次世界大战后，刚刚萌芽的冷战也让一切包括哲学在内的智识活动都慢下了脚步。实证主义者不得不将研究范围缩小到逻辑学范畴内的科学哲学，踏上了他们曾在宣言中所说的"逻辑学的深渊薄冰"。

话虽如此，但压垮实证主义的最后一根稻草，来自哲学界本身。新一代的哲学家对实证主义核心论点提出了质疑，使得验证主义和操作主义科学论的漏洞暴露无遗。至此，科学哲学界与哥本哈根诠释已然反目。

实在主义：真实世界都是存在的

有一位聪敏的美国哲学家曾在维也纳学派的巅峰期拜访过它。他有一个很特别的名字，叫威拉德·冯·奥曼·蒯因（Willard Van Orman Quine）。蒯因于 1932 年毕业于哈佛大学，研究的课题是数学逻辑学。其后一年，他作为研究员前往欧洲，见到了石里克、弗兰克、艾耶尔和其他实证主义派领军人物。

他在布拉格的六周里，得到了卡尔纳普的指导。他后来回忆那段经历时说："那是我头一次真正从老师而不是书本里获得了醍醐灌顶的感觉。"他带着一颗对卡尔纳普满怀尊崇的心和兜里仅剩的 7 美元从欧洲回到哈佛，开始执教实证主义哲学课程。除了第二次世界大战时期参与破解纳粹潜艇的加密信息外，蒯因一直从事着实证主义的相关研究和教学工作。在此过程中，他对实证主义逐渐产生了怀疑。1951 年，他积攒数年的疑问终于爆发，于是发表了一篇论文，彻底摧毁了实证主义。

蒯因的文章名为《经验论的两个教条》（Two Dogmas of Empiricism），抨击了意义验证理论的核心理念——"意义来自实证"。蒯因指出：单条的陈述是无法被证实的，在论证它的过程中，必然需要假定其他的陈述，而这些陈述本身也面临着同样问题。打个比方，电视机的遥控器坏了，没法打开电视，你会猜想可能是遥控器的电池没电了；你可以更换电池然后再打开电视来验证自己的想法；于是你换掉电池，结果电视顺利打开了。

这是不是意味着你之前的猜测就一定正确呢？不，遥控器里的电池可能并不是没电了，而是电路有些接触不良，不管你用哪个电池它都时好时坏；也有可能是之前的电池正负极装反了，而换的新电池没有放反；此外，还有一个更意想不到的可能：或许遥控器压根就没坏，只是电视打开后恰好影像都变成了红外线、声音也变成了超声波，所以你不知道它打开了，而换掉电池后，电视刚好恢复正常（虽然这与换电池本身根本毫无关系）。

最后的这个想法明显很荒谬——这怎么可能呢？重点恰恰就在这里。你在用遥控器和新电池验证自己的猜想时，必然基于自己以往的生活经验假定了一系列基本原理。然而这些假定条件在理论上可能都是错的，不仅在验证遥控器里的电池是不是没电了的时候如此，验证其他任何说法时都是这样。

你看向窗外并得出此时正在下雨的结论，同样也是做出了一系列假定：你假定了透过窗户看到的东西是外面的真实场景，你的视觉系统正常，以及视线中的昏暗光线和水滴来自乌云，而不是外星人袭击太阳时恰好落在你家前院草坪的神秘物质。那么我们无法验证单条的陈述，只能验证自己全部或者绝大部分的知识储备。蒯因的原话是"我们对外部世界做出的陈述，必须是以集体而非以个体为单位并通过我们感知经验做出的审判。"

猛击了意义验证理论后，蒯因进一步反对了"讨论不能观测的东西毫无意义"这个说法。无法验证的东西必须有意义，因为没有单条的陈述能被验证。因此，实证主义者无法接受的"形而上学"再次卷土重来。

蒯因总结道，与其将一切都归功于感知，还不如去谈论独立于本人的物体——这根本没有问题。

蒯因的论文给其他对实证主义有所怀疑的思想者吃了一颗定心丸。蒯因在哈佛大学的后辈兼同事库恩便是其中一位。蒯因在写《经验论的两个教条》一文时，与库恩有过很长一段时间的讨论，而库恩非常认可蒯因的理论。他在后来说道，蒯因的论文"对我影响挺大的，因为我自己当时也对'意义'的问题有所怀疑"。

库恩在研究生院研究固态物理学时，对历史和科学哲学产生了兴趣。有人说服了他去给新开的科学史课当教学助手，为此，他跑去读了亚里士多德的《物理》（Physics）。库恩在书中读到的是一个奇怪的世界：重物会落下的原因在于它们在试图回到自己"自然的位置"，也就是万物的中心——地球。

"我完全不能理解亚里士多德的意思。然后——我很清楚地记得那一下的感觉——我突然就懂得了该怎么去理解它，也明白了为什么亚里士多德的想法是合理的。"他觉得自己仿佛正在摸清一个伟大思考者的思考过程。对方跟现代物理学家一样，在试图理解身边的物理世界。库恩意识到，亚里士多德之所以会得出这样的结论，是因为他有着截然不同的世界观，而从那个世界观的角度来看，他的想法完全合理。

库恩逐渐开始发现，自己在专业课程中理解到的那些断章取义的科学发展历程，其实压根是错误的。科学的发展复杂而微妙，远非一个个成功理论的堆叠。

1949 年，库恩博士一毕业就彻底转行了，开始研究起历史学和科学哲学。他先是研究了几年物理历史，主要课题是哥白尼掀起的科学革命。随后，他又转而致力于开拓自己的科学观，接触到了实证主义眼中的科学发展史。

有些讽刺的是，之所以他能有这个机会，正是因为有实证主义者为他牵线搭桥。帮助卡尔纳普移居美国的美国实证主义学者莫里斯找到库恩，请他为纽拉特 20 多年前就开始编著的《国际科学统一论百科全书》写一卷科学历史学的章节。此前，在接手这项工作的几年来，莫里斯一直想找人撰写这卷暂名为"科学革命的结构"的章节，却一直没寻得合适的人选。

虽然这章被收录在纽拉特的百科全书里，但库恩表达的观点与实证主义的科学观念完全相左。库恩主张，科学观中可观测和不可观测的内容（他将其称之为"范式"）都在科研的实际过程中扮演着不可或缺的角色。是这些科学范式决定了科学家们会做哪些实验、怎么实施实验，以及将如何解读实验结果。再一次用那个坏掉的遥控器为例，为什么更换电池是一个合理的办法呢？因为你掌握的遥控器、电视机以及电池的相关知识告诉你，电池没电是导致遥控器罢工的最大可能。

这一系列的知识，即你了解的家庭影院系统的范式还会告诉你，电视的图像源莫名其妙变为红外线，且音源同时变为超声波是不可能的。库恩表示，在科学研究中范式也扮演着同样的角色，比如，19 世纪的化学家相信原子理论。也就是说，他们认为元素的种类有限，相信完全相同的原子同属于一个元素，而这些原子组合在一起构成了元素比例特定的化合物。这是当时化学界普遍的认知。

库恩认为，这一理论能够"设定原子质量问题、限定化学分析可接受的结果并告知化学家们哪些是原子、分子、化合物或混合物"。在形成假设、设计与开展实验，甚至对实验结果的简单观测的每一步，原子理论的范式都为 19 世纪的化学家提供了一条有迹可循的道路。

事实证明，他们通过这个方法，在物理学家发现电子的存在以及对原子结构有基本认识的几十年前，就成功发现了元素周期表。即使是这样，当时的实验条件却无法观测到原子。基于此，库恩最终认为，科学理论中不可观测的部分也是很重要的，决定科学进程的是科学范式里的全部内容。如量子力学这种物理理论的诠释，就对科学研究的日常工作具有重要意义。逻辑实证主义并不能解释这些。

如果库恩推崇的不是实证主义，那么他推崇的到底是什么呢？这个问题的答案并不清晰。他的一些其他更为激进的论点，比如两个相悖的科学理论的不可比较性，也并没有受到其他科学哲学家的重视，只被当作错误搁置一旁。然而，库恩对实证主义的批判和对于科学研究的观察是广受推崇的。从 1950 年后期到 1960 年，包括 J. J. C. 斯玛特（J. J. C. Smart）、希拉里·普特南（Hilary Putnam）、波普尔、格罗弗·麦克斯韦（Grover Maxwell）、诺伍德·罗素 . 汉森（Norwood Russell Hanson）和费耶阿本德在内的其他哲学家也一拥而上，在彼此理论的基础上不断地指出实证主义理论在阐述科学研究和进程中的漏洞。

汉森在《科学革命的结构》一书面世之前的几年，便在自己的著作《发现的规律》（*Patterns of Discovery*）中提出了跟库恩类似的观点。（汉森和库恩互相认识，他们在自己的书里都引用了对方的著作。）汉森把不可测体在科学研究工作中的作用命名为"理论的承载"，这一说法一直沿用至今。

这一批哲学家都认为，科研实践是充满理论的，实际科学工作的历史和实践是发展科学哲学的重要引导。虽然诸位科学哲学家的观点并非完全的一致，但是大家达成了一项反对逻辑实证主义的基本共识——"科学实在论"。

正如其名，科学实在论的核心论点在于，不管我们有没有进行观测，真实世界都是存在的，而科学正是在试图得出尽可能贴切地阐述这个世界的方法。科学理论之所以会出现新旧更迭，往往是因为新理论给出的阐述比旧理论更为符合实在。这并不是说我们的观测对这个世界不会产生任何影响，比如量子互文性（Quantum Contextuality）就假定了测量行为会影响到这个世界，但总体来说，世界的存在并不受我们的干扰。我们目前最好的科学理论会尽量准确地阐述这个世界里的内容，其中包括了可测的和不可测的部分。

实在主义者继而提出，可测和不可测之间的区分是无意义的，而且与科学的发展也没有关系。当然，实证主义者对这样的说法深恶痛绝。某些实证主义者甚至提出，通过显微镜看到的物体并不是真实的，因为我们不能"直接"感知到它们。实在主义者觉得这荒谬至极。"这样来说，我们也不能通过小望远镜或者眼镜去观察物体了，不知道透过窗户的玻璃看到的是不是真的？"科学实在论最为强烈的支持者麦克斯韦曾写道。

他还指出，对于哪些物体"从理论上不可观测"的判断，其实也受理论和技术发展的影响，需要不断更迭。比如在光学的发展和显微镜出现之前，"肉眼不可见"的物体也是"从理论上不可观测"的。"告诉我们什么可测、什么不可测，是相关的理论，也就是科学本身。"这句话与爱因斯坦当年对海森堡的回复有异曲同工之妙——"没有什么因果推理或者哲学评判标准，可以将可观测和不可观测的东西区分开来。"

对科学历史和理论承载论有了更好的理解后，实在主义还顺便抨击了工具主义和操作主义中的实证主义论点。实在主义者指出，如果科学概念的最终定义由实验操作决定的话，那么我们不可能设计出任何测量的过程，也无法对它做出任何优化。举个例子，如果长度的定义是"尺子测出的量"的话，那我们就不可能设计出更好的尺子，因为它在定义上已经是完美的了。

事实上，科学家一直在不断地设计许多更新更好的测量仪器。长度、时间、质量等的定义不可能仅仅由实验操作定义，因为测量仪器的创造和测试需要用到相关的科学理论，而它们是理论中不可或缺的组成部分。

其实，实在主义者对操作主义提出的反对也并不新鲜。事实上，包括卡尔纳普在内的许多实证主义者也在多年前就反对过操作主义，称其太过简单，无法完全地形容科学研究工作。但也还有许多实证主义者对

What Is Real?
The Unfinished Quest
for the Meaning of
Quantum Physics

谁找到了薛定谔的猫?

操作主义恋恋不舍,认为科学仅仅是用来整理概念、预测感知结果的工具,而科学理论中那些形而上学的内容是完全没必要存在的。如果那些最前沿的科学理论中的不可观测的"形而上学"的内容,比如电子的存在,真的跟现实世界毫无关系的话,那为什么这些理论会成立呢?

科学理论本身就是通过不可观测的东西来预测会观测到什么,而如果这些不可观测的东西只是理论中那些"真实"内容(即,对于可观测世界的预测)无关紧要的附带品,而且跟真实世界里的东西没有任何关联的话,那我们的科学理论到底为什么会这么成功呢!

举个例子,如果将一根镁质小烟花棒点燃放进铁锈粉和铝粉的混合物中,就会引起失控的化学反应,其温度会快速攀升至 2 500 摄氏度左右(差不多是太阳表面温度的一半),并且伴随强光,使铁和铝接近熔点。这叫铝热反应,是一个奇特而危险的反应。(说真的,别自己在家试!)

这还不是最神奇的地方。铝热效应不仅极为猛烈,而且会持续到铁锈和铝消耗殆尽为止,中途不管你如何试图扑灭它都无济于事。一旦发生反应,你就算把混合物丢进水里或者埋进沙子,甚至放入真空,反应都会持续下去。(铝热反应的主要工业用途就是水下焊接。)其原因在于,这个化学反应在铁锈和铝之外不需要任何其他反应剂,只需要你在一开始为其提供一点点额外的热能(所以要用到小烟花棒)。

铝热反应的奥秘在于铝迫切地想要与氧发生反应。铁锈的组成部分就是铁和氧,于是铝就会把铁锈里的氧撕裂开来,转化为氧化铝和铁,并产出大量热能。这是量子化学给出的解释,如果你想用工具主义来解释的话,以上的解释就不是真正的答案了(也不会有什么"真正"的答案)。

在工具主义的角度看来,你在乎的只会是量子化学可以正确地预测出把镁质烟花棒放进铁锈和铝之后会发生猛烈的化学反应,而量子化学所给出的更深层的解释——例如为什么铝那么想跟氧生成化学键,乃至于这一切又跟电子轨道有什么关系——不仅无关紧要,甚至根本不是真实的。

可如果量子化学对于铝热效应给出的解释不是真的，工具主义就很难自圆其说了。因为这个理论不仅可以预测铝热效应的存在，还能详尽地预测出它为什么会发生以及具体会发生什么。它可以告诉我们，这个化学反应能达到的最高温度是多少，能持续多久；还可以告诉我们，用其他的金属氧化物取代铁锈会发生怎样的变化。

通过分析不同金属氧化物中的原子的电子轨道，量子化学给出的这些预测不仅极为详细，还可以精确到小数点后五位。当然，你可以用工具主义反驳说电子轨道不是真正存在于反应中的——可如果是这样，那又该怎么解释理论和实验结果的高度吻合呢？如果原子和电子轨道都不是真的，那量子化学为什么可以完美地解释铝热效应？

斯玛特说："如果工具主义是正确的，那我们就得相信整个宇宙都是一个巨大的巧合。这是不是也太巧了点？而如果用实在主义来诠释这一切，我们就不需要去相信这样的巧合，看似奇怪的事也就不那么奇怪了。"随后斯玛特带着明显的不耐烦继续写道：

假设一名侦探发现了很多脚印和血迹。而如果这是一本专门把脚印和血迹联系在一起的虚构小说，并且这本小说同时还预测出了更多的脚印和血迹乃至于失窃的五磅纸币——这是不是也太牵强了？但如果罪犯确有其人，那这些预测就丝毫不令人奇怪了。

普特南则更为言简意赅，他说："实在主义是唯一一种不需要把科学的成功视作奇迹的哲学。"

与哲学分隔使物理学发展举步维艰

在费耶阿本德的启发下，斯玛特不仅认为实证主义在哲学上有问题，还觉得这个理论具有实践上的问题。他于 1963 年写道："实证主义对发展是不利的。在地心说和日心说之间，实证主义曾一度支持地心说，因为在当时地心说给出的预测更为'准确'。同样，在唯象热力学和原子气体学说中，它也会支持前者而否定后者。时至今日，它反对任何建立哥本哈根诠释替代学说的尝试。"在斯玛特、普特南、费耶阿本德和当时其他前沿哲学家看来，是一个非常严重的问题，因为实证主义是哥本哈根诠释的立足之本。我们所在的这个充满了真实物体的世界，怎么可能是由一个虚构的量子世界组成的呢？"我们有极为充分的理由拒绝相信基本粒子是虚构的概念。"斯玛特写道，"那就是，量子力学这样的理论给出的预测跟宏观观测是如此丝丝入扣，要说这一切都是巧合，未免有点太过牵强。"

还有一个问题在于，把测量行为本身作为理论基础最直接的办法是利用操作主义，但操作主义明显是错误的。普特南在 1965 年写道："测量就是一种物理交互行为，仅此而已。在任何合理的物理理论中，测量都不应该是一个没有定义的虚无过程，它也不会游离于其他物理法则之外，受到任何'终极'法则的影响。"

像玻尔坚持提出的把世界分为符合量子理论的微观世界和符合经典理论的宏观世界，同样无法解决这个问题。普特南说："这个办法只是把同样的问题从量子物理转移到了经典物理，对于解决问题来说完全无济于事。如果经典物理是错误的，而量子物理要纠正其中的错误的话，那前者怎能被称作是后者的根基呢？量子物理如果正确，就应该适用于任何大小的系统，尤其是宏观的系统。而如果这个说法成立的话，"普特南继续道，"那些宏观可测却身处无人之地的物体会如何呢？比如一艘航行于星际的飞船及其船舱中的东西。我们总不能说，直到在地球或者其他什么地方能够再次观测到它时，它才又重新存在吧。"

哥本哈根诠释中，测量行为是一个无法逾越的问题。斯玛特并不同意测量行为必须用经典物理来阐述，他话带讽刺地批判道：

> 倡导用哥本哈根诠释来解释微观物理的人一定要把经典物理拖下水。他们坚持认为，由于经典物理是我们用来阐述宏观实验结果的理论，因此不管微观物理如何发展前行，它都必须安如磐石，不能变动。可是正如费耶阿本德所说，为什么偏偏要用经典物理呢？为什么不能用亚里士多德时代的物理？毕竟这些在当时都是"科学常识"啊！
>
> 同样，如果微观理论也可以做出解释，我们就必须拒绝承认工具层面（也就是宏观上）的某些东西神圣不可侵犯。我们必须坚持，微观理论必然可以解释我们观测到的现象，比如双缝实验的结果。

斯玛特和普特南敏锐地看到了哥本哈根之外的诠释面临着怎样的挑战。"解释理论存在物的实在主义哲学不能够太稚拙抽象。它必须解决非工具主义物理诠释的难题。"斯玛特写道，"这个问题的解决办法或许是玻姆和维吉耶等人曾提出的决定性微观物理这一类理论。"

普特南也认为"量子物理有些不对"，但他认为冯·诺依曼的证明排除了玻姆的导波诠释——当时，贝尔对该证明提出的质疑还停留在编辑部的桌上，而普特南完全不知道埃弗里特的多世界诠释，甚至斯玛特，乃至绝大多数人都不知道。

普特南总结道："时至今日，量子物理还没有得到任何合理的解释。"但他相信，我们终有一天会找到这个问题的答案。"人类在找到量子物理的合理诠释前是不会罢休的。现在我们做出的这些尝试仅是朝着这一天迈出的第一步。这只是小小的一步，但我们如果要窥探自然的本质，并懂得其中的艰险，就必须踏出这关键的一步。"

然而当时的物理学家还没想明白这些。哲学家已成功地攻破了实证主义，并理解了量子物理中那错综复杂的数学都意味着什么。可是物理学家们却依然深陷迷雾，对哲学界里的新发展一无所知。他们什么都不知道。爱因斯坦和玻尔那一代人普遍受过哲学教育，可第二次世界大战后推崇的"术业有专攻"严重影响到了新一代物理学家的人文理解素养。

第二次世界大战后的经济发展把学术界分割为不相往来的小国寡民，物理学家一边忙着申请经费一边埋头苦算，对哲学大都嗤之以鼻。于是物理学界步履艰难地朝前走着，对邻学科内的重大突破一概不知。哲学学者对此毫不惊讶。

斯玛特写道："除非可以解决量子力学中实践层面的问题，否则物理学家们将发现，我们对哥本哈根诠释的异议，只在于揭露其中的实证主义先入为主的观点。"要想让物理学家来关心物理学界最核心的问题，仅提出哲学上的质疑是远远不够的。要做到这一点，就必须让整个物理学科都受到威胁，得出翻天覆地的新发现，找到激动人心的新数据，最好是实验数据，比如，一个能检验贝尔想法的实验。

第三部分
量子物理学的兴盛时代

理解这个世界是科学的最终目标。把量子力学局限在实验操作的范畴内有违这项伟大的事业。真正的理论不会忽略实验室之外的世界。

——约翰·贝尔，1989 年

第 9 章

REALITY UNDERGROUND

地下的物理学研究

　　纽约市的爱之夏①，约翰·克劳泽（John Clauser）待在 112 大街戈达德太空研究所的一个房间内，想要解密宇宙最古老的一束光。克劳泽是哥伦比亚大学的一名物理研究生，正在试图测量刚发现不久的宇宙微波背景辐射（CMB）。CMB 是宇宙大爆炸遗留的热辐射，像是天空中最微弱的静电。这是一项艰苦的前沿工作。

　　仅三年前，CMB 才刚刚被贝尔实验室的两位物理学家发现，此后只有另外一个小组测到过它。克劳泽和他的研究生导师帕特里克·赛迪斯（Patrick Thaddeus）想要成为下一个聆听到宇宙最初信号的人，并且想要比以前听得更加确切。

　　可是 1976 年的一天，克劳泽得到了一个截然不同的科学发现。他在戈达德研究所的图书馆寻找最新的研究成果时，偶然发现了一本学术刊物，它的名字颇为奇怪，叫作《物理 物理 物理》。出于好奇，他翻开了这本期刊，其中一篇名为《论爱因斯坦 - 波多尔斯基 - 罗森悖论》（*On the Einstein-Podolsky-Rosen Paradox*）的文章引起了他的注意。这篇文章的作者正是贝尔。

---

① Summer of Love，1967 年的嬉皮士社会现象。

克劳泽执意证明量子物理有误

克劳泽当时年轻傲慢而口齿伶俐，多年来对哥本哈根诠释一直有所怀疑。克劳泽的父亲弗朗西斯（Francis）是加州理工学院出身的航天学博士，一直教育克劳泽要用批判的精神看问题。弗朗西斯对他说："孩子，任何事情你都要看数据。大家总是有各种各样稀奇古怪的理论，但你必须去分析最初的数据，看看自己是不是也会得出同样的结论。所谓的常识，其实往往不足以解释实验中得出的数据。"

弗朗西斯的专攻领域是流体物理，对数学上很简单但在物理上很难想象的量子理论抱有怀疑。"流体物理和量子力学的数学有很多相似之处，我的父亲不明白量子物理，所以他好像默认了我可以去帮他解决他不明白的问题。"克劳泽回忆道。克劳泽在加州理工学院读本科时，教他量子物理学的老师正是著名物理学家费曼。

可尽管如此，他对量子物理还是抱有怀疑。来到哥伦比亚大学攻读博士后，他对量子物理界一直以来的争论有了更多的理解，可疑云依然没有消散。"我很难想明白量子力学到底是怎么回事。我去读了 EPR 论文，也看了玻姆和德布罗意的文章。虽然我不是很理解哥本哈根诠释的内容，但当时的我觉得反对阵营的论点更具说服力。"克劳泽回忆道，"我觉得 EPR 的论点比玻尔的论点要合理很多。在那时，我觉得隐变量的存在是一个完全合理的答案。由于抱有这样的观点，我被许多人看作是哗众取宠的人。"

有了这些经历，贝尔的论文也就不出意外地立即引起了克劳泽的注意。这篇短小的文章中优美的证明让克劳泽大吃一惊。"我当时觉得，这怎么可能呢！"他日后回忆道，"我觉得我应该很容易就能找到一个反例，于是想啊想啊，但就是想不出反例。贝尔这篇文章肯定是错的，可我就是找不到它错在哪里。这两个想法在我脑海里交替出现。终于，我突然意识到，天哪，这是一个很重要的结果。"作为一个彻头彻尾的实验物理学家，他立马想道：能不能用实验来检测贝尔的想法呢？

　　克劳泽知道，贝尔的理论有可能已经在之前的实验中被无意地测试过了。就算没有，克劳泽也需要在做了相关实验的文献综述后，才能知道该怎么设计这个实验。他已经知道，哥伦比亚大学专攻核物理的教授吴健雄早在 15 年前就做过一个类似 EPR 的思想实验，于是便找到她，希望知道她之前的实验是否还有未发表的数据可以用来检测贝尔的理论。结果不仅没有，而且她之前做的实验也并不适合用来测验贝尔理论。

　　克劳泽来到在哥伦比亚大学北面几个街区外的叶史瓦大学，寻找朋友向他介绍的一位年轻教授，即玻姆之前的学生阿哈罗诺夫。克劳泽回忆道，在得知了他的来意之后"阿哈罗诺夫觉得非常有意思，也觉得这个实验值得一做"。不过阿哈罗诺夫是从事理论研究的，而且如今的研究方向也与这完全不同，因此他能做的实在很少。

　　最后克劳泽的一位大学同学告诉他，麻省理工学院的一个组里正在做的实验似乎可以用来检测贝尔的理论。于是克劳泽前往剑桥区，就贝尔理论给出了一个报告。随后他认识了卡尔·科赫尔（Carl Kocher），一位初来乍到的博士后。"科赫尔刚刚从伯克利毕业，师从尤金·柯明斯（Gene Commins），之前刚用光子做过偏振相关性的实验。"克劳泽回忆道，"他们在向我讲解了科赫尔的实验后，问我这是否可以作为我的替代性实验，我回答说'当然可以！我想找的就是这样的实验。'"

　　读过科赫尔和柯明斯的实验结果阐述论文后，克劳泽意识到，他们的实验直接就可以用来测验贝尔理论，但他们当时并没有想到贝尔理论上去。"我看了看科赫尔 - 柯明斯实验结果，他们并不知道贝尔理论的内容。"只要稍做修改，克劳泽就可以用他们的实验设备来验证贝尔理论了。

　　知道了这个实验尚无人做且可以做之后，克劳泽来到导师赛迪斯这里，想听听他的看法。赛迪斯此前已经听说了克劳泽这些奇怪的课外活动。

克劳泽回忆道："他很生气，说的第一句话是'无理取闹！让我告诉你该怎么办吧！你写封信向贝尔、德布罗意这些人问问，让他们直接来和你说清楚，你现在这样简直就是在浪费时间！'"

于是，1969 年的情人节，克劳泽给贝尔写了一封某种意义上的"情书"，问他是否认为用实验来验证贝尔理论具有意义，并且知不知道这方面已有的实验数据。此外，他还提到自己准备以科赫尔 - 柯明斯实验为基础来进行验证。此时距贝尔的论文发表已经 4 年，这是贝尔头一次收到关于自己论文的反馈。几周后，克劳泽收到了一封贝尔寄到太空研究所的回信，用的是 CERN 的信纸。

"我认为你提出的实验很有价值。据我所知，并没有人做过其他相关的实验。"贝尔写道，"量子力学总体来说是十分成功的理论，我很难去相信实验的结果会证明它是错的。然而，我更希望看到有人用实验来直接验证这些重要的概念，白纸黑字地记录下实验结果。"

贝尔太清楚量子物理理论了，他知道要证明量子物理有误几乎不大可能，但是，他也不愿意给这位有勇气贸然给自己来信的年轻人泼冷水。他在这封信的最后写道："况且，谁知道实验的结果会不会出乎意料，震撼整个世界呢！"

克劳泽后来写道："作为一个生活在这个推崇改革性思维年代的学生，我自然是想要去震撼整个世界的。"克劳泽已经决定了，他要去做这个实验，并且希望借此证明量子物理有误。

消相干：量子物理中暗藏的惊人秘密

在大西洋的另一边，有一名叫作汉斯·泽贺（Dieter Zeh）的德国物理学家也对哥本哈根诠释产生了类似的怀疑。他后来说："这个过程很缓慢，不是一瞬间的事。我一直都对这一理论多少有些怀疑，但我也不敢说其他人脑子都有问题。"

泽贺和克劳泽都对哥本哈根诠释持批判的态度，但他们之间的相似之处仅限于此。泽贺心思缜密、为人谦逊、彬彬有礼，与高调而外向的克劳泽形成了鲜明的对比。克劳泽是一位实测天体物理学家，每天的工作是建造与测试敏感的实验器材，而泽贺则是一名理论核物理学家，做的是精密的量子计算，对量子物理背后抽象的数学十分熟悉。他们之间的这些差别在他们最终的目的上也有体现。克劳泽对量子物理有所怀疑，想要用实验证明它有误；而泽贺对理论有非常充分的了解，并且发现其中暗藏了一个惊人的秘密。

泽贺正在探究的核物理问题中，有一个原子核像是"薛定谔的猫"一样，同时指向多个不同的方向。与此同时，原子核内部的质子和中子处于高度纠缠的状态，所以只用找到其中一个的位置，就可以推出其他的质子和中子在哪里。

泽贺回忆道："于是我想，不如假定整个宇宙好似一个原子核，是一个封闭的系统。这对于我来说是很重要的一步。"泽贺并非真的以为宇宙像是一个原子核，但他意识到，"一个所组成部分会高度纠缠的叠加态系统"这一概念可以解释量子物理中的测量行为是怎么回事，而且不需要用到哥本哈根诠释中用到的诸如"波函数坍缩"或者将世界按照尺寸一分为二这样的花招。

如果我们把测量仪器视为一个量子系统，把测量行为视为一种正常的物理交互行为，那么通过量子物理，我们可以做出这样一个预测：测量仪器会跟它所测量的物体产生纠缠，那么这个测量仪器和被测量物体的系统也就会处于"薛定谔的猫"的状态了。

不止如此，泽贺还意识到，测量仪器还会与测量者、房间里的一切，乃至于整个宇宙都相互作用。所以当一个小的量子系统与一个大的物件相互作用时，整个宇宙都会像"薛定谔的猫"一样，分裂成"死猫"和

"活猫"的不同"分支"。每一个分支中的人只会看到一个结果——死猫或者活猫，而具体看到哪一种则取决于你处于哪个分支。但波函数从来都不会坍缩，宇宙中不同的分支也几乎不可能会有交流。泽贺说："你在做测量的时候会陷入系统、仪器和观测者的纠缠状态。观测者只会看到其中一种（像'薛定谔的猫'那样的）状态，而不是所有状态的叠加态。这就是测量问题的答案。"

泽贺在不知情的情况下，再次从头推论出了埃弗里特的多世界诠释。同时，他还得出了一套极为复杂的数学表述，可以形容小的量子系统（比如原子）和它们周围相对较大的量子物体（比如石头、树木和测量仪器）之间的相互作用。这个表述可以解释为什么宇宙波函数的不同分支不会相互作用，而且比埃弗里特之前所证明的要精细得多。泽贺讲述这些相互作用的理论后来得名"消相干"（Decoherence）。

泽贺很是激动地写下了消相干和宇宙波函数的理论，但他不知道该从谁那里得到反馈。泽贺说："当然，我不能把这些想法给我的同事看，他们只会说我疯了。他们连想都不会去想这些问题的。"于是泽贺把论文拿给了他的导师约翰内斯·汉斯·丹尼尔·延森（J. Hans D. Jensen）看——他是一名得过诺贝尔物理学奖的物理学家，几年前曾是泽贺在海德堡大学的博士导师。但是延森并不是量子测量理论的专家，所以他把论文寄给了一位更了解这个领域的朋友罗森菲尔德——玻尔曾经的左膀右臂、哥本哈根诠释的强烈拥护者。

罗森菲尔德之前羞辱过玻姆，无视过埃弗里特，对泽贺的态度自然也好不到哪里去。他给延森的信中写："我做人有个原则，就是不去踩别人的脚趾头[1]，但是贵研究所的某个脚趾头（泽贺的德文名字意为'脚趾'）让我不得不破了这个规矩。我坚信，你不该允许这一篇包含了胡言乱语的文章得以流传。我认为把这件不幸的事告诉你是在帮你的忙。"

---

[1] 英文谚语——去踩某人的脚趾头意味着去冒犯他。

泽贺知道延森给罗森菲尔德写了信，但他不知道罗森菲尔德的回信里写了什么。泽贺说："我知道延森收到了回应，但他从来没给我看。我也知道他把罗森菲尔德的回信给一些同事看过，也注意到他们都在暗暗发笑。我觉得很奇怪。我知道回信里肯定有一些很负面的话，但我连他们具体说了什么都不知道。"随后，延森告诉泽贺，如果他还要继续研究测量问题，就等于是在葬送自己在学术界的前途。在此之后，泽贺说："我们的关系恶化了。"

泽贺虽然为人彬彬有礼，却是个固执的人。在遭遇罗森菲尔德那封毁灭性的回信事件之后，泽贺决定，自己无论如何还是要把文章投出去发表。结果这一过程也极为不顺。有一家期刊在拒收这篇论文时甚至给了这样一个简短的理由："论文完全不知所云。很明显，作者对问题的定义和该领域中此前的工作没有彻底理解。"

另一家期刊则说"量子理论并不包括宏观物体"。还有一些期刊只是有礼貌地拒收了，并没有给出具体的理由。泽贺无计可施，只好把文章发给了少数几位对量子测量问题感兴趣的物理巨匠之一：维格纳。

维格纳此时还在普林斯顿大学，三十年前，他正是在这所学校的校医院听说了核聚变的事情。此后，维格纳青云直上，成为当世数学物理界最前沿的专家之一，并于1963年因他对量子物理数学基础的研究而获得了诺贝尔物理学奖。

不过，话虽如此，在量子物理的诠释上，维格纳一直支持的是他的好友兼同胞——冯·诺依曼（他于1957年过世）的看法。他认为波函数是一种真实发生的现象，而之所以这一点还不能够成量子理论的一部分，只是因为它还不够完善。事实上，维格纳在1963年发表的一篇论文中讨论的正是这一点，而他也是最先用到"测量问题"这一说法的人。

维格纳相信，测量问题的答案在于人的意识有某种特殊的作用。他说这一看法也来自冯·诺依曼。他认为这一看法是毫无问题的，并把它称为"正统"的观点。由于他宣称这一切都非常正统，也出于他的声望，他的研究并未被物理界的其他人直接否决，尽管他也没能真正说服大家意识跟波函数的坍缩真的有关系。但维格纳不是一个武断的人，他愿意倾听别人对量子物理的理解和诠释。他指出量子测量问题所耗费的时间远多于推崇自己倾向的答案。

从 20 世纪 50 年代后期到 60 年代，维格纳用数篇文章阐述了量子测量问题的本质，并指出，在不更改哥本哈根诠释或量子物理的数学表述的情况下，现有的几种解释都不足以解释测量问题。这样的说法犯了哥本哈根学派的大忌，更何况他几十年前还对互补原理出言不逊。

泽贺的导师延森于 1963 年与维格纳共同获得了诺贝尔物理学奖，在斯德哥尔摩颁奖典礼后的晚宴上，延森坐在了维格纳旁边。当两人聊到玻尔的研究所时，延森诧异地得知，原来维格纳"从来没被邀请去哥本哈根过"。

自然，罗森菲尔德也绝不会让维格纳的理论得以传播。在 20 世纪 60 年代中期发表的一系列文章中，罗森菲尔德和维格纳互不相让地有过交火。罗森菲尔德声称，根本没有所谓的测量问题，并称最近已经有三位意大利科学家详尽地解释了玻尔原本想表达的事，论证了"测量"在任何量子系统与一个大型的符合经典物理的物体相互作用时都会发生。

罗森菲尔德和意大利科学家小组给出的解释主要基于非量子的概率物理，而维格纳和其他学者包括贝尔的老朋友尤奇则指出这些解释压根就不对，因为里面的数学不成立。对于维格纳来说，他之所以反对罗森菲尔德的观点，不仅是为了指出学术错误，保护自己的名声，更是出于他对自己学生的担心。他的学生们曾就测量问题发表过论文，而罗森菲尔德和意大利物理学家则直接攻击了这些论文。

维格纳曾致信给尤奇抱怨这些意大利人："说某些论文没有给该领域做出贡献的话很不上道。不消说，我担心的主要不是我自己，我担心的是那些比我年轻许多的后辈在今后的职业生涯会受到这些话的影响。"虽然他们在当时的学术杂志中你来我往地争论着，但当时物理界的大多数人并不觉得哥本哈根诠释本身有什么问题。由于维格纳认为自己的看法属于"正统"，于是大家只觉得是"正统看法"内部出现了分歧，从而导致哥本哈根学派分为了哥本哈根阵营和普林斯顿阵营：他们对测量问题的某些细节有不同看法，仅此而已。

准确说来，对量子物理的基本理论提出的许多非正统的研究都出自20世纪50年代的普林斯顿阵营，主要人物包括玻姆和埃弗里特，而维格纳通常不被视为其中一员。维格纳和玻姆在普林斯顿大学也鲜少有交集。维格纳曾与埃弗里特讨论过量子物理，但他们得出的结论不尽相同，更何况埃弗里特的理论更是很少有人知道。在他人看来，维格纳就是一个正统派的量子物理学家，尽管他对学生和同事质疑哥本哈根的工作都给予了支持。

"唯一一位对我的论文给过正面评价的人是维格纳。我给他寄过一份我的文章。"泽贺说，"我已经知道他对哥本哈根诠释是抱有反对态度的，于是他鼓励我发表这篇文章。"维格纳建议泽贺把论文投给一个新的期刊——《物理学基础》(*Foundations of Physics*)，他自己正是这个期刊编委会的一员。泽贺把论文翻译为英文，并且在参考文献中加上了埃弗里特的文章（他在研究广义相对论的时候发现了这篇文章）。于是，他的论文就这样于1970年在《物理学基础》上面世了。他希望自己的想法可以就此得到比在罗森菲尔德和延森那里更为公正的审视。很快，他的愿望就达成了。

用偏振纠缠的光子验证贝尔不等式

维格纳想要保护的那些"比他年轻很多"的后辈中，有一位是阿布纳·希莫尼（Abner Shimony）。希莫尼在维格纳的指导下拿到了普林斯顿大学的物理学博士学位——而他在此之前已经拿到了一个哲学博士的学位。希莫尼曾在芝加哥师从于著名的卡尔纳普，后来在耶鲁大学攻读博士时研究的是概率性哲学。

在此过程中，他读到了玻恩的书《关于因果和机遇的自然哲学》，于是他长久以来对物理的兴趣又被重新激发了。"我当时正在打字机上打我的（哲学）博士论文，我打的是技术性的部分，我的妻子安妮玛利（Annemarie）帮我打了叙述性文字。我在读过玻恩的书后，对她说'等我写完论文拿到学位后，我想再回到学校，去念一个物理博士'。"希莫尼回忆道："平常人的妻子在这时肯定会说'你该找份工作了'，但她没有。她说'如果你想去，那就去吧'。我觉得这太美好了。我用丘吉尔的话对她说'这是你最光荣的时刻'，她对我满怀宠溺和理解。"

1955 年，来到普林斯顿大学物理系之后，希莫尼很快就发现，自己对量子物理的看法与这里的大多数物理学家都有所不同。"我本来是希望莱特曼能做我导师的。"希莫尼说，"他给我的第一份作业是去读一遍 EPR 论文，然后告诉他其中的漏洞在哪里。这是我第一次读 EPR 论文，但我觉得它一点漏洞都没有。它的论点都很站得住脚，我完全看不出哪里有问题。"

很快，希莫尼发现自己难以忍受莱特曼大量运用数学理论，于是决定换一个研究方向。"我到了维格纳那里，开始研究一项概率动力学的课题。"希莫尼回忆道，"认维格纳做导师有一个副作用，那就是我发现了他对量子力学根基——尤其是测量问题的看法。

他的立场有违当时的正统看法，他认为哥本哈根诠释并没有解决测量问题。"虽然希莫尼的博士课题跟量子物理的诠释没有关系，但他成为维格纳写测量问题论文时的非官方哲学顾问。他们在这个问题上的观点惊人地相似，希莫尼写道："我本就已经倾向于反对哥本哈根给出的解释，因为它里面满是马赫、罗素、卡尔纳普、艾耶尔等人的实证主义知识观的论点。我以前就学过这些理论，并且反对了它们。我一直以来相信的是实在主义。"

然而在测量问题的答案上，希莫尼跟维格纳意见并不一致。1962年，希莫尼拿到物理博士学位后不久，就写了一篇讨论测量问题的文章，指出这个问题确实存在，却又同时指出"意识"并不是问题的答案。"并没有任何实验数据表明意识具备减少叠加态的功能。"希莫尼写道，"并且也没有很好的办法能解释为什么独立观测同一个实验的观测者，会看到同样的结果。"希莫尼从来不惧反对老师，也不怕说别人不爱听的话；他在菲斯读中学时，就因为在课堂上大力支持进化论而惹过麻烦。

但维格纳不愧是维格纳，他并不介意希莫尼与自己意见相左，反倒鼓励希莫尼把自己的想法撰文发表。同样，希莫尼也需要能鼓励自己站在大多数物理学家对立面的人："毋庸置疑，维格纳对量子物理基础研究的支持鼓舞了我的士气。"

希莫尼还在维格纳那里攻读物理博士学位的时候，就开始在麻省理工学院哲学系教授量子物理基础课程了，该课程针对的是中高年级的本科生。在1964—1965学年期间，他收到了一封来自布兰迪斯大学的信，信中附有一篇论文，作者名叫约翰·贝尔，是来自CERN的访问学者。由于希莫尼与波士顿不少其他大学的物理与哲学系的人都有所交好，因此他当时并没有特别奇怪。

"我心想，这肯定又是一篇莫名其妙的烂文章。我从没听说过这个贝尔。"希莫尼回忆道，"它打得很不整齐，纸也是那种老旧的图纸，蓝色的墨水晕染得到处都是。另外，里面还有些算术错误。我心想'这到底是干吗的呀'，可是我不知怎的将它再读了一遍，越读越发现，这是一篇非常优秀的论文。我意识到'这才不是什么烂文章，这是一篇非常伟大的杰作'。"

按照希莫尼的回忆，他"几乎立刻"就开始考虑该怎么通过实验验证贝尔的理论了。"弄明白了都需要做些什么之后，我心想'现在情况就非常有意思了，量子物理有在这样的情况下接受过如此仔细的检验吗？'后来我又想起，好像已经有一篇相关文献了。"希莫尼问他的朋友阿哈罗诺夫，吴健雄当年的实验能不能稍做修改，以用来验证贝尔的理论？阿哈罗诺夫（错误地）告诉他，该实验已经做出了验证。"阿哈罗诺夫脑子很快，说话也很快，我被他彻底唬住了。"希莫尼回忆道，"我一开始觉得他肯定是对的。转念一想，也许他是对的，但也许不是。之后我越想越觉得他可能错了。"

此后几年，希莫尼断断续续地做了些这方面的工作，但一直都没有太多头绪，直到 1968 年。那一年，他在波士顿大学拿到了自己理想的职位——物理系和哲学系的合聘教授。不久之后，他就收了一位名叫迈克尔·霍恩（Michael Horne）的物理研究生，并把检验贝尔理论的任务交给了他。

"他读的文献越多，越是觉得吴建雄的实验不能被用来检验贝尔不等式。"希莫尼回忆道。希莫尼和霍恩来到图书馆一起查阅资料，很快就发现了科赫尔 - 柯明斯的实验。希莫尼马上意识到，这正是他们想找的实验。希莫尼说："1969 年 3 月，霍恩跟我基本准备就绪了。我告诉霍恩，没有其他人会做这么边缘化的研究，所以我们可以慢慢地写一篇好论文。但我真是想错了。"

当年 4 月，在即将到来的美国物理协会的年度会议章程上，希莫尼看到了一篇名为《一个测试局域性隐变量理论的实验》（*Proposed Experiment to Test Local Hidden-Variable Theories*）的摘要，其中形容的实验正是他和霍恩准备做的。摘要的作者是一位希莫尼没有听说过的物理学家：克劳泽。

克劳泽说："摘要出版后不久，我就接到了希莫尼的电话。"希莫尼

What Is Real?
The Unfinished Quest
for the Meaning of
Quantum Physics

谁找到了薛定谔的猫？

看到那篇摘要后便找到了维格纳，他担心克劳泽可能会抢先了一步；而维格纳建议他们建立合作关系。于是希莫尼邀请了克劳泽来与霍恩和自己，以及另一名他从哈佛招来的新生理查德·霍尔特（Richard Holt）一起协商此事。克劳泽同意了。很快，他们四人便开始协作准备新的论文了。

希莫尼在这次会晤后写信给维格纳说："我很高兴克劳泽能够同意与我们合作。将两组独立做出同一新发现的科学家组合起来，这无疑是最有风度的解决办法。"克劳泽在哥伦比亚大学完成了博士研究后，便去往波士顿待了几个礼拜，与希莫尼等人一起准备论文的草稿。可是，克劳泽此时即将去往伯克利读博士后，不能一直待到论文写完再走。

克劳泽是个狂热的帆船爱好者，准备将自己的船一路驶往自己新工作的所在地加利福尼亚。他在哥伦比亚大学时就一直住在这艘船上，船平时停在东河。"我们本来打算把船开到得克萨斯州，然后用卡车将其一路运到洛杉矶，再顺着海岸线驶往伯克利的。结果我们半路遇到了卡米尔飓风，只好在劳德达（Lauderdale）港停下。"克劳泽说，"希莫尼知道我的行程，会按照我的日程安排把论文的稿件寄到我们下一个准备落脚的停靠区。我只取到了其中一些，还有一些估计到现在还在收发室呢。在航行的时候，我一直在不停地写稿赶稿，还会跟他们通过电话讨论怎么修改，互相交换稿件。"等到克劳泽抵达伯克利的时候，希莫尼已经把完成的论文投了出去。

克劳泽 - 霍恩 - 希莫尼 - 霍尔特（CHSH）论文以一种更适合实验论证的方式重新阐述了贝尔之前提出的数学，并详细地提出了一个可以检验贝尔不等式的实验计划。CHSH 里提出的实验原理与第 7 章里"小熊"罗尼的例子差不多，只不过他们用的是一对具有偏振纠缠的光子，而不是一对小球。

CHSH 论文提出的实验设计如下：让两个纠缠的光子分别穿过有两个可能有两种不同透光轴的起偏器（见图 9.1 和图 9.2），然后不断用新的光子重复此过程。就像赌场里的小球要么落在红格要么落在黑格一样，光子要么会穿过起偏器，要么不会。

只要统计大量纠缠光子的行为，就能验证贝尔的理论。如果每一对纠缠的光子被预先安排好了是否穿过起偏器的话，那么贝尔不等式就会成立。然而，根据量子物理，实验的结果应该是违背贝尔不等式的，就好像罗尼赌场里的那些小球一样。

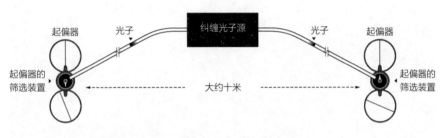

图 9.1　验证贝尔理论的实验设备

不管结果如何，克劳泽和希莫尼等人都知道，这个实验意义重大。要么，实验结果将证明量子物理有误，就此摧毁现代物理的一大基石，而他们也几乎肯定能拿到诺贝尔物理学奖；要么，如果实验显示量子物理无误，那么被违背的贝尔不等式则意味着自然具有非局域性，或者其他更为奇怪的性质。

克劳泽对贝尔不等式不会被违背的可能性还是比较乐观的，他认为量子物理有误的可能有 50%。而希莫尼和贝尔乃至其他大多数人一样，都认为实验结果将会符合量子物理给出的预测。希莫尼给维格纳的信中写道："阿哈罗诺夫以 100 : 1 的赔率和克劳泽打赌，说结果会符合量子物理。我的猜测比克劳泽保守许多。不过，测量问题在量子物理领域悬而未决如此之久，隐变量又的确可以提供一个答案，因此我也不完全排除答案有可能会证明隐变量的存在。"

执行这个实验的任务落在了克劳泽头上。此时的他作为博士后在伯克利受聘于查尔斯·汤斯（Charles Townes），与其一起研究无线电天文学，汤斯则于几年前因发明了激光而获得诺贝尔物理学奖。克劳泽一来就跟汤斯提过他准备用科赫尔-柯明斯实验的改编版（这个实验也是在伯克利做的）检验贝尔理论的事情。

图 9.2　1975 年，克劳泽和贝尔在伯克利的部分设备

克劳泽回忆道："我说，你看，我想做这么一个厉害的实验……然后汤斯回答说，这样，不如你在组里做个报告，和我仔细讲讲具体是怎么回事吧。同时我们也应该把柯明斯拉过来。"克劳泽依言给出了报告，在报告中解释了贝尔理论是怎么一回事，以及科赫尔-柯明斯实验可以如何作为它的实验验证，希望借此让汤斯感兴趣并且说服柯明斯，把他的实验设备借过来。

可是柯明斯对克劳泽的报告完全不感兴趣。他与科赫尔设计的实验本来只是用来做课堂演示用的，并不是 EPR 的验证方式。这个实验本身比他想象的耗时耗力许多，他根本不想再为一个无果的实验投入更多的时间精力。"柯明斯对这个实验完全不抱希望。好在汤斯并不这么认为，汤斯说，'咦，这个实验的确有点意思。如果不是这样，我肯定就完蛋了……'在我讲完报告后，汤斯一把搂住柯明斯，问他，'你觉得怎么样呀，尤金？我看这个实验很有意思呢。'"

就这样，汤斯说服了原本抗拒的柯明斯，为克劳泽借到了设备，并同意出一半的实验经费，还从柯明斯的组里调来了一位名为史达特·弗利曼（Stuart Freedman）的研究生帮忙。克劳泽和弗利曼此后两年一直在四处搜罗实验所需的设备。克劳泽日后自夸道："我越来越会从垃圾堆里翻出宝贝了。"他们甚至把废弃的电话加以改造，用它来控制起偏器。设备准备就绪后，克劳泽和弗利曼勤勤恳恳地搜集了 200 小时的数据。

终于，1972 年，克劳泽和弗利曼将他们的实验结果发表了——量子物理依然成立，贝尔不等式被违背了。自然中，原来真的存在着极为奇怪的现象。

持续几十年的"消相干的黑世纪"

1970 年，泽贺的消相干论文发表后不久，他便受邀前往一个量子物理基础的夏令营做报告。夏令营是由意大利物理协会赞助举行的。奇怪的是，这个夏令营其实起源于 1968 年那一场卷席了整个世界的政治文化浪潮。意大利物理学家中总体较为年轻且持左翼观点的一代人，此时迫不及待地想要重新审视物理学与这个世界之间关系、物理学家的社会责任，以及物理学的哲学基础。较为年长而保守的另一派人则不愿打破现状。

在整个协会快要彻底一分为二时，委员会接受了一项要在维也纳开展一个量子物理基础夏令营的提议。他们邀请了法国物理学家贝尔纳·德斯帕那特（Bernard d'Espagnat）来组织这次活动，他是德布罗意之前的

What Is Real?
The Unfinished Quest
for the Meaning of
Quantum Physics

谁找到了薛定谔的猫？

学生，也是贝尔在 CERN 的同事。而泽贺，则是经维格纳向德斯帕那特提议而受邀参加会议的。

1970 年的维也纳夏令营后来被称作是"量子异教徒的伍德斯托克[①]"。来做报告的人除了泽贺之外，还有玻姆、德布罗意、维格纳、希莫尼、尤奇、德威特以及贝尔。"我一来到维也纳，就发现来参会的人（其中包括贝尔）正在激烈地讨论着贝尔不等式的首次实验结果。我甚至还不知道这些结果已经出来了。"

不论如何，看到贝尔等人都很看重自己的工作，泽贺还是松了一口气，即便他们不一定都同意自己最后得出的结论，他依然感到十分欣慰。维格纳在开题演讲中，列出了测量问题的 6 种可能的答案，其中有一种便是泽贺的消相干及多世界诠释。

可等泽贺回到海德堡之后，他却发现身边的同事对他在量子基础方面的研究态度越发轻蔑，他的职业发展就此停滞下来。泽贺回忆道："我当时很天真。我以为，只要发表了一个好的想法，大家就应该去弄懂并且接受它。我错得很离谱。"不过，泽贺还是尽量保持乐观，继续研究下去。"我坚持这方面的研究，因为我觉得我的职业生涯反正已经被毁掉了，还不如就做自己喜欢的事情。"

只要待在海德堡，泽贺的饭碗就还是可以保住的。他有终身教职，只不过无法再升职。他回忆说："我自己倒没有经历什么痛苦。但我没有想到，我学生的机会也因此被剥夺了。"泽贺的学生在学术界找工作的时候个个不断遭挫，因为他们研究的不是"真正的"物理。泽贺说："这是我永远都无法释怀的。"泽贺把这些年称作"消相干的黑世纪"，它持续了十几年。

尽管做出了石破天惊的实验，克劳泽在职业上也还是遇到了巨大的阻力，此外，他还不像泽贺一样有终身教职。在伯克利的博士后任期结

①伍德斯托克，著名摇滚艺术节。

束后，克劳泽的新工作完全没有着落。克劳泽回忆道："我当时年少天真，根本没有意识到这些事。我就觉得这些科研有意思，并没有意识到会因此被人贴上标签。我忽略了这些，选择了开心就好。"

克劳泽的博士导师赛迪斯在他找工作的时候为他写过一封"推荐信"，并在信中警告雇主，克劳泽做的那些贝尔实验属于"垃圾科研"。还好克劳泽发现了此事，并没有把这封推荐信交上去。

希莫尼、德斯帕那特等人倒是给克劳泽写了满是夸赞的推荐信，但认为克劳泽的科研工作是伪科学的人远不止赛迪斯一个。希莫尼在给克劳泽的信中说过："上周我见到德斯帕那特的时候，他收到了一封来自圣何塞① 系长的信，询问你做的到底是不是真正的科研。不用提，他肯定会给出非常正面的答案的。"不过，他们的帮助到最后也无济于事，克劳泽怎么找都找不到长期的学术研究工作。

好在，克劳泽并没有像海德堡的泽贺一样受到孤立。来到伯克利后，克劳泽加入了一个小众的物理学生和青年学者的小团体，大家都对量子物理的基础研究很感兴趣。他们受到当时的时代与地域的影响（嬉皮士的发源地黑什伯里就在旧金山湾的另一边），希望他们的研究会开启物理科研工作的新纪元。他们喜爱东方哲学，追求超感官感知，自称是"基础新物理小组"，讨论的话题围绕着理解和批判哥本哈根诠释。

尽管这个小组为克劳泽提供了精神上的支持，却不能为寻找工作的他提供任何实质性的帮助。事实上，小组里的大多数成员自己都找不到长期的职位。对量子物理基础研究的偏见并不是唯一的原因，他们其中很多人恰恰就是因为找不到工作才开始对这个感兴趣的。战后充足的研究经费为物理学界带来的"埋头算"时代的辉煌到此时已经戛然而止。

20 世纪 60 年代末，随着冷战的局势愈发紧张，国防经费剧烈收紧，政府拨给物理研究的经费少了许多。举国上下的大学校园中都充斥着反

---

①斯坦福大学位于圣何塞。

对机密研究的声音，进一步切断了学术界和军事工业复合体的联系。这一切都促成了物理学家严峻的就业形势。

第二次世界大战刚结束时，物理学扩展的速度超过了其他所有学科，但此时从事物理研究的人数也跌得最快。从第二次世界大战结束到20世纪60年代中期，物理学家一度供不应求；可到了1971年，美国物理机构的职业平台上却有1053个人同时申请53个职位。这就不难理解为什么基础新物理小组的人在物理学的其他领域找不到工作了。

克劳泽找不到工作也是情有可原，毕竟，许多比他名声更好的物理学家也都没有找到工作。除了找工作，还有一件事让克劳泽颇为劳神——他的实验结果受到了质疑。哈佛大学的霍尔特和弗朗西斯·皮金（Francis Pipkin）做了第二个验证贝尔不等式的实验，得出了跟克劳泽截然不同的结果。

他们发现，贝尔不等式是成立的；也就是说，自然是具有局域性的，量子物理有误。由于两次试验结果不同，因此还需要有人再做一次实验才能知道谁对谁错。于是，克劳泽在伯克利搭建了一个跟霍尔特-皮金实验类似的实验，想要再次重现出他们的结果。

同时，得克萨斯农工大学的艾德·佛莱（Ed Fry）和兰得尔·汤普逊（Randall Thompson）也准备用最新的可调频激光做类似的实验，旨在大幅缩短实验所需的时间。1976年，克劳泽和得克萨斯小组都宣布了他们的实验结果：量子物理没有错，克劳泽和弗利曼第一次做的实验结果是成立的。量子非局域性确有其事。

克劳泽继续从事基础量子研究之事依然是他寻求长期职位路上的一大绊脚石。很少有物理学家明白他所做工作的价值。当然，也有例外——譬如贝尔。1975年春天，贝尔和德斯帕那特一起组织了一场主题为"量子物理基础研究中的实验检测"的会议，准备次年春天在西西里海岸线上的一座小城埃里切举行。克劳泽作为荣誉嘉宾，收到了来自贝尔的一封邀请信。可是此时的克劳泽还在四处寻工，由于不确定自己明年会在哪里，他并没有立即回复。

一个月后，还没收到回复的贝尔颇为担心，发了一封紧急电报给克劳泽："这场会议没有你就好像哈姆雷特的剧里少了王子一样。我们可以把你的名字放到宣传海报上去吗？"克劳泽愉快地接受了，并于 1976 年 4 月来到埃里切。

终于，他在事业上感受到了此前大家一直吝于给他的荣光。

地下"学术"刊物——《知识论快报》

因从事量子物理基础研究而在事业上受挫的人并不只有泽贺、克劳泽和基础新物理小组的成员。当时绝大多数的物理学家早在学生时代就学会了回避这些敏感的课题。这是一种潜移默化的结果，并没有什么有组织的统一口径故意告诉他们不要去从事量子物理的基础研究。

这些研究之所以不能进入主流专业物理研究的范畴，还有一些现实因素，即本书从一开始就讲过的这些历史性原因。战后，科研经费体系经历了转型，开始推崇那些结果更实在、更明确的物理学领域，基础性研究备受冷落；物理研究的中心逐渐转移到了美国，而美国的文化一向比欧洲更倾向务实。哲学在其中也扮演着重要角色——实证主义轻而易举便驳回了一切对哥本哈根诠释的质疑。

新一代的物理学家会对量子物理基础研究退避三舍，还有一个原因在于量子理论实在太过成功了。物理学有那么多欣欣向荣的新领域，为什么一定要跟量子基础这种又困难又抽象的东西死磕呢？要知道，爱因斯坦可都没能搞明白这些问题。

"在大多数本科和研究生课程中，老师会告诉学生们，玻尔是对的，爱因斯坦错了。这是当时的共识，是板上钉钉的东西，没什么好讨论的。"

克劳泽回忆说,"如果有人对此提出疑问,或者居然想要堂而皇之把这类的问题当作学术课题的话,就会被冷漠地告知这样的行为将会终结他们的科研生涯。"就像斯玛特意识到的那样(见第 8 章章末),对于量子物理这么成功的理论来说,纯哲学上的论点是无法让绝大多数的物理学家重新审视哥本哈根诠释的,我们还需要提出其他的诠释。

可是,此时贝尔推翻冯·诺依曼那篇证明的论文还没有为大多数人所知,在大多数物理学家眼中,其他的诠释是根本不可能出现的。还有人怀疑,量子物理的基础研究不属于"真正"的物理学,因为它是纯理论研究,不能被实验验证。虽然贝尔也证明了事实并非如此,但大家依然过了很久才逐渐认识到这一点。

在此之前,有许多人的职业生涯都受到了影响,尤其是新生代的学者。泽贺和克劳泽虽然逆流而上坚持从事着量子物理的基础研究,但他们毕竟已经拿到了博士学位。还有很多对这些研究感兴趣的人在学生时代就被告知不应再继续下去,但也有人执意继续,并为此付出了代价。

大卫·艾伯特(David Albert)是 20 世纪 70 年代末纽约市洛克菲勒大学的一名物理博士生。艾伯特一直对哲学抱有浓厚的兴趣。在其研究生时期的某一天,直到凌晨四点他都还在挑灯夜读哲学家休谟的著作。

就在此时,他内心突然受到了量子测量问题的强烈冲击。他在思考休谟的话时,"不知怎的,就很清晰地意识到,测量行为中波函数的行为应该是薛定谔方程在力学上的直接结果,完全不需要提出另一个假说。"他回忆说,"我非常清楚地意识到,这是不对的。那一刻,我真正地理解了测量问题,那一夜改变了我的一生。我对自己说,我将要研究这个,于是便开始研究测量问题了。"

洛克菲勒大学没有其他任何人在从事量子物理的基础研究,艾伯特一时不知该如何入手。"在洛克菲勒大学根本找不到研究这个的人。一位朋友建议我给阿哈罗诺夫写信。他是大家能想到的唯一一个对这些事情感兴趣的物理学家，而我当时并不知道哲学界也会有人对这方面感兴趣。"于是，艾伯特写了封信给当时还在以色列的阿哈罗诺夫。

尽管他们从未谋面，阿哈罗诺夫还是回信了。"他对我十分地慷慨。"艾伯特说。他们就这样开始了远距离合作，一起研究了非局域性问题和测量问题。"尽管当年邮政慢得要命，我们还是一起在《物理评论》上发表了好几篇文章，可我和他当时还没见过面呢。"

可当艾伯特提出他与阿哈罗诺夫做的研究是否可以作为他博士论文的基础时，洛克菲勒大学物理系却十分抗拒。"我和他们说了自己之前与阿哈罗诺夫做测量问题的事，并且提出想把这个问题作为我的博士课题。"艾伯特回忆说，"几天之后，我被请到洛克菲勒大学的研究生主任办公室，被告知洛克菲勒大学物理系绝不可能允许任何人研究这样的博士课题。如果我还要坚持下去，就会被直接退学处理。"

他们给艾伯特安排了另外一个课题。"那是一个 ϕ^4 场论中的博雷尔求和问题，计算非常繁重，很明显是在逼我修身养性。"艾伯特说，"这个课题带有很强的惩罚性质。然后他们说，你有两条路可以走。要么你去做我们安排给你的这个课题，要么你就退学。"

在与阿哈罗诺夫讨论后，艾伯特决定先忍下去。"阿哈罗诺夫说，不如先咬咬牙，完成他们安排给你的课题，把博士学位拿到手。这样我就可以在特拉维夫大学给你安排一个博士后的职位，你就可以想干什么就干什么了。"艾伯特说，"我照做了。我算是明白了规矩——在洛克菲勒大学的物理系，测量问题连提都不能提。"

最后，艾伯特成功地将自己在阿哈罗诺夫手下的博士后作为跳板，把专业转向了物理哲学。可是，对量子基础感兴趣的学生并不都像他这么幸运。进行量子物理基础研究的学生所遭受的压迫不仅体现在职业停滞和学位被扣上，泽贺在试图发表自己第一篇消相干论文时就深有体会。对研究量子物理基础的文章，物理学期刊普遍有些抗拒，更有甚者态度十分恶劣。《物理评论》甚至公开表示，除非可以与现有的实验数据有所关联，或者提出了可以在实验室验证的新预测，其他任何谈论量子基础的文章都将不予发表。

1973 年，《物理评论》的总编古德斯密特写道："我们不应忽视，物理学是一门实验科学。跟实验数据没有联系的理论都不是重要理论。"（克劳泽指出，如果是这样，那《物理评论》40 年前也不应该发表玻尔对 EPR 论文的回应。）只有屈指可数的几家物理学期刊会接受基础量子研究方向的论文，其中包括《物理学基础》。泽贺的论文后来就发表在这里。

为了解决这个问题，量子的地下学术组织成立了一本地下"学术"刊物——《知识论快报》（*Epistemological Letters*）。作为一个关于"隐藏变量和量子不确定性"的永久性书面研讨会，它由手工打印，印在油印蜡纸上，由几个包括希莫尼在内的非正式编辑监管。"《知识论快报》不是一个寻常的学术刊物，"它大胆地在每一期的封底上（用第三人称）写着，"他们想要创建一个公开且非正式讨论的渠道，在相关研究能够发表于更有名望的刊物前，通过讨论孵化尚不成熟的想法。"

《知识论快报》里满是冒天下之大不韪的论题：测量问题、贝尔理论的真正意义等。它在世的 11 年中，贝尔、希莫尼、克劳泽、泽贺、德斯帕那特和波普尔等人的文章都曾发表于此。希莫尼后来说："（这本刊物）涉猎的广度和里面探讨的深度都显示，它的目的已经很好地达到了。这个书面研讨会的声望迅速攀升，世界各地都有人想要申请订阅。"

自 1935 年以来，这是物理学界里首次出现的一个研究量子物理基础的团结组织。他们有相同的理论和实验方向，还有了自己（实际意义上）的刊物，甚至还偶尔举行学术会议。然而年轻一代的学者此时还不能公开表示，自己就是这个团体中的一员。

阿斯佩的实验：压垮哥本哈根诠释的最后一根稻草

1974 年，一位名叫阿兰·阿斯佩（Alain Aspect）的青年物理学家来到了巴黎市区外不远处的高等光学学校。他刚刚完成了为期三年的支教，从喀麦隆回来，准备一边在这里做讲师，一边攻读博士学位。一位教授对他提到，自己此前刚从一位名叫希莫尼的美国物理学家那里听到了一个颇为有趣的报告。

于是，从这里开始，阿斯佩一路找到了贝尔的论文。"我看了贝尔的文章后，完全着迷于这个问题。这简直是我读过的最精彩的内容。"阿斯佩回忆道，"这也算是'一见钟情'吧。当下就决定，这就是我的博士课题了。"阿斯佩读到克劳泽和弗利曼的实验结果与霍尔特和皮金的相悖时，决定不去与他们竞争。

阿斯佩说，"我确信，在我开始做实验之前，他们谁对谁错就会有说法了。我如果想要做点什么，就得找到另外的突破口。仔细地看过贝尔的论文后，我发现，贝尔在结论中明确指出，最重要的实验步骤是要在光子飞行的途中转换起偏器的透光轴。"

贝尔的想法很简单，可要想实现却非常困难。克劳泽等人测试贝尔不等式的时候，选择的透光轴角度是随机的，但这个随机选择在这一对纠缠的光子从光源出来之前就决定了。就理论上来说，纠缠的光子也有可能通过某种未知的办法探测到了这些随机选择的设置。

如果事情是这样，那克劳泽的实验结果就不应用到非局域性了，局域性的物理现象就可以解释这一切。要想排除这个可能性，则需要在纠缠的光子朝着相反方向飞出来的途中再随机地选择透光轴。这样一来，任何光速或者亚光速的信号都不能再在光子抵达起偏器之前接触到光子。

克劳泽后来说："我觉得贝尔应该相信，如果快速地转动起偏器的话，量子物理的预测或许会与实验结果不一样。"问题是这个实验需要以非常快的速度转换起偏器，要比光子从光源抵达起偏器用的时间短才行。对于距离光源 10 米左右的起偏器来说，转换透光轴的时间必须控制在 40 纳秒以下。这是一个巨大的技术难点。

阿斯佩后来回忆说："我当时就开始想，到底该怎么做到呢？最后我的结论是，这不是完全不可能的。"阿斯佩找到了当初把他指向这个方向的教授克利斯提安·英伯特（Christian Imbert），问对方可不可以将实验室借给他来做这个实验。英伯特说："是这样的，你和我说这些我也不大懂，但听起来还挺有意思的。不如你去日内瓦找贝尔，把你的想法告诉他。如果他觉得好，那我的实验室你就尽管用。"

于是，1975 年春天，阿斯佩南下来到日内瓦与贝尔见面。此时的贝尔正在筹办埃里切的那场会议。"我把我的想法解释给他听之后，他先是静静地坐着，什么都没说。"阿斯佩回忆道，"然后他问我的第一个问题是：'你有没有一个终身职位？'"阿斯佩摸不着头脑，"我问他为什么问这个，他说：'你先回答我。'"于是阿斯佩向贝尔解释道，他的职位确实是终身的。虽然他依然还是个博士生，但他在高等光学学校的讲师职位在法国相当于是终身教职。

贝尔表示满意后，向阿斯佩解释道："这个方向的研究一点也不招人喜欢，你将会在职业生涯上遇到很多阻碍。所以，除非你有终身教职，否则我并不会建议你开始这方面的工作。"

贝尔太清楚从事量子物理基础研究会在职业发展上带来怎样的后果，所以，在青年学者拿到终身职位之前，他都会劝他们等自己的地位更为稳固之后，再来研究这个领域。不过，好在阿斯佩已经是安全的了。"他非常鼓励我。"阿斯佩回忆说，"他告诉我，这个实验非常重要。他说，如果可以在实验中途改变起偏器的透光轴的话，其结果将是决定性的。"

阿斯佩一回巴黎，就立刻开始在英伯特的实验室里着手准备自己的实验。"我用到的一切基本上都是借的，除了一样东西。我当时需要买一台激光设备。"阿斯佩说，"于是我就拿到了买激光设备的钱。这是我拿到的唯一一笔经费。其余的东西都是我到处借的，要么就是在光学学校自己的车间做的。这个领域里没有人跟我竞争，所以我也没什么压力。没人在意这个实验。"

其后的六年，阿斯佩一点点地组装、测试实验设备，并且到最后终于有了几个助手，其中包括本科生飞利浦·格兰杰（Phillip Grangier）、实习生肖恩·达里巴德（Jean Dalibard）和科研工程师杰拉德·罗杰（Gerard Roger）。与此同时，他没有意识到的是，英伯特一直以来都在替他抵挡着来自学校其他人的批评和担忧。"英伯特像是一把大伞。"阿斯佩说，"所有人都在和他说，你怎么可以让这个年轻人浪费他的时间呢，他应该去做些真正的研究。可他保护了我，而我甚至对此没有任何察觉。"终于，1982 年，阿斯佩等人发表了他们的实验结果：即使在光子飞行途中转换起偏器的透光轴，贝尔不等式依然不成立。

在做出此项壮举后，阿斯佩还完成了一件更令人惊奇也更艰难的任务。"如果你去与'寻常'的物理学家谈隐变量，或者探测量子力学里的隐变量这类事情，他们几乎理都不会理你。"阿斯佩说。

"但如果你告诉他们，有一个很妙的实验可以找到相关性，而这些相关性非比寻常的话，那他们可能就听得进去了。毕竟搞物理的都喜欢漂亮的实验，而验证贝尔理论的实验无疑很美。"阿斯佩的内心深处住着老师的灵魂，"我自己是很着迷的。如果你自己都着迷，那就理应把这份热情传递给其他人，不是吗？"

就这样，他找到了与其他物理学家讨论贝尔理论的切入点。"我喜欢解释东西给别人听，而且我觉得我找到了一个办法，可以在半小时之内就说明白为什么这个实验很有意思。我找到了让寻常物理学家对这个实验感兴趣的办法。不久后，我便开始受邀去做报告了。如果讲得不错，听众里就会有人再来邀请你去别的地方做报告。这么一来，我就做了不计其数的报告，得以按照我的理解向大家解释贝尔不等式和这个实验的重要性。"

阿斯佩的一系列报告是压垮哥本哈根诠释的最后一根稻草，彻底摧毁了保护了它多年的铜墙铁壁。

到了 20 世纪 80 年代，大量的物理学家在半个世纪以来头一次开始公开质疑哥本哈根诠释。虽然哥本哈根学派依然是主流，怀疑它的人也不都认为它完全错误，但至少被压抑了多年的异教徒们终于得以发声，并势不可挡地正式开启了基础量子研究这一崭新的领域。

第 10 章

QUANTUM SPRING

量子物理的春天

莱因霍尔德·伯特曼（Reinhold Bertlmann）每天早上都会做一件叛逆的事。乍一看，他并不像是个叛逆的人。他的胡须修剪得服服帖帖，作为教授穿着也十分得体，像他家乡维也纳的城墙一样，永远带着帝王般的端庄正式。

不过，伯特曼正式的穿着止于他的鞋子内部：他总会穿两只不成对的袜子。伯特曼说，"自学生时代起，我就一直穿着不同颜色的袜子。那时候是所谓的 68 年文化革命时代，而穿不同颜色的袜子则是来自我的小小的、隐藏的抗议。我发现，只要有人看到我的袜子，他们要么会惊奇地表示'你怎么会做出这么蠢的事？'要么就会嘲笑我是个疯子。"

伯特曼的短袜与物理实在

四十年前，伯特曼的不羁叛逆要外露许多。他留着及肩的长发，胡子长得狂野，1978 年来到 CERN 的第一天就很是引人注目。他回想道："美国人估计会说我是个嬉皮士之类的吧。"不过，伯特曼开朗友善的微笑很快就为他在 CERN 赢来了不少朋友，大家也都先后注意到了他的袜子。

　　但贝尔从没提过这事。伯特曼与贝尔一起工作了两年，研究的是粒子物理学中一项十分棘手的计算，这项工作与贝尔定理没有任何关系。伯特曼回忆说："他从没提到过我的袜子，一个字都没提过。"于是，伯特曼投桃报李，对自己在 CERN 食堂里听到的有关贝尔的传言也只字未提。他听说，贝尔曾在量子物理基础研究领域做过某种非常重要的工作。"大家都会对我说，'哇，你在跟贝尔一起工作？他在量子物理界还挺有名气的。'我总是会问，'他做了什么呢？''哦，就是某些事情吧，你也不用管，反正量子力学用起来一点问题都没有。'在 CERN 没有任何人可以说清楚贝尔不等式到底是什么。"

　　可就在 1980 年秋天的某一天，即伯特曼正在维也纳进行长达几周的访问期间，他突然以一种出乎意料的方式与贝尔定理狭路相逢了。伯特曼的一位同事挥舞着一篇论文冲进了他的办公室。"他当时抓着一份论文挥来挥去。"伯特曼回忆道，"他说，'看哪，莱因霍尔德，你猜我发现了什么！你现在可算是出名了！'"

　　伯特曼吓了一跳，然后他来回读了好几遍这份论文的标题——《伯特曼的短袜和现实性的本质》(*Bertlmann's Socks and the Nature of Reality*)。论文里甚至还有一副贝尔亲手画的卡通画（图 10.1）。

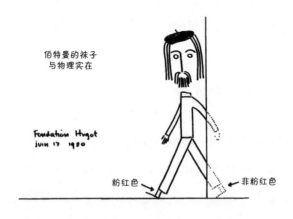

图 10.1　贝尔画的卡通画——伯特曼的短袜

"凡是没有被量子力学课程摧残过的哲学家，读到爱因斯坦 - 波罗尔斯基 - 罗森相关性时，都不会觉得有什么特别奇怪的。日常生活中，这样的例子实在屡见不鲜。伯特曼的袜子就是一个很好的例子。伯特曼博士喜欢穿两只不同颜色的短袜。我们很难预测他在某一天的某一只脚上的短袜具体是什么颜色。但如果你看到了他的其中一只短袜是粉红色，那你就已经知道了，他的第二只短袜绝不会是粉红色。除了他的个人品位，这事没什么稀奇。EPR 的事不也是一样吗？"贝尔简略阐述了哥本哈根诠释和它的历史，并解释说它"受到了实证主义和工具主义的影响，其认为要寻求量子世界的统一阐述不仅是困难的，而且还是错误的——就算不是道德上的错误，也是专业上的错误。不仅如此，有人甚至还坚持认为，原子和亚原子粒子在被观测之前并没有特定的性质。"

随后，贝尔再次把话题转到伯特曼的短袜上：

正是在这样的思想背景下，我们必须具象地来思考 EPR 相关性的讨论。这样一来，EPR 论文当年引起的剧烈争议，甚至到现在都未尘埃落定这件事就没有那么令人费解了。这就好像是我们在没有看到伯特曼的短袜，或者没看清他短袜的颜色时，就拒绝承认它们真实存在。

也好像一个孩子在问：短袜在被看到的时候为什么会选择变成不同的颜色呢？第二只短袜怎么知道第一只短袜选择了什么颜色呢？

贝尔自己解答了为什么纠缠的粒子跟伯特曼的短袜有所不同——他的理论以及克劳泽和阿斯佩的实验，都证明了有更奇怪的事情在发生（图 10.2）。"某些量子力学预测存在的相关性，在局限性的范畴内无法被解释。换言之，如果没有'远程行为'，这些现象就无法被解释。"贝尔写道，

"你对此或许会毫不在意地耸耸肩，说'无巧不成书'或者'是就是吧'。事实上，在论及量子哲学时，有许多通常很严谨的人居然也持这样不严谨的态度。但凡换成其他任何一个场景，这样的态度会被认为是不科学的。而科学的态度则应该是：只要有关联，就必然有原因。"

阿斯佩用他的魅力为基础量子研究做出了巨大的贡献，但此时的物理学界依然有许多人对这个话题漠不关心。克劳泽的亲身体会则告诉大家，从事基础量子研究是找不到稳定工作的。贝尔自己的本职工作是用相对性量子场论来研究粒子物理问题，正如他与伯特曼一起工作时所说的那样，这种理论"适用于所有实践目的"。

图 10.2　1982 年，贝尔在 CERN 的办公室里讨论他的定理的检验

然而，贝尔从未忽视过自己领域里的基础问题。他在某次报告的开头曾说，"工作日的时候我是一名量子工程师，但每个星期天我还是有原则的。"贝尔平日里轻言细语，但倘若有访问学者在报告中说了关于基础

量子研究的什么蠢话，他就会机关枪一样反驳回去。他一位年轻些的同事回忆说："开会的时候他通常什么都不会说，可如果谁说错了话，尤其是涉及量子诠释的时候他就会爆发，用一口爱尔兰口音，做出掷地有声的批评。此时对方往往就溃不成军，直接瘫软了。"

可是，这样的攻击并不来自愤怒，而是源于贝尔对科研强烈的道德操守。几十年前，他便是因为这样的道德感成为一名素食者。哥本哈根诠释拒绝与测量问题正面对峙，而他恰恰要与测量问题正面对峙。他无法忍受哥本哈根诠释中模棱两可的思想和人云皆云的态度。

虽然他并不鼓励年轻一代的物理学家把量子基础作为自己的职业目标，但他对所有愿意与他谈论此问题的人都怀着耐心和善意。"我问到量子基础的问题时，他总是会有条不紊地把答案解释给我听。"吉辛回忆道，"还有一次他来我的实验室做报告，一头红发，还戴着一顶挂着毛球的帽子。你知道吧，看起来一点都不像是伟大的贝尔。"

"贝尔总是一脸微笑，他对不合群的人格外温柔。"伯特曼说，"我们那时会聊天，聊的不仅仅是物理，还有艺术等。"可是在伯特曼看到贝尔的论文之前，他们从未谈及贝尔在量子基础方面的工作。"我看到那篇文章的时候，倒真是激动得连短裤都不想穿了。"他回忆说，"你能想象吗，我彻底惊呆了。我很激动，心扑通扑通地跳个不停。我记得我当时跑去跟他打电话时很激动，但他却很平静。"伯特曼平复下来后，下决心要了解更多量子基础问题。"我惊奇到不得不开始这方面的研究。"

量子信息技术突飞猛进

被基础量子研究吸引的不仅仅是吉辛和伯特曼这样年轻的物理学家。年长一些、更有成就的物理学家也开始对这个领域产生了兴趣，其中不乏之前认为它无关紧要或者不切实际的人。

20 世纪 70 年代早期，克劳泽还在筹备贝尔不等式的第一次验证实验时，有一次回到了帕萨迪纳跟家人一起过圣诞。克劳泽的父亲弗朗西斯当时是加州理工学院的教授。"我一到家，我爸就对我说，'啊，我为你安排了一次与费曼的会晤！'"克劳泽说，"我的反应是'天呐！'"。

费曼是一个传奇人物，也是当世最优秀也最富声望的物理学家。他是阐述光和物质的相互作用——量子电动力理论的奠基人之一，并因此于 1965 年获得了诺贝尔物理学奖。费曼曾是惠勒门下的学生，与他的导师一样，他对哥本哈根诠释从未抱有任何怀疑。

克劳泽担心自己研究的冷门理论会直接遭到反对。对于这一点，他其实并没有想错。"我一走进费曼的办公室就发现他的态度很恶劣。"克劳泽说，"他说'你在干什么？你不相信量子力学吗？那就等你证明了它到底错在哪里之后，再来找我聊。回去吧，我对这个不感兴趣。'"

而等阿斯佩 1984 年来到加州理工学院做报告时，费曼的态度却发生了巨大的转变。阿斯佩回忆道："他的态度极其友好，也提出了有趣的反馈。"报告结束后，费曼邀请阿斯佩来到自己办公室，继续讨论他的工作。阿斯佩回家后不久便收到了费曼的来信，费曼再次赞美阿斯佩道："允许我再说一遍，你的报告做得非常好！"

虽然费曼不见得能从与克劳泽那次注定不会有好结果的会晤中了解到太多东西，但阿斯佩来加州理工学院时肯定已经熟知贝尔理论了。贝尔实验的结果首次面世后，一时之间，物理界乃至于公众眼里便涌现出了大量解释贝尔定理的文章。

1979 年，德斯帕那特首次将贝尔的研究写成科普文章发表在了《科学美国人》(*Scientific American*) 上。随后，伯克利的"基础新物理"小组成员也出版了一些相关的科普图书，其中包括《物理之道》(*The Tao of Physics*) 以及《量子实在》(*Quantum Reality*)。康奈尔大学物理学家默明的一系列文章更是通过一系列极为间接的思想实验为其他物理学家阐明了贝尔理论，以至于它们迅速成为教授量子物理课程时的标准方法。

因在课堂上清晰简明的讲解和深刻的物理理解而广受尊敬的费曼，一看默明的文章就非常喜爱。他在 1984 年写信给默明说"您的文章是我在物理学领域读到的最优美的论文之一。我在职业生涯后期一直试图将量子物理中的奇怪现象提炼得更为明了简单。就在我快要达到这个目标的时候，您完美的呈现方式就出现了。"

费曼曾在 1981 年加州理工学院一场会议的开题演讲中解释过贝尔理论（但奇怪的是他在此过程中一直没有提到贝尔本人）。这场会议的主题看上去是与量子物理并无关系的计算机物理，但费曼却提出，贝尔理论或许是该领域中一个核心问题的关键。费曼在会上问大家："物理学可以被宇宙计算机模拟出来吗？物理世界遵循量子力学，因此，这个问题相当于是在问能不能用计算机模拟量子物理。而这恰恰就是我想要谈论的。"他继续说道。

对于一台寻常条件下的普通计算机来说，这件事是不可能的。电脑里若是没有奇怪的远程联系的话，用 0 和 1 的方式就只能模拟局域性物理，也就不能完整地模拟量子现象。但费曼猜测，或许有另一种办法可以做到这一点。他设问："能不能用一种新的电脑——量子电脑来这么做？我不知道这个问题的答案，还是把它留给大家解决吧。"

几年后，一位名叫戴维·多伊奇（David Deutsch）的青年物理学家开始继续研究费曼提出的这一问题。1985 年，多伊奇证明了完全利用了量子物理和经典物理之间差别的计算机，即量子计算机，可以比传统的电脑效率更高。多伊奇的证明为贝尔的想法打开了一扇通往实际应用的大门，而这是贝尔从未想到过的。

不过多伊奇并没有给出实际例子来展示量子计算机跟传统计算机相比，到底是如何更胜一筹的，他仅仅证明了其在理论上的可能性。要想为一种尚不存在的计算机设计算法，还要使其在性能上战胜传统计算机，这无疑是一项异常艰巨的任务。

近 10 年后，一位名叫皮特·秀尔（Peter Shor）的数学家精妙地完成了这一任务。1994 年，他设计出了能够快速分解极大数字的量子算法。这个成果非同小可！秀尔的算法不仅用实例证明了多伊奇在理论上提出的可能性，还兼备着不可小觑的实际用途。普通的计算机是很难分析大数据的，而秀尔非常清楚，这一点正是密码学的基础，是刚刚开始风行的互联网上通信安全的前提。秀尔证明，有了量子计算机，任何通过传统计算机网络实现的金融交易都可能不再安全。

然而，这时，量子信息理论也给出了这一问题的解决方法：量子密码学。实际上，有两种绝对安全的通信方法都基于当年的基础量子研究。其中一种是查尔斯·贝内特（Charles Bennett）和吉列斯·布拉萨德（Giles Brassard）在 1984 年基于"不可克隆原理"得出的。

该原理原本是为了回应基础新物理小组的工作而提出的。另一种方法则是阿图尔·埃克特（Artur Ekert）1991 年直接基于贝尔定理提出的。这两种方法都有可能实现完全安全的通信，因为基础物理法则杜绝了在不被发现的情况下进行偷听的可能。

就这样，量子纠缠和贝尔理论摇身一变，不再是只属于少数物理学家和哲学家研究的边缘科学。不出所料，由于计算机技术和密码学这样的实际应用领域将受到影响，政府和军队突然对这方面的课题产生了浓厚的兴趣。控制量子纠缠、消相干以及其他最先由从事量子物理基础研究的学者们提出的现象，变成了非常重大的事情。大家你追我赶，都想把早日造出量子计算机的想法付诸实现。

大量的经费涌入了相关领域。秀尔做出突破后不到 10 年的时间，国防部便拨了 2 000 万美元致力于量子信息领域的研究。到了 2016 年，各种军属或民属的美国政府部门都开始了对量子信息技术的资助。欧盟也在该领域投入了 10 亿欧元，而中国对量子通信卫星的研究也进入了测试阶段。类似谷歌和微软这样的私营企业也加入了这方面的研究。简而言之，量子信息处理已经不再属于基础量子研究领域。它已经自立家门，成为一个价值数十亿美元的产业。

然而，基础量子研究并没能从中分一杯羹。潮水一般涌来的经费几乎都只拨给了类似搭建量子计算机这样有实际应用的项目，而非解决测量问题的新方法上。基础量子研究生出了新的果实，证明了自己并非一无是处，可量子信息处理方面的发展并不能解决量子理论核心的秘密。许多物理学家，其中包括正在贝尔定理促生的新领域中工作的那一些，对物理学依然保有哥本哈根诠释的态度。默明总结得好，他们只顾"埋头苦算"。

"不够优美"的导波理论翻盘重生

量子物理基础研究影响了计算机的发展，但计算机同时也影响了量子物理的基础研究。1978 年，玻姆在伦敦伯贝克大学的 3 位同事——克里斯·杜德尼（Chris Dewdney）、克里斯·菲利普迪斯（Chris Philippidis）和巴席·海利（Basil Hiley）重读了玻姆在 20 世纪 50 年代发表的一系列导波文章。

海利与玻姆在伯贝克已经共事超过 10 年了。他听说过玻姆的导波理论，却一直以为他的结论并不成立，因为玻姆早在他们认识前就放弃了那方面的研究。而那两个克里斯则初出茅庐，即便如此还是去看了玻姆的文章。

"有一天，杜德尼和菲利普迪斯拿着玻姆 1952 年发表的文章来找我。他们问我'你怎么不去和玻姆聊聊这个呢？'我最开始的反应是'哦，因为这都是错的。'但他们紧接着又问了我几个问题，我便不得不承认自己并没好好读过这篇文章。事实上，我只读过引言！于是，我回到家后，花了一个周末的时间读完了它。读的时候我便在想，这到底错在哪里？这些内容明明看上去都很合理啊！"到了第二周周一，海利说，"我再去找到了两个克里斯，对他们说'好吧，我们来算一算这些波的轨道。'"杜德尼用计算机得出了在不同情况下由导波指引的粒子轨道，其中包括双缝实验（如图 5.4）。"当然了，这些图像胜过千言万语。"

海利和两位克里斯带着图找上来后，玻姆简直惊呆了。"他的眼睛刷一下就亮了。"海利说。就这样，玻姆重新翻出了沉寂了 20 年的导波理论，开始与海利一起寻找前进的道路。

玻姆对自己曾经的理论重新产生了兴趣。同时，还有其他几位物理学家也正在导波理论的基础上进行新的工作。玻姆和海利想要在导波理论和玻姆于 1960 年到 1970 年间提出的"隐序"论之间找到联系，而新出现的这一批玻姆派的学者则将玻姆 1952 年提出的理论进行了完善，改进了其中的语言和数学，针对玻姆理论此前数年受到的批判做出了回击。

有人还找到了从更基本的原理中推导出导波理论的方法，这样一来，之前说玻姆理论"不够优美"或者"具有特定目的"的言论便不攻自破了。还有人把玻姆 50 年代试图将导波延展至相对性量子场论的工作继续了下去，并且取得了成功。该理论后来十分成功地预测出了粒子加速器里的物理现象。

令人遗憾的是，玻姆生前并没有看到太多这方面的工作。1992 年，他由于心脏病突发在伦敦的一辆出租车上辞世，享年 74 岁。被列入黑名单后，他在长达 40 年的逃亡岁月中依然保有尊严和信仰，不容置疑地展示了量子物理在哥本哈根诠释之外还可能存在的其他诠释。他亲手推翻了冯·诺依曼的证明，即神作一般的贝尔定理背后的灵感源泉。如果说贝尔是量子复兴之父，那玻姆就是当之不愧的量子复兴鼻祖。

消相干登上了物理界更大的舞台

在贝尔理论的验证实验成功后，除了玻姆的导波诠释之外，还有很多多年被束之高阁的想法都开始重新进入人们的视野。泽贺也因此前的消相干研究获得了一些认可，这主要归功于惠勒。

由于无法使自己的学生埃弗里特的理论与自己的导师玻尔的理论达成一致，惠勒索性将自己对量子理论基础的兴趣彻底搁置一旁，可贝尔实验的实施以及惠勒与在普林斯顿大学的同事维格纳的长时间讨论，又重新点燃了他对这个领域的热情。

1976 年，来到得克萨斯大学后不久，惠勒开始执教一门讲授测量问题的课程。正如在普林斯顿大学时一样，惠勒的学生有许多都很有天分，这门课的内容对他们其中的一些人造成了很深远的影响。

"直到我在得克萨斯州奥斯汀见到惠勒之前，我都以为那些深层次的问题早已解决了。就算没有，它也并非适合一个学生去研究。"惠勒的一名学生沃奇克·祖瑞克（Wojciech Zurek）如是说道，"而惠勒改变了这一切。在他的课上，我们读了玻尔和爱因斯坦的著作，也讨论量子理论和量子信息之间的联系，提出各种奇思妙想。我越发相信，量子力学中的重要问题，比如观测者扮演的角色和信息在物理上的性质等，都依然悬而未决。"

在惠勒课上学到的知识，以及在得克萨斯大学参加的一次多伊奇的讲座，都促使祖瑞克开始思考量子纠缠和测量问题之间的关系。具体来说，是量子系统和其周围之间的纠缠效应，也就是消相干。他经常跟惠勒交流自己的看法。"惠勒在界定问题，或者说界定一组问题上，帮了我的大忙。"他回忆道。

祖瑞克在 1981 年初写完了一篇关于消相干的文稿。虽然祖瑞克并未注意到泽贺此前对同样问题的研究，惠勒却是很清楚的。从维格纳处听说了泽贺的想法之后，惠勒曾在前一年 5 月到海德堡拜访过泽贺。祖瑞克完成草稿后不久，便从惠勒和维格纳那里了解到了泽贺的工作。祖瑞克的论文面世时，还将泽贺当时不为人所知的工作列为自己参考的文献之一。

虽然他们研究的内容非常相似，但祖瑞克分析消相干的办法却与泽贺有很大的不同。泽贺在发表的第一篇相关论文中，将多世界诠释看作消相干效应的必然结果。而祖瑞克则对量子物理的诠释将信将疑。祖瑞克说："我的论文（或者广义地说，我看待消相干的方式）是要从量子理论中直接推论出相关的基础问题，其中不需要用到任何额外的诠释。"

由于他们不同的态度和前十年内物理界的变动，不难想象出，祖瑞克的研究受到的对待跟泽贺决然相反。泽贺的论文在发表时遇到了很多挫折，而祖瑞克的论文轻而易举地就被发表于有名望的物理学期刊上；祖瑞克有老师惠勒这个强大的后盾，泽贺则因为消相干的研究与自己的导师延森分道扬镳。惠勒不仅支持祖瑞克的工作，经常跟他讨论他的想法，并为他谋得了去参加基础量子研究会议的机会，事实上，祖瑞克资历这么短的学者通常是不会有机会去参加这些会议的。

祖瑞克的报告和他的想法在会议上都得到了很好的回馈，他也因此坚定了自己要从事量子物理基础研究的信心。"我一直以为，对于一个物理学家来说，研究量子物理基础研究就等于是在自掘坟墓。在我还是学生的时候，我周围的人都是这么说的，但有一个人除外，那就是惠勒。因此，我能因研究量子物理基础而受邀去参加这些会议，无疑证明了一件事——时代确实在改变。"

接下来的五年中，祖瑞克又发表了五六篇阐述消相干的论文，还有几篇是讲别的基础研究的。这些文章没有任何一篇影响到了他的职业发展，他就这么一路从得克萨斯大学去到了加州理工学院，后来又进了洛斯阿拉莫斯国家实验室。

祖瑞克论文的成功让泽贺相信自己是时候继续消相干方向的工作了。他收了一名颇有潜力的学生埃里希·朱斯（Erich Joos），并和他一起写了好几篇有关消相干的论文。然而，泽贺不愿自己的研究影响朱斯的职业生涯。"年轻人不应该因谈论埃弗里特的理论而毁掉自己的前程。"他在与朱斯一起工作的开始，便如此向朱斯说道，"所以，我们在这篇论文里完全不能提到埃弗里特。"

祖瑞克的论文面世之后几年，泽贺都故意避免论及埃弗里特，以为可以借此保护朱斯的前途。尽管泽贺、朱斯和祖瑞克等人在消相干理论方面硕果累累，泽贺在海德堡大学的同事即便知道了他们在干什么，也拒不承认这是"货真价实"的物理。

"1990 年，我想到或许应该推荐朱斯去申请特许任教资格（在德国大学当讲师必须先获得资格，类似于第二个博士学位）。"泽贺回忆道，"我向有资格审批这项申请的人提了一下此事。结果，收到的回复居然是'他做的工作是什么？'，我回答'消相干'，而他们的反应却是'消相干？那是什么？'，这都 1990 年了！"

1991 年，消相干终于登上了物理界更大的舞台。祖瑞克的一篇关于消相干的文章发表于美国物理协会的杂志《今日物理》（*Physics Today*）上。然而，祖瑞克的文章中讲了一些颇具争议性的话，几乎等于在暗示消相干本身就可以一举解决测量问题。

"虽然解决这些问题非常艰难，但在最近的几年，已经有越来越多的人达成共识：我们在测量问题上已经有所发展。"祖瑞克写道，"宏观的系统从不会隔离于外界环境。谈论量子力学上的波函数坍缩时，其所产生的'消相干'是不能被忽略的。"在文章最后，他直白地写道："消相干会消除叠加态。"

《今日物理》的大批读者来信批判祖瑞克的文章，指出若没有相应的诠释，消相干是不能解决测量问题的。对于陷入了类似"薛定谔的猫"

叠加态的小物体来说，好比叠加态与外界环境接触的消相干并不会消除叠加态，而是会叠加上更多状态。这是因为不仅物体本身处于叠加态，包括了物体和环境在内的系统也会陷入叠加态。

如果没有一个诠释来解释到底什么是叠加态的话，测量问题便依然无法解决：我们在真实生活中为什么不会看到既活着又死去的猫呢？为什么小的物体完美地遵循薛定谔方程，而大的物体完全不会？

不出所料，泽贺同意了"环境引起的消相干本身并不能解决测量问题"，但他认为埃弗里特的多世界诠释是解决此问题的重点。祖瑞克虽然在《今日物理》中写了那些话，但实际上他自己也同意消相干本身并不能解决测量问题。

在这一点上，他在自己发的第一篇论文里讲得清楚多。他明确提出，消相干并不能解释"是什么导致了系统—仪器—环境的总波函数的坍缩"。可是，祖瑞克对于多世界诠释的理解与泽贺是不同的。相反，他的看法与他的导师惠勒的有些相似，他想找到一个让埃弗里特的多世界诠释跟哥本哈根诠释和谐共处的理论，就像惠勒在 1956 年那次注定未果的哥本哈根之行中想要做的一样。

不幸的是，许多物理学家把祖瑞克的圆滑手段当成了消相干支持哥本哈根诠释的证据。对于他们来说，消相干理论跟哥本哈根诠释一样，是一句能令测量问题和量子理论中其他奇怪现象瞬间消失的神秘咒语。20 世纪 90 年代末期测量消相干的实验更是进行得如火如荼，由于消相干已经被实验验证，有些物理学家便得出结论说测量问题已经有了答案。犯下这个错误的人中，包括安德森，他在当年由于误以为贝尔驳回了玻姆的导波理论而接受了那篇论文。

在 2001 年，他说："'消相干'形容的无非是以前被称作波函数坍缩的那个过程，现在，利用粒子束技术巧妙地量化整个过程的实验已经验证了这个概念。"安德森对消相干的误解就和当年他对贝尔定理的误解一样，绝对不是因为他作为物理学家不够专业。实际上，他在固态物理领域有着杰出的贡献，是 1977 年诺贝尔物理学奖的得主，也是粒子物理领域现代标准模型的奠基人之一。他犯下的错误带有深深的时代印记。量子基础领域迅速变得十分复杂，若非专攻于此之人，哪怕是最优秀的物理学家也难以说清相关原理。

除此之外，哥本哈根带来的理念根深蒂固，许多物理学家还尚未意识到这一点。玻姆之前的学生、量子物理哲学家杰佛瑞·巴伯（Jeff Bub）于 1997 年形容过这一现状："如今，新的'正统理论'似乎变成了这个：最近的环境消相干实验证明了原先的哥本哈根诠释是正确的。"巴伯认为："事到如今，爱因斯坦对哥本哈根诠释提出的质疑并没有任何真正的发展。它依然是'虔诚的信徒脑下那个柔软的枕头'，只不过或许现在还添上了一床很是高级的鹅绒被吧。"

泽贺其实一直以来都很担心事情会发展成这样。"我相信，终有一天，哥本哈根诠释将被称作科学史上最大的诡辩。"他在 1980 年写给惠勒的信中这样说道，"但如果我们有朝一日找到了真正的答案，那时又有人说'玻尔其实本来就是这个意思'，那就未免太不公平了。这只是因为他说话恰巧语意不清而已。"

信息理论诠释：万物源自比特

惠勒在得克萨斯州时，还成功推动了基础量子研究中一个新领域的诞生。20 世纪 80 年代到 90 年代，大量的量子诠释开始涌现。它们有一些是颇具想象的新理念，也有一些是复兴过后的已有概念，而其中数量最多的，则是基于信息理论的诠释。

这一类诠释受到了量子计算机和密码学方面工作的启发，提出要用计算机科学的理论系统来解决量子基础的核心难题。惠勒是这一解决方法的首批推崇者之一，他把这个概念称之为"万物源自比特"——从信息的概念中，找到量子物理所形容的现实根基。

信息理论诠释背后的动机不难理解。如果波函数是某种信息，而不是一个物体的话，那量子物理核心的许多问题就不复存在了。尤其是如果波函数是信息，那么测量问题将更易解释——进行测量行为的时候，你得到的信息会改变，所以波函数自然也会在测量时发生剧烈变化。

不仅如此，EPR 实验和贝尔理论也变得直观了许多。两个偏振纠缠的光子往反方向飞去时，我们在测量其中一个光子的偏振时，自然就会知道另一个的。这其中没什么神秘和非局域性的，就好像你在中国北京看了一眼时钟，就自然知道了阿根廷布宜诺斯艾利斯的时间一样。由于这一切中并不存在任何非局域性，我们就不难理解为何量子纠缠不能用于超光速通信了。

不过推崇信息理论诠释的人会指出，这么说也有点问题。贝尔理论明确说明，光子的偏振并不像是时钟或者伯特曼的短袜。如果波函数本身是信息而不是物体的话，那一定是一种很奇怪的信息。"谁的信息？"贝尔质问道，"关于什么的信息？"想要解决测量问题，信息理论诠释必须先回答这些问题。很明显，与哥本哈根诠释最为兼容的答案分别是"我的信息"和"关于我观测的信息"，可在贝尔看来，这些回答从根本上就是不对的。把测量行为作为物理学的核心无非就是实证主义的一种。

贝尔早在大学时期就已经考虑过这一套哲学理论，但由于它必然会引起唯我论，于是贝尔对其拒不接受。唯我论意味着你是唯一的存在，你身边的所有其他人其他事都是你自己脑中的幻觉。

实证主义从一开始就无法摆脱唯我论的结果，而现在基于信息的诠释也陷入了同样的境地。如果波函数代表的信息是属于你的信息，那为什么偏偏是你的呢？不同的观测者该怎么知道它是否为同样的信息呢？而你的信息又是如何化为实在的物体而存在于这个世界，甚至还可以制造出大家都能看到的干涉纹的呢?

有些物理学家试图给出过这些问题的答案:波函数代表的是一个量子物理统治下肉眼不可见的世界,而这个世界的运作规则与我们的世界截然不同,也不为我们所知。可如果是这样,便只有坚持这个世界是非局域性的,才能满足贝尔理论,如此一来,信息理论诠释的优势就没有了。(惠勒自己也曾误以为贝尔实验否定的是决定性而非局域性。)还有人试图用改变概率学原理,或者贝尔证明中假定的某些条件来解决这个问题,但这些方法都各有各的缺陷。

当然,存在这些问题并不意味着信息理论诠释并不成立。只不过他们必须被正面解决或驳回,而对信息理论诠释感兴趣的物理学家和哲学学者也正是这么做的。不过在某些物理学家看来,波函数是"信息"这个简单的概念,与消相干有着异曲同工之妙——他们都可以快捷简便地直接消除测量问题。惠勒说过,"万物来自比特"的灵感来自玻尔看待量子物理的方式。有些人把这句话理解成了"玻尔想表达的本来就是这个",哥本哈根诠释其实一直说的就是:波函数是信息(但不愿意回答是什么的信息),以及这是"理解"量子物理的唯一正确的方式。

无视观测,完全随机的自发坍缩理论

贝尔当然心知肚明,在量子物理或者自己提出的原理中,并没有任何东西必然指向哥本哈根诠释。"为什么导波的概念没有被收录进教科书呢?"贝尔在 1982 年问道,"它当然不是唯一的诠释方式,但作为一个不要太过自满的警醒,大家难道不应该知道它的存在吗?它会告诉大家,语意不清、主观臆断和犹豫不决的态度并不是实验数据所导致的,而是源自理论上的选择。"然而玻姆重新捡起导波理论不久,贝尔开始支持另一个当时才刚刚出现的理论:自发坍缩理论。

(a) 单个粒子波函数只有一台老虎机，不太可能在数百万
　　年或数十亿年内中坍缩头奖。

(b) 一个由许多纠缠粒子共享的波函数有许多老虎机，很
　　可能很快就会中坍缩头奖。

图 10.3　**自发坍缩理论**

　　玻姆和埃弗里特诠释利用的都是量子物理已有的计算方式，而自发坍缩理论不同——为了解决测量问题，它直接对量子物理中的公式做出了修改。不过它改得很少，当然，也必须改得少，毕竟量子物理在预测实验结果的正确率上本就所向披靡。自发坍缩理论在保留了传统量子物理的基础上，对其中的计算方式稍做修改后，就恰好可以解决测量问题了。

　　在自发坍缩理论中，量子波函数是真实存在的，但它并不完全遵循薛定谔方程，时不时会发生坍缩。然而，这种坍缩跟观测或测量行为完全没有关系：它坍缩得没有理由，完全随机，不管有没有人观测都一样。我们可以假设波函数在玩坍缩老虎机（见图 10.3a）：

　　每次中了头奖时，波函数就会坍缩。它以每秒几百万次的速度拉下拉杆，但中头奖的概率只有十万兆（1 后面跟着 25 个 0）分之一左右，要等几千亿年才可以坍缩一次。这意味着亚原子粒子几乎总是可以同时走向两条路，就好像我们在引言里讲解过的纳米哈姆雷特一样；但极其偶尔地，它们会被迫选择其中一条。具体是多偶尔就要看实验的精度了，不过至少也是每几万年一次，否则就有违现有的实验数据了。

可这并不能解决我们在引言中提出的那个问题：如果亚原子粒子的行为如此奇怪，而我们自己和身边的物体都是由这些粒子组成的，那我们在日常生活中为什么看不到这些奇怪的现象呢？

自发坍缩理论认为，答案有两点：其一是量子纠缠；其二是因为我们身边的物体都是由数量巨大的粒子组成的。虽然一个单粒子的波函数平均得等十亿年才会坍缩一次，我们身边的固体——比如你手上的这本书——通常是由至少十万兆个粒子组成的。如果它们都在疯狂地拉自己那台老虎机的拉杆（见图 10.3b），那么，平均来说，每百万分之一秒就会有一个粒子发生坍缩。可由于组成这本书的粒子同时还在相互作用，它们会发生纠缠，拥有同一个波函数。因此当其中一个粒子中了头奖，整本书的波函数都会发生坍缩。

这意味着这本书同时存在于两个地方的时间不会超过一毫秒，要比眨眼睛的时间短一万倍。用贝尔的话来说，在自发坍缩理论中，薛定谔的猫"只有在极短的时间内才是既死又活的"。

就这样，测量问题有了答案：不论大小，所有的物体都遵循着同样的法则，测量行为并没有什么特殊的作用。波函数坍缩在任何时候都会在任何物体上随机发生，并不需要观测者的介入。

自发坍缩理论不仅仅是个单一的理论，它包括了一系列的相关理论，是由这些年来几个一直不满于哥本哈根诠释的人发展得来的。我们之前形容的这个版本是贝尔和很多其他物理学家所熟识的版本，于 1985 年由3 位在意大利工作的物理学家提出，他们的名字是吉安卡洛·吉拉尔迪（GianCarlo Ghirardi）、阿尔伯特·里米尼（Alberto Rimini）和图利奥·韦伯（Tullio Weber）。根据他们的姓氏，这个理论也被称为"GRW 理论"。

"在我看来，GRW 模型很好地展示了，量子物理要变得更合理，仅

What Is Real? (i) (i)
The Unfinished Quest
for the Meaning of
Quantum Physics   **谁找到了薛定谔的猫？**

需要一个（从某种角度上说）小小的改变就够了。"贝尔在 GRW 论文面世后不久写道。贝尔的阐述把 GRW 带进了许多物理学家的视野，其中有一位物理学家叫作菲利浦·泊尔（Philip Pearle），他自 20 世纪 70 年代早期就开始做类似的工作了。10 年前，泊尔的研究也让他受到了孤立；有一位社会学家在研究物理学家的"社会偏差"时还采访了他。

泊尔写信给贝尔，问对方可不可以给自己更多的关于 GRW 的信息。于是贝尔安排泊尔与吉拉尔迪一起休了一个学术假，在这期间，泊尔与吉拉尔迪开始一起研究怎么把 GRW 扩展到相对性量子场论里。

然而，除去玻姆、埃弗里特等人都遭受过的冷遇外，GRW 和泊尔还遇到了更大的阻力——量子理论都这么成功了，为什么非要去修一件明显没有坏的东西？我们为什么需要一个不同的诠释，更何况这还是一个完全不同的理论呢？

贝尔认为解决量子物理的核心问题刻不容缓，他想要的是一个货真价实的理论。它应当不会让专业人士感到尴尬，并能正面解决测量问题。他的文辞一针见血，让那些只想用哥本哈根诠释中暧昧的陈词滥调自欺欺人的人无处遁形。

"都过了 62 年了，我们至少该对量子力学的某些部分有一个精确的表述了吧！"1989 年，贝尔这样说道，"测量仪器不应该是独立于这个世界的黑匣子，不应该好似并非由原子组成、不需遵循量子力学。"

1990 年 1 月，他在日内瓦做的报告中承认，问题十分棘手。他的理论表明，我们的认知需要做出颠覆性的调整，而人们需要逐渐地接受这一点。他对台下为数不多的观众说："我觉得我们恐怕不得不承认非局域性。我实在无法用符合量子力学结果的方式去理解局域性。"

8 个月后，贝尔由于突发脑出血骤然离世，年仅 62 岁，同事及朋友对他的追忆和悼念纷纷而来。"我从未遇见过像他这样诚实严谨的人，他很伟大。"希莫尼回忆道，"只有贝尔才能证明贝尔定理，原因在于他的人格。当然，他的确才智过人，但同时他还有着常人没有的诚实和倔强，不解决问题决不罢休。"

"贝尔决意要通过伟大的物理理论彻底理解自然规律。对于这一点，他有着巨大的责任感。"默明和库尔特·戈特弗里德（Kurt Gottfried，一位曾因哥本哈根诠释而与贝尔争论过数次的物理学家）写道，"他坚持，仅仅是成功地对数据进行了出色的数据处理，而不能帮助我们完善地理解这个物理现象，就应该受到严格的审视。而如果我们没法彻底理解这个现象，这个理论也就不攻自破了。不管它的结论看上去多么符合情理，这都只是表面的光鲜。约翰在物理界占有非常特殊的位置，他的人格和才智都极为出众，同时扮演着物理学家、哲学学者和人文主义者的角色。对他来说，深刻的想法需要被深刻地理解。在他还如此富有生命力的时候就把他从我们身边夺走，命运实在太过残忍！"

25 年来，贝尔一直坚持反对当时流行的哥本哈根诠释。"相信我，若是没有强大的性格，是做不到贝尔所做的事情的。"吉辛说，"他很可能因此被彻底毁灭。"但贝尔没有，他反倒越挫越勇。自爱因斯坦以来，他是第一个强烈撼动了哥本哈根诠释的人，并且还在此过程中揭露了一个影响极为深远的自然性质。"我觉得非局域性是贝尔最伟大的发现。"伯特曼说，"自然的非局域性应该是上个世纪最伟大的发现之一。"然而贝尔生性谦逊，在世时并未得到他应得的认可和赞誉。

贝尔去世前几年，他和伯特曼在 CERN 的室外食堂一起喝茶。他们坐在下午的阳光里，眺望着阿尔卑斯山和侏罗山。这时，伯特曼突然觉得贝尔吃了不少亏。"我不知怎的就对他说，约翰，我觉得你应该得诺贝尔物理学奖。"伯特曼回忆道，"他很惊讶，反问我为什么，我说，当然是因为贝尔定理啊！"贝尔指出，验证贝尔定理的实验并没有违背量子力学，拿诺贝尔物理学奖还不够格。不仅如此，他还补充道，"我不觉得我应该得诺贝尔物理学奖，按照诺贝尔的规定，我想不到我的不等式能如何为人类谋得福祉。"（诺贝尔原本提出，诺贝尔奖要奖励给那些前一年在自己领域为人类福祉做出重要贡献的人。）

伯特曼不同意："我回答说，我不这么觉得。我觉得你发现非局域性这件事应该得到诺贝尔物理学奖。然后他一方面很是高兴，一方面又有些失落和悲伤地说'谁又在意非局域性呢？'，所以他确实是觉得物理界没有彻底意识到这一点是多么重要。最明显的就是，CERN 的人都很敬重他是因为他在粒子物理上做的工作，但大家完全没有意识到他在量子物理做出的贡献有大。"

贝尔不知道的是，他去世前一年的确被提名了诺贝尔物理学奖。若是他能多活几年，很可能就会获得这一奖项。只可惜诺贝尔物理学奖也不会于死后追授（这也是诺贝尔的遗嘱上规定的）。贝尔的工作得到了延续，虽然他未能活着看到这一切。"20 世纪 90 年代，量子信息走进了繁荣发展的时代。"伯特曼说，"它现在已经有属于自己的学术团体了，而在 80 年代的时候还毫无踪影。可惜贝尔没能看到他工作的成果。"

贝尔对物理学具有深刻的洞见，他行文清晰，直击要害，改变了整个物理界的思维模式，同时还在无意中孵化了一个全新的领域：量子信息处理。不仅如此，作为 CERN 粒子物理和加速器设计方面的专家，他在"量子工程"领域的成就也属顶尖水平。

贝尔在基础量子研究领域的学说同样继续发展着。他在去世前一年曾前往位于西西里最西角一个坐落在山中的小镇埃里切，参加了一场学术会议。在那里，默明回忆称，贝尔"做出了我这辈子听过的最引人入胜的报告"。"到底什么样的物理系统才有资格扮演观测者的角色呢？"贝尔话带讽刺地反问道，"在单细胞生物存在之前，这整个世界的波函数是不是蠢蠢欲动地在原地等了数百万年？还是说，光是单细胞生物还不够，得等有博士学位的人出现才行？"

随后，他指出了量子物理课程教授上的几大漏洞，他用了几本常用教科书里的相关解释作为例子，并阐述了在他看来最有前景的两个量子物理诠释——导波诠释和自发坍缩诠释。他在报告的结尾做出了对未来的展望："在我看来，最大的问题在于，这两个诠释能不能在被完善之后，仍与广义相对论保持统一？如果能，那到底会是哪一个？"

虽然在埃里切做的这次报告中没有提到，但贝尔也考虑过导波和自发坍缩之外的第三种可能。"我觉得'多世界诠释'是一个略显浮夸且非常含糊的猜想。"贝尔在 1986 年说道，"我几乎觉得它有些愚蠢。话虽如此，在 EPR 谜题上，它或许能告诉我们些什么。我觉得我们应该用更准确的方式把它重新阐述一遍，从而看看这一猜想是否真实。虽然可能性很小，但或许多个世界的可能性会让我们对自己这个世界的存在感到更舒服一些。"

尽管贝尔去世后研究导波和自发坍缩理论的学者多了起来，但在 20 世纪的最后十年，多世界诠释却引发了更多关注与争议。这一切跟贝尔的研究没有太大的关系，甚至跟整个量子物理界都关系不大。

多世界诠释之所以来势汹汹地回到物理学的舞台，是因为一个截然不同的物理学领域。这个领域研究的不是小到极致的微观世界，而是一个大到极致的系统——整个宇宙。

第 11 章

哥本哈根诠释对战整个宇宙

"若是让所有的物理学家都来投票，绝大多数人都会选择加入哥本哈根学派。就好像不管有没有读过《权利法案》，绝大多数的美国人都会声称自己支持它一样。"德威特在 1970 年写道。

美国物理协会每月都会发行一本杂志，即《今日物理》，而德威特成功说服了杂志的编辑让其在《今日物理》上发表一篇阐述量子物理基础的文章。到了这个时代，编辑霍巴特·埃利斯二世（Hobart Eills Jr.）其实并不难说服。

"我对量子物理和其诠释中的矛盾点有所不满已经有一段时间了，而某些物理学家居然并不觉得有什么不妥。"他在写给德威特的信中说道，"我相信你，如果能就量子物理的不同诠释做一个基本的全面回顾，而不是着重强调其中一种的话，大家一定会感兴趣的。"

德威特的文章《量子力学和物理实在》确实回顾了几个不同的诠释，但他的个人倾向是十分明显的。"哥本哈根学派主张，波函数的坍缩以至于波函数的存在都只存在于我们的脑子里。"他写道，"如果这个看法是正确的，那什么才算是物理实在呢？我们怎么可以对身边确实存在的客观世界如此傲慢！"讲到量子叠加态的情景，比如薛定谔的猫时，德威特说，"大多数物理学家认为测量仪器一定是陷入了精神分裂的状态，无法决定该测出哪个值——活猫还是死猫"。他总结道，哥本哈根诠释无法回答这个问题。其他的诠释，比如玻姆提出来的导波诠释，则提出了隐变量的存在，但德威特认为这是没必要的。"我们能不能假设薛定谔方程本身已经足以解释这一切了呢？"他在《今日物理》中写道，"能不能直接解决这个问题？答案是肯定的。"

文章余下的篇幅中，德威特用推崇的态度阐述了埃弗里特的"相对态"诠释。从 1957 年认识埃弗里特开始，他便一直拥护这个诠释。埃弗里特自己从未明确谈论过多世界的概念，但德威特却去做了埃弗里特懒得做的事，把这个诠释易名为"多世界"诠释。

"在类似测量这样的相互作用中，宇宙和组成宇宙一切物体都在不断地分裂为千千万万个分支。"德威特写道，"而且宇宙的每一个角落、每一颗恒星星上的每一次量子转变，都会把我们在地球上的世界像金字塔一样不断分裂成许多个彼此的复制品。"德威特知道这个概念怪异到令人头昏目眩：

> 直到现在，我都清楚地记得，我在第一次听到多世界概念的时候是多么惊奇。要想象有 10^{100+} 个自己的微瑕复制品正在不断地分裂出更多个自己，就此踏上截然不同的旅程，这实在太难用常理理解了。这才是货真价实的精神分裂呢！

不管怎样，德威特都认为，"多世界是自海森堡 1925 年提出量子物理诠释以来，最自然的结果"。他指出，这个诠释不需要假设波函数坍缩，它不需要做任何假设。

《今日物理》的许多读者都不同意德威特的看法。"这个宣称有无数个不断分裂的平行世界的说法，恐怕比地心说还要离谱。"有一名物理学

What Is Real?
The Unfinished Quest
for the Meaning of
Quantum Physics

谁找到了薛定谔的猫?

家回应说,"至少地心说从某种角度还'解释'了这个可观测的世界,而没有凭空捏造出无数个不可观测的世界。""多世界诠释还意味着,有幸坐在即将坠毁的飞机上的乘客完全不必担心,因为在另一个世界里,这架飞机会安全抵达。"另一名物理学家则回应道,"我不禁要问,为了解决量子理论中的逻辑问题,真的需要用到如此牵强的概念吗?(当然,这只是我个人的看法。)"

但德威特依然相信这个诠释,某些读者也确实被说服了。埃弗里特的诠释在十几年来一直不为人知,而现在,德威特口中这个"20 世纪埋得最深的秘密"终于要浮出水面了。

宇宙学的崛起凸显出哥本哈根诠释的不足

德威特之所以会对多世界诠释格外充满热情,不仅是因为他想解决量子物理之谜。受到《今日物理》读者的质疑后,他回应说:"多世界诠释是唯一一个既符合现有理论框架,又能让量子物理适用于宇宙学基础研究的说法"。德威特写这些话的时候,宇宙学是一门比量子物理基础研究更为成熟的领域,但也没有太成熟。

对于某些物理学家来说,要把整个宇宙当作科研对象实在令人难以接受。宇宙学领域的几个核心理论——广义相对论、爱因斯坦的引力理论,以及扭曲的时空——是一片只有理论存在的死水,虽然没什么争议,却也没什么实际用途。爱因斯坦的理论跟牛顿的引力论相比,只在恒星这类非常巨大的物体上才能体现出差别。然而大多数人都认为,这些巨大的物体离我们的日常生活太远。连这个理论在宇宙学范畴内造成的差别到底是否成立,大家都莫衷一是。

1962 年,一位名叫基普·索恩(Kip Thorne)的物理学学生刚从加州理工学院毕业,正准备前往普林斯顿大学,在惠勒手下研究广义相对论。

据他回忆，加州理工学院的一位教授当时曾劝他说："广义相对论跟现实生活离得太远了，不如去别处找些真正有趣的物理课题来研究。"

广义相对论不仅应用范围非常狭窄，其中涉及的数学阐述也十分深奥，比量子力学还要复杂许多。据说，爱因斯坦当时提出这个理论时，为了学会并理解其中需要用到的微分几何，还特意去请教过数学家友人马塞尔·格罗斯曼（Marcel Grossman）。由于广义相对论的内容和数学阐述都如此艰深，许多物理学家根本无法理解它在试图表达什么，因而对其结论也心存怀疑。

1915 年发表了该理论之后，爱因斯坦自己都一度无法接受它引起的后果。他意识到，广义相对论意味着宇宙要么在收缩要么在膨胀。这个结论有悖于当时的实验数据，让爱因斯坦十分不安。于是他往公式里塞了个"宇宙常数"，一个让宇宙大小恒定的修正因子。

然而早在 1929 年，天文学家爱德文·哈勃（Edwin Hubble）就发现，远处的星系正在往后退行，退行的速度与星系离地球的距离成正比，与宇宙膨胀论预测的结果一模一样。爱因斯坦知道后，立即去掉了自己后来加进去的宇宙常数，并接受了由广义相对论推导出来的宇宙膨胀论。他本就不喜欢这个宇宙常数，认为它"彻底毁掉了这个理论的美"。

然而，并不是所有人都是这么认为的，甚至哈勃本人都不相信宇宙膨胀论。哈勃等人认为，宇宙其实是静止的，那些遥远的星系只是看上去在后退。有的人认为宇宙确实是在膨胀，但他们对现有的物理理论进行了改造，好让宇宙看上去永远是基本静止的。这一理论被称作宇宙的"恒稳态理论"。

其后几十年，宇宙恒稳态理论都被看作是一个合理的科学理论，很多物理学家都认为它比广义相对论预测出的宇宙膨胀论要合理许多。如果宇宙在膨胀的话，那么它必然一度处于一个高温度、高密度、尺寸很小并快速膨胀的状态——恒稳态理论的支持者弗雷德·霍伊尔（Fred

Hoyle）将此命名为"大爆炸"。霍伊尔等人认为，在这么极端的情况下广义相对论不一定可靠，更何况其对象是整个宇宙。

与此同时，广义相对论对于比宇宙小得多的物体（如恒星）又意味着什么呢？对这个问题，大家也一直很困惑。1938 年，伯克利的奥本海默和他的学生乔治·沃尔科夫（George Volkoff）与加州理工学院的理查德·托尔曼（Richard Tolman）一起，用"早期电脑"计算得出，比太阳大很多的巨星在逝去后必然会坍缩成为一个密度极高的物体，包括光在内的任何物体都无法逃离它。

"坍缩星"这个概念在当时引起了很大的争议。广义相对论的数学模型极其繁复，对计算强度要求很高；奥本海默 - 沃尔科夫计算这一理论中用到工具在当时看来很不寻常，再加上最后得出了这样一个诡异的结果，导致许多物理学家根本无法认真看待这项研究。连爱因斯坦本人都因理论中的数学计算实在太过复杂而误解过它真正的含义。"我与一位年轻的合作伙伴一起得到了一个有趣的结论，那就是引力波并不存在。"爱因斯坦在 1936 年写信给老朋友玻恩时曾这样说道。

引力波是时空中的涟漪，只有在类似两颗高密度恒星相撞这样的极端事件后才会产生。它们诞生于强烈的撞击，并以光速不断逃离。引力波是广义相对论特有的推测，并不存在于牛顿的引力论中。然而，量子相对论中艰涩的数学把爱因斯坦和他的合作伙伴罗森都搞糊涂了。他们发表了一篇文章，宣称引力波并不是真实存在的事物，只是广义相对论中的一个数学假想物而已。

美国物理学家霍华德·珀西·罗伯逊（Howard Percy Robertson）后来纠正了爱因斯坦，爱因斯坦也坦然接受了。不过罗森一直不相信引力波真实存在，也一直没有撤回他与爱因斯坦共同撰写的这篇文章。这在后来导致很多人对量子物理做出的这一基础预测产生了误解，且这一误解长达几十年。

广义相对论的数学计算实在太过复杂，大家对它做出的预测也一直很困惑，更何况这个预测完全不可能用实验来验证。所以，尽管物理学在第二次世界大战后蓬勃发展，广义相对论却一直没有受到太多关注，从军事工业复合体涌入的科研经费更是完全不会分给广义相对论的研究领域。

然而，在 20 世纪 50 年代末期，这个领域逐渐开始活跃起来。有人筹办了好几场相关会议，相对性天文物理学家和宇宙学家也逐渐形成了一个专业的研究圈子。其中，最重要的一场会议是 1957 年在教堂山召开的，组织者是德威特和西西尔·德威特 - 莫瑞特（Cecile DeWitt-Morette）。后者是一位才华横溢的物理学家，在法国曾师从于德布罗意，也是德威特的妻子。

教堂山的会议引来了一批背景各异的物理巨匠。除了德威特夫妇，惠勒也在，他的学生和埃弗里特的好友米斯纳也在场。费曼也去了，不过他注册时用的是化名"路人甲"，作为对该领域目前不尽如人意境况的抗议。会上，费曼和物理学家赫尔曼·邦迪（Hermann Bondi）做了两个非常相近的报告，用铁一般的论据向整个物理界表明：如果广义相对论正确无误，引力波就必然真实存在。就此澄清了这个年轻领域中的一大笑柄。这也开始了人们对引力波长达 60 年的寻找。2015 年，通过两个 4千米长的探测臂，LIGO[①] 终于成功地探测到了引力波。索恩和他的两位同事也因此于 2017 年被授予诺贝尔物理学奖。

与此同时，惠勒也在强力推崇他提出的"极端保守论"，即必须默认现有理论在最奇怪、最未知、最遥远的情境中依然成立。举个例子，宇宙历史上的小、热、密的时期，就在仍有争议的大爆炸之后。要想理解当时宇宙的状态，就必须用到广义相对论和量子物理。

---

① LIGO 一般指激光干涉引力波天文台（Laser Interferometer Gravitational Wave Observatory），简称 LIGO。是借助于激光干涉仪探测来自宇宙深处引力波的大型研究仪器。

到了 20 世纪 60 年代，这个新的领域得到了迅速地发展。人们通过新的数学技巧，意识到坍缩后的恒星（惠勒称之为"黑洞"）一定是真实存在的。1964 年，两位供职于贝尔实验室的物理学家阿诺·彭齐亚斯（Arnos Penzias）和罗伯特·威尔逊（Robert Wilson）无意中发现了一个来自天空各个方向的幽微信号，并且意识到这就是宇宙微波背景信号，即大爆炸的回声，也就是整个宇宙最古老的的一束光。

15 年内，恒稳态宇宙论被完全颠覆，大爆炸模型作为宇宙学基本模型受到了大家的认可。为此，彭齐亚斯和威尔逊被共同授予了诺贝尔物理学奖。虽然还有一些问题尚未解决，比如宇宙膨胀的速度，但相对性宇宙学总算正式发展了起来，整个宇宙也有了基本的模型。

宇宙学的崛起更是进一步凸显了哥本哈根诠释的不足。在看待整个宇宙的时候，我们该怎么像玻尔要求的那样，清楚地划分观察者和被观察系统呢？"量子引力论在宇宙生成初期肯定是很重要的，我们不得不考虑整个宇宙的波函数。在没有任何观测者的情况下，我们要怎么理解这个波函数呢？"德威特说，"只有埃弗里特的观点可以解决这个问题。"

20 世纪 60 年代末期，随着克劳泽等人开始研究测试贝尔定理，德威特也开始在宇宙学和天文物理学群体中传播埃弗里特的教论。"我觉得埃弗里特受到的对待非常不公平。"德威特说。

1967 年，他在西雅图一场由惠勒和德威特 - 莫瑞特共同组织的相对性天文宇宙学会议上做出了报告，阐述了埃弗里特的理论，还想办法让《今日物理》发表了自己讨论这个话题的文章。他此后回顾这件事情时，说到该文章"是以故意引起轰动的风格来写的"。他翻出了埃弗里特原版的博士论文，发现它比惠勒坚持删改的最终版要简洁易懂得多。

1973 年，他将这篇原版论文、埃弗里特其他的相关工作、其他人的相关工作以及来自其他物理学家的回应一并重新发表，收录在他与他的学生尼尔·格雷厄姆（Neill Graham）主编的一本书里。

1976 年 12 月，基于德威特在《今日物理》上发表的文章，连经典的科幻杂志《模拟》（*Analog*）都刊登了一篇论述多世界诠释的短文。

1977 年，德威特和惠勒邀请埃弗里特参加一个研讨会阐述自己的理论。埃弗里特同意了，他与妻子还有两个正处青春期的孩子一起，开车从宁静的弗吉尼亚区一路来到了奥斯汀。15 年来，这是他第一次做量子物理方面的报告。

多世界诠释重回大众视野

离开了普林斯顿大学，摆脱了惠勒的管教后，埃弗里特在过去的 15 年过得还算不错。他先是在五角大楼工作了 8 年，随后又出来单干，成立了自己的统计咨询公司，为他之前工作的公司做外包活。他发明的优化算法让他在五角大楼有了名气，赚到的钱也足以支撑他喜欢的奢侈生活。

1977 年，德威特和惠勒邀请他去奥斯汀参加研讨会时，埃弗里特会在某些晚上瘫坐在电视机前，手里拿着酒杯，身旁的早期录播机循环播放着他最爱的电影《奇爱博士》（*Dr. Strangelove*）。

德威特让大众重新注意到了自己的理论，埃弗里特其实对此很高兴。更令他激动的是，这个理论甚至还出现在了他读了一辈子的科幻杂志上。"我当然同意德威特对我的理论的解读。"埃弗里特写道，"若是没有他，压根不会有人来解读这个理论。"

不过，至于埃弗里特自己是否真的像德威特那样，打心眼里相信自己给出的诠释中那些多个世界真实存在，我们不得而知。离开普林斯顿大学后不久，埃弗里特曾与维也纳学派的创始人之一弗兰克通过信。从他们的信件中可以看出，两人的哲学倾向非常相似。

"在物理理论的性质上，我认为你的观点与我近几年来独自得出的观点基本一致。"埃弗里特在 1957 年写给弗兰克的信中这样说道。埃弗里

What Is Real?
The Unfinished Quest
for the Meaning of
Quantum Physics

谁找到了薛定谔的猫?

特对哥本哈根学说的不满并非是因为他相信实在主义,而是因为他认为哥本哈根学说对薛定谔方程的使用既不合理也不一致。坍缩是什么时候发生的?为什么有时候用到薛定谔方程而有时候不用?弗兰克明显也对此很是困扰,正如他给埃弗里特的回信中写的:"我一直不喜欢量子理论对待测量行为的方式。照他们的话来说,测量这件事似乎与其他事情有根本上的不同。"

他不像玻姆和希莫尼等人一样想要保留实在主义,只是想要填上这个物理上的漏洞,顺便在此过程中找点乐子。"他想找一个简短的博士课题,而把测量问题翻个底朝天让他觉得很好玩。"埃弗里特的传记作者彼得·伯恩(Peter Byrne)这样说道。

这些年来,埃弗里特一直对量子物理基础上的发展保持着兴趣,但他在完成了博士论文后,从未在这方面发表过任何文章。他本来就讨厌公开演讲,没有在公开场合谈论过这个话题,也鲜少跟任何同事或朋友提过它。曾经有一名博士期间研究量子基础的物理学家唐纳德·雷斯勒(Don Reisler)来到埃弗里特的公司应聘;埃弗里特羞涩地问他知不知道相对态诠释。雷斯勒当下第一个反应是"天哪,你就是那个埃弗里特,那个疯子",他回答说自己听说过。

后来他们成为好朋友,但两人再也没有提过量子物理。尽管越来越多的人知道了埃弗里特的理论,但他们中的大多数人对它的态度依然只是嘲弄和蔑视。

在写到"现代物理中的认知压迫"时,学物理出身的哲学家伊夫林·福克斯·凯勒(Evelyn Fox Keller)说,多世界诠释在对测量问题以及其他量子悖论的解决上"表现出了过人的天才"。随后,她笔锋一转,总结道:"它同时也付出了一大代价,那就是严肃性"。不过,对埃弗里特更激烈的批判还在后面。批判他的不是别人,而是他曾经的盟友。

"消相干－历史"：多世界诠释的延伸

当埃弗里特在奥斯汀做完报告后不久，惠勒便收到了一篇论文的草稿。文章批评了多世界诠释，并将其称为"埃弗里特－惠勒诠释"。惠勒赶紧回信澄清道："埃弗里特的博士课题完全是他自己想的，应该被称为埃弗里特诠释，而不是埃弗里特－惠勒诠释。"惠勒在科学上一向手段圆滑，既想要遵从他已逝导师玻尔的想法，又不想明确地对自己从前的学生埃弗里特的工作表示反对。

本来，当埃弗里特的研究躲在"相对态阐述"这样的语言后面不为人所知时，他还可以做到这一点。可现在德威特把埃弗里特的理论易名为"多世界诠释"，还说惠勒自己也参与其中，现在连科幻杂志都开始谈论这个理论了，惠勒只好公开地把自己与埃弗里特的理论和德威特的改编拉开距离。"埃弗里特口中那无数个不可观测的世界，听起来无疑是形而上学的累赘。"惠勒于 1979 年写道。

其实惠勒一直以来都非常支持埃弗里特的物理事业，并在埃弗里特进入工业领域 20 年后还想让他回到学术界来，但他声称自己从未支持过埃弗里特的论点。"惠勒告诉我，他向来都强烈反对埃弗里特的观点，他支持的是埃弗里特这个人。"多伊奇说。还是青年学者的多伊奇曾在奥斯汀听过埃弗里特的报告。此后不久，惠勒便开始推崇自己提出的基于信息的量子物理诠释了，他觉得这个想法可以与哥本哈根诠释兼容。

但是，埃弗里特在奥斯汀做报告时，包括多伊奇在内的许多年轻的听众对多世界诠释都很感兴趣。报告后，多伊奇在露天啤酒坊吃午饭时就坐在埃弗里特旁边。"埃弗里特局促不安，但他充满热情、极其聪明，对量子物理诠释方面的研究也很熟悉。"多伊奇回忆道，"他对多宇宙极有热情，捍卫自己观点的时候既强势又巧妙，从来不用'相对态'这样的委婉说辞。"

几年后，多伊奇在自己那篇开创性的量子计算论文中声称，要想解释为什么量子计算机的速度可以得到如此大幅的提升，必须用到多世界诠释。"埃弗里特诠释完美地解释了量子计算机可以如何将多项任务转移到自己在其他宇宙的复制品上。"多伊奇写道，"量子计算机算完了本来需要两天的任务后，传统的诠释该怎么解释自己面前的正确答案呢？它是在哪里做的计算？"其他的量子物理诠释其实也可以解释量子计算机的巨大潜力，尽管如此，多伊奇的热情还是感染到了许多人，多世界诠释很快就在新兴的量子信息处理领域获得了一票追随者。

多世界诠释在认真对待宇宙学的物理学群体中也逐渐获得了认同，甚至也启发了新的诠释。"测量和观测者不可能存在于任何想要阐述早期宇宙的理论中。"1990 年，默里·盖尔曼（Murray Gell-Mann）和詹姆斯·哈妥（James Hartle）写道。

1969 年，盖尔曼因提出夸克概念而获得了 1969 年的诺贝尔物理学奖；而哈妥是他从前的学生，曾与史蒂芬·霍金（Stephen Hawking）一起研究过量子宇宙学。他们俩在很久以前就都认为哥本哈根诠释是错误的了。"量子物理之所以花了这么久才有了合理的哲学阐述，无疑是因为玻尔给整整一代的理论学家都洗了脑。"盖尔曼在 1976 年写道。

盖尔曼和哈妥把埃弗里特的诠释和泽贺、朱斯和祖瑞克等人的消相干研究合为一体，又综合了罗兰·奥姆斯（Roland Omnes）和罗伯特·格里菲斯（Robert Griffths）的理论，提出了一个名为"消相干 - 历史"的量子物理诠释。虽然他们的诠释里只有一个世界，但盖尔曼和哈妥都将这个想法的来源归功于埃弗里特，并把自己的理论看作是埃弗里特理论的延伸。

然而，埃弗里特并没有看到盖尔曼或多伊奇的成果。1982 年 7 月 19 日，埃弗里特死于心脏病，终年 51 岁。按照他的遗愿，他的家人将骨灰丢进了门外的垃圾堆。

"弦图景"和宇宙暴胀论

埃弗里特去世后不到 10 年的时间里，宇宙学进入了黄金年代。此前的一个世纪中，该领域主要由理论发展驱动，其中包括最先带动宇宙学发展的广义相对论。然而，到了 20 世纪 90 年代，哈勃太空望远镜、宇宙微波背景探索者、其他太空天文观测台以及大批新一代地面望远镜为宇宙学家测到了大量的数据。

几乎在同时，高速计算的蓬勃发展也意味着他们不仅可以处理这些数据，还能模拟出整个宇宙，并通过测试宇宙的成分和行为来验证各种各样的理论。不久前，宇宙学还在猜测最基本的宇宙性质，而到现在，它的预测已经可以达到惊人的精确度了。

1996 年，人们预估出的宇宙年龄是 100 亿～ 200 亿年——自彭齐亚斯和威尔逊首次发现 CMB 已经 30 年了，这个区间一直没怎么变。到了 2006 年，我们已经可以确认宇宙的年龄是 138 亿年，错误区间只有 1% 了。

这样的精确度也为宇宙学提供了新的洞见。2001 年，一个叫作威尔金森微波各向异性探测器（The Wilkinson Microwave Anisotropy Probe，WMAP）的太空望远镜绘制出了一副 CMB 强度增减图，而 CMB 的幅度区间只有十万分之一。这幅图与一个讲述大爆炸时期极早期宇宙的理论相符，即宇宙暴胀论。暴胀论于 1981 年由物理学家阿兰·古斯（Alan Guth）提出，后经安德里亚斯·阿尔布雷克特（Andreas Albrecht）和安德烈·林德（Andrei Linde）完善。这一理论认为，宇宙在极早期时的极短时间内，曾以非常快的速度膨胀，在不到一百万万万亿分之一秒的时间内，膨胀了一百万万亿倍，随后便慢了下来。这个剧烈的膨胀受一种高能的亚原子粒子——暴胀子所驱动，在暴胀完毕后衰减为正常物质。

重要的是，这个理论表示，暴胀子密度的细微量子波动在暴胀的过程中同样会膨胀，这也就导致暴胀后又小又热的宇宙中正常的物质密度

What Is Real?
The Unfinished Quest
for the Meaning of
Quantum Physics

谁找到了薛定谔的猫？

也会有细微波动。这些波动导致了 CMB 的波动，最终促生了整个宇宙的结构，其中就包括太阳系和地球。简而言之，暴胀论认为我们都是宇宙早期量子波动的产物，而 WMAP 的数据则刚好支持暴胀论。"WMAP 的数据证明的说法显示，星系不过是量子物理在天上耀武扬威的产物。"2006 年，布莱恩·葛林（Brian Greene）这样说道，"这无疑是现代科学的一大奇迹。"

然而，哥本哈根诠释并不能解释早期宇宙的运动状况，量子物理中的数学也不适用于这个极端的场景。早期的宇宙尺寸非常之小，需要用到量子物理的理论；同时它的密度却又非常之大，需要用到广义相对论中繁复的数学工具。不幸的是，虽然有爱因斯坦在内的许多物理学家前赴后继，但是我们仍然没能找到一个能够统一广义相对论和量子物理的理论。

直到 20 世纪 60 年代都还有人认为这样的统一论并无必要。虔诚的实证主义者罗森菲尔德说过，量子引力的作用永远无法被观测，因此也不需要发展出一个理论来阐述这种无法观测的现象。然而，随着广义相对论的地位不断升高，把它与量子场论统一化的需求也成了必然。

到了 20 世纪 90 年代，罗森菲尔德这样的论点早已不再是物理学界的主流，它与"宇宙学不是严肃的科学"这一观点一起被时代摒弃了。一个统一的量子引力理论，或者说"万有理论"，被广泛视为整个物理领域最重要的谜题。其中，弦理论中深奥的数学阐述能优雅地将量子物理和广义相对论的某些细微方面联系在一起，因此成了最具潜力的理论。到了 21 世纪早期，综合弦理论和暴胀论似乎是得到统一论的最好办法。

令人惊讶的是，被独立提出的弦理论和暴胀论都似乎指向同一个结论，那就是大量平行宇宙，也就是多重宇宙的存在。根据暴胀论，宇宙无法从永恒的暴胀中解脱，因此暴胀在宇宙的其中一部分中停止后，会在其他的部分继续。

没有暴胀的那部分宇宙在暴胀的部分看来，会是一个个"泡泡"。我们就住在其中的一个泡泡里，其他的泡泡里是其余的宇宙，它们彼此平行存在，或许各自有着独有的物理和其他基本法则。由于暴胀是永恒的，这些泡泡的数量也是无限的。弦理论阐述的也不是一个单一的宇宙，而是一个由弦组成的"弦图景"，包含了 10^{500} 个可能的宇宙。

量子宇宙学学者对这些理论与多世界阐述的相似之处非常感兴趣。由于多重宇宙理论和多世界诠释是各自独立提出的，因此大量世界的存在听起来不仅不奇怪，反而变得十分合理了。有些物理学家甚至提出，这 3 种不同的多重宇宙论——埃弗里特的多世界、永恒的暴胀和弦图景其实讲的是同一个多重宇宙，只不过是在用不同的理论形容同一件事罢了。

不管怎样，多世界诠释基本不再会被当成玩笑话。事实上，进入 21 世纪之后，多世界诠释成为哥本哈根诠释在物理界最有力的对手，在宇宙学范畴内更是如此。然而，随之而来的又是一个新的问题。大家意识到，任何阐述无限数量的多重宇宙理论都面临着概率问题。

如何计算多重宇宙中的概率？

测量问题的根本在于两点：波函数在什么时候遵循确定性的薛定谔方程，又是在什么时候经历坍缩这一随机的过程的？而多世界诠释提出波函数完全不会坍缩，从而避免这个问题。在多世界的多重宇宙中，宇宙波函数一直遵循着薛定谔方程，不断地分裂为无数个分支，每一个分支都是一个新的世界。然而，这个说法中有漏洞。如果宇宙波函数真的一直遵循薛定谔方程，而薛定谔方程又是个确定性的方程，不具备任何概率性的话，那为什么量子物理的实验中总是有随机性和概率性呢？

不管大家各自相信着哪种诠释（甚至是一些牛头不对马嘴的伪诠释），量子物理实验中的随机性却是毋庸置疑的。一般来说，量子物理中的数学只能预测出特定实验结果的概率，而不能绝对确定某件事会发生。但如果这整个宇宙都只遵循一个确定性的方程，那这些概率是哪里来的？

通常说来，我们会觉得概率就像是掷骰子，每次掷出骰子都会得到 6 种不同结果中的一个，因此其中任何一个结果出现的概率就是 1/6（除非骰子的质量分布不平均）。掷出一个奇数的可能性则是 3/6，因为 6 个结果中有 3 个是奇数（见图 11.1a）。

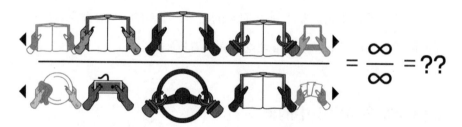

(a) 在掷骰子或者其他有固定数量结果的情境中，概率是比较容易算的。掷普通六面骰子的时候，掷出奇数的可能性是 3/6，也就是 1/2。

(b) 在无数的多重宇宙中，概率就很难算了。在多世界诠释里，一个随机版本的你恰好在读这本书的可能性是多少？

图 11.1　多重宇宙中的概率

可是，多世界诠释中的概率却不可能是这样的。薛定谔的猫的实验有两种可能的结果——猫活，或者猫死，因此要说其中任一结果出现的可能性是 50% 似乎也非常合理。让我们对实验做一个小小的调整。如果我们出于某种迟来的怜悯之心，让猫在盒子里待的时间短一些，以至于核放射（也就是猫死去）的概率由 50% 降低为 25%。

这时候问题就来了。实验依然有两种可能的结果，但根据量子物理，它们出现的概率不再相等："猫活"的概率变成了 75%，而"猫死"的概率则变成了 25%。可是这个实验依然会分裂出两个分支，里面都有一个几乎一模一样的你。这么说来，"猫死"那个分支里的你跟"猫活"分支里的你相比，是不是"不那么真实"呢？这该怎么理解？

更让人费解的还在后头。这只是区区一个实验，而宇宙如此之大，埃弗里特诠释中的宇宙函数必然有无数个分支。如果有无数个自己，我们该怎么理解概率这个概念呢？掷骰子的时候，之所以可以算出不同结果的概率，是因为我们知道总共有多少种可能的结果。若是有无数个多重宇宙，就会有无数个结果，这个方法也就说不通了。假设我们想知道某个特定时间会产生几个分支，比如说，宇宙波函数有几个分支里的你正在读这本书呢？答案永远都是"无数个"。同样，你并不在读这本书的分支也有无数个。那么，在多重宇宙里，随机版本的你正在读随机版本的这本书的概率是多少？无限分之无限等于几呢（图 11.1b）？

数学中专门有子领域研究无限的概念，他们的答案是这种分数的结果有很多种不同的可能，有时候等于零，有时候等于某个特定的数字，有时候等于另一个无限。这该怎么办？我们要怎样做才能在多世界诠释的确定性框架中，找回量子物理原本十分精确的概率性预测？怎么才能测出在无限个可能性中的你正在读这本书的概率？而且，在一个从理论上来说，任何事情都有可能在某个地方真实发生的世界里，概率到底意味着什么？

我们知道问题的答案，或者说问题的其中一个答案。多世界诠释中之所以有概率的存在，是因为我们对于自己的位置完全没有头绪。虽然宇宙波函数遵循薛定谔方程，并且以确定性的方式不断分裂着，但我们并不知道在这个巨大而复杂的波函数里，自己处于怎样的一个位置。我们知道自己只是宇宙波函数的其中一个分支，但具体是哪一个呢？毕竟有无数个"自己"散落在这个多重宇宙的每一个分支里，由于他们的差别如此之小，因此我们并不能轻易得知自己处于哪一个世界。

特别是，做完一个量子物理的实验后，我们知道自己正处于实验结束后分裂出来的几个宇宙中的其中一个分支。但如果我们不看实验结果，就不会知道具体是哪一个分支。每个宇宙除了实验结果以外都一模一样，所以我们根本无法通过观察周围的环境来知道自己在哪一个分支。我们能做的只有用量子物理算出我们现在存在于某个特定分支里的概率。换言之，即我们可以算出我们观测时某一个特定观测结果出现的概率。这样来说的话，概率在多世界诠释中依然是很重要的一环，只不过严格来说，这个概率不是实验结果的概率，而是我们出现在宇宙哪个分支的概率。

至于以上这个解释到底是否成立，我们现在还不知道。或许它犯了二元论的错误，也就是说，它把思维当作独立于身体存在的非物理存在物了。此外，我们也不知道这个解释是否能做出量子物理的概率性预测。但不管怎样，在概率问题现有的答案中，它还算合理。对于研究现代暴胀宇宙学和支持多世界诠释的人来说，如何计算多重宇宙中的概率无疑是重中之重。

尽管目前我们已经有了几个可能的答案，但究竟孰对孰错大家还没有达成共识。其中一些人还援引了埃弗里特的另一个伟大的数学爱好——博弈论来回答这个问题。像科学界中的许多未解之谜一样，这个问题的答案并不简单。不过，尽管目前尚未找到最终的答案，但大家都认为它是可以被解开的。在不久的将来，我们或许可以证实现有的几个答案中有一个是对的，又或许，有一个新的答案正等待着被发现。

不可证伪就不是科学？

虽说概率问题是多世界诠释和其他多重宇宙理论中的一大难题，但大多数人反对多重宇宙这个概念（不管是在量子物理、宇宙学还是弦论里）

的理由却更加直白，那就是，怎么可能有这么多个世界呢？"奥卡姆剃刀原理①告诉科学从业者，若非必要，就不要增加额外的实体。恐怕没有比多重宇宙更违背奥卡姆剃刀学说的了吧。"作家兼业余数学家马丁·加德纳（Martin Gardener）抱怨道。

但不同的人对此也有自己的看法。支持埃弗里特论点的人指出，他的量子物理诠释与其他理论比起来做出的假定条件最少，而如果单要以简洁作为目的，恐怕科学很容易就会走偏。有许多非常复杂的科学理论毋庸置疑是正确的。

"这是一个基本人人都相信的'多重宇宙'。"多世界诠释的支持者、哲学家戴维·华莱士（David Wallace）说，"你想象一下，遥远的星系中，有一颗颗的恒星，恒星的周围，是一颗颗行星。大家几乎都认为遥远的星系里有恒星，而恒星的周围是行星，行星的表面被石头覆盖。这虽然不是无数个多重宇宙，但成千上万个太阳系也不是小数目了。为什么大家都觉得这个理论无可厚非呢？答案并不是因为我们可以观测到它们，而是因为它是从我们坚信的理论推导出的必然结果。"

而反驳多世界诠释（或者暴胀论和弦理论）的物理学家通常有一个更严肃的理由。他们认为，多重世界是一个典型的"不可证伪性"的例子。"不可证伪性"这个绕口的词是从哲学界流传下来的，最先由波普尔提出。

波普尔是 20 世纪中叶著名的科学哲学家，他职业生涯的绝大部分时间都是在伦敦经济学院度过的。波普尔曾经追随过他家乡维也纳流行起来的逻辑实证主义，最后却提出了一套全新的理论。他不像维也纳学派一样强调验证才有意义，而是主张一种叫作"可证伪"的科学观念。波普尔宣称，能够证伪的理论才有可能是科学的理论，任何不可证伪的理论不可能是科学的。

---

①奥卡姆剃刀原理由 14 世纪英格兰的逻辑学家威廉（William of Occam）提出。这个原理的内容为"如无必要，勿增实体"，即"如果能用较少的东西说明问题，那么较多的东西就成为无益的"。

What Is Real?
The Unfinished Quest for the Meaning of Quantum Physics

谁找到了薛定谔的猫？

波普尔的理念在科学界迅速走红，到了 20 世纪末，大多数的物理学家都相信，可证伪性是任何理论都必须通过的基本测试。从这个角度来看，多重宇宙的理论就有些值得怀疑了。如果我们不能接触到其他的宇宙，而这些宇宙也不能对我们的宇宙造成影响的话，那有什么实验数据可以证明多重宇宙不存在呢？如果不能证伪，这怎么可能是一个合理的科学理论？

"正如科学哲学家波普尔主张的，不可证伪就不是科学。"著名的宇宙学家乔治·埃利斯（George Ellis）和乔·斯尔克（Joe Silk）在 2014 年发表于《自然》的一篇社论里写道，"这些不可证明的猜想（多世界、弦理论以及暴胀多重宇宙）与粒子物理里的标准模型、暗物质、暗能量这些和我们的生活有所联系，并且可以通过观测验证的理论完全不同。

在我们看来，理论物理有变成三不像的危险——它有可能存在于数学、物理和哲学之间，却又不符合其中任何一门学科的基本要求。"他们警醒人们，如果不遵守波普尔的论点，物理研究很可能会走向万劫不复的深渊，"如今，在某些人甚至连气候变化和进化论都不相信的情况下，我们却在物理学的核心问题上产生了分歧。科学家应该与哲学家进行密切交流，确保大众不会对科学和基本物理的性质失去信心。"

如果乔治·埃利斯和斯尔克在写下这篇社论之前真的与哲学家进行了密切交流，他们就会明白，这几十年来，波普尔的工作在科学哲学界其实一直没有受到广泛赞同。原因在于用证伪性来界定科学的边界其实与我在第 8 章里提到的验证理论一样遇到了相同的漏洞。

正如蒯因在《经验论的两个教条》中指出的，单一的理论不能被验证。同样，单一的理论也不能被证伪。假设波普尔的遥控器不能打开电视，他提出一个理论：或许是因为电池没电了。于是波普尔去便利店买了新电池，放进了遥控器，可遥控器还是没反应。"我知道了！"波普尔大喊，"我的理论刚刚被证伪了！"可是这也不一定，就算遥控器换了新电池后依然不能用，也不能推定之前的电池是有电的。之前的电池还是有可能没电了，因为也许新的电池里刚好也没电，也许一只老鼠在波普尔去便利店的路上把电视的电源线咬断了，也许物理法则会根据你的所处位置而改变，因此正当波普尔在便利店的时候，太阳系刚好顺着它的轨迹来到了银河系的某一个特定的区域，而在这个区域里，控制遥控器电池行为的电磁学跟其他地方的不同。

问题就在于，波普尔的"电池没电"理论本身并不能做出任何预测，只有在许多常识性的基本假定条件下，这个理论才可以做出预测。所以波普尔的结论并不正确，他的理论不能被证伪。如果遥控器换了电池依然不能工作，他的确可以说自己之前说电池没电了的猜想不对，但他同样也可以说自己对周围世界的其他假设条件不对。正如蒯因所说，我们对这个世界的认识只能作为一个整体受到验证，单一的理论是无法被验证的。这在证伪性上同样成立——没有任何单一的理论可以被证伪。

科学历史上，这一点屡见不鲜。当某一个实验或者测量数据与理论不符的时候，我们通常会认为是理论中的某个假设条件不对，而不是直接去怀疑"理论"本身。1781 年，约翰·赫歇尔（John Herschel）发现天王星之后，当时的天文学家立刻用当时最前沿的牛顿万有引力和牛顿三定律，推测出了它的运动轨迹。

其后几十年内，大家有了更多的观测数据，计算也被不断改善。接着，有几名天文学家发现，天王星的转速要比牛顿万有引力预测的慢一些。不过，他们没有因为万有引力"被证伪"了而否定牛顿的理论，而是提出了另一个猜测：在比天王星还远的地方，有一颗没被发现的行星，是它改变了天王星的运动轨迹。其中一位天文学家奥本·勒维耶（Urbain Le Verrier）通过计算预测出了这颗行星的位置。

1846 年，一组德国科学家在勒维耶预测的位置找到了海王星。就这样，牛顿引力定律没有被证伪，坚强地"活"了下来。几年之后，勒维耶等人又发现，距离太阳最近的水星轨迹也与理论预测的略有误差。他们这次也没有直接否决牛顿万有引力，而是提出还有一颗行星存在于太阳和水星之间，由于太阳的光太强而无法被看见。他们把这一颗假想中被烤焦了的行星命名为"伏尔甘"（Vulcan）——希腊神话中火神的名字，并开始趁着日食寻找这颗行星。包括勒维耶本人领导的团队在内的好几组天文学家队伍都宣称他们找到了神奇的火神星，但这颗行星的确切位置却一直未被锁定。

终于，在1915年，爱因斯坦证明了火神星并不存在。他新提出的广义相对论可以完美地解释水星的运动，完全不需要用到另外的行星来证明。原来牛顿万有引力一直有误，但要证明这一点，必须有一个新的理论来代替它，而不是直接"证伪"便算了。波普尔自己也心知肚明，证伪性不能够作为科学理论的及格线。他承认，没有任何理论可以单独被证伪，但他提出，严谨的科学家应该推翻自己的理论，而不是去推翻其他的假设。可是，正如天王星和火神星的故事告诉我们的，我们很难知道，在观测数据有悖于理论时，到底是应该推翻理论本身，还是应该推翻猜想。

由此可见，如果因为多重宇宙理论的不可证伪而说它不是科学理论，就等于是在把一个之前任何理论都不能满足的莫名条件强加在它身上。没有数据可以证明多重宇宙不存在，可同样，也没有任何数据可以证明其他任何理论不存在。如果非要说多重宇宙没有实验证据支持，便是忘记了爱因斯坦的教诲——"理论基础决定了实验结果。"正如麦克斯韦在第8章里所说的，我们能观测到什么会随着理论的发展而改变。

从前，粒子理论也被视为不可证伪的理论，原子从理论上来说也是根本无法观测的。多重宇宙的证据或许也一样。不管怎么说，基于不可证伪性来反对多重宇宙的说法都是傲慢而富有偏见的。有些物理学家并不了解自己所研究的理论的历史和哲学，他们只是出于个人偏好而无法接受多重理论，但这并不意味着多重宇宙理论不科学。

如果科学理论不需要做到不可证伪，那它们需要做到的是什么？理论的目的是要给出解释，把此前看似不相干的概念整合为统一的理论，并把它们与我们身边的世界联系在一起。当然，这听上去很抽象。可是科学、从事科学研究的人乃至于它所阐述的这个世界都是复杂的。像波普尔那样试图用区区一句"不可证伪"来解决复杂的科学问题总是令人生疑的。正如 H. L. 孟肯（H. L. Mencken）所说："人类的所有问题都有一个著名的答案，它匠心独具，合情合理，大错特错。"

那么，哥本哈根诠释这个人类问题的正确答案是什么呢？要知道，尽管有了导波和多世界诠释，尽管有了贝尔、玻姆和埃弗里特，尽管有了量子计算机的崛起和逻辑实证主义的没落，哥本哈根诠释至今仍是物理学界最主流的诠释。哥本哈根诠释依然被收录于每一本基础量子物理教材里。

有很多物理学家不仅倾向于哥本哈根诠释，还认为其他所有诠释都不科学；有人甚至宣称，正是贝尔定理证明了只有哥本哈根诠释才是唯一一个自洽的观点。基础量子研究比以前受人尊敬多了，但它依然是一个很小的领域，仍有许多物理学家对它嗤之以鼻。这个领域里的工作机会也少之又少，不过可能比 50 年前克劳泽找工作的时候稍微好一些。尽管大多数物理学家都知道了多世界诠释，但其实还有许多其他诸如导波这样的诠释，到现在都不为人知。

我们到底是怎么走到了这一步的？或者说，我们为什么还停留在这里？这个问题实在不好回答。在第 9 章里我提到过有一位名叫艾伯特的物理博士生，他差点因为鲁莽地想要去颠覆哥本哈根诠释而被洛克菲勒大学开除。他现在是哥伦比亚大学的哲学教授，过去 40 年内一直从事着基础量子研究。

"这件事真的特别奇怪。"他是这样总结这个领域的历史的，"有两件很矛盾的事情在同时发生。一方面，要论物理学界里有多少聪明人，20

世纪绝对要完胜其他任何一个世纪。可另一方面，在这段时期，大家居然在这么长的一段时间内，都像神经错乱了一样拒绝承认整个领域最核心的逻辑问题！"

　　"神经错乱"这个词似乎有点重，但这件事确实特别奇怪。你现在已经听完了整个故事，知道了我们是怎么一路走来的，那么让我们最后来看看，如今的一切到底有多奇怪吧！

第 12 章

OUTRAGEOUS FORTUNE

该怎样阐述我们的世界？

奥地利阿尔卑斯山脚下是维也纳的市郊。这里有一家酒庄，酒庄里面有个棚屋，棚屋的窗户上挂着一面小小的镜子。酒庄已经有好几个世纪的历史了。1920 年，这座在当时就已经很古老的酒庄，见证了一件事——维也纳学派的创始人之一纽拉特曾与爱因斯坦以及其他学者一起，在隔壁的小山上讨论他准备编著的《国际统一科学论百科全书》。镜子是新的，它是维也纳大学量子光学和量子信息学院的研究生们 2011 年才放上去的，属于一个远程量子加密网络的一部分。

安东·蔡林格（Anton Zeilinger）教授的这群学生从 4 千米以外维也纳市中心的实验室顶层，将光子一个个地打向镜子。实验室顶层有一台经过特殊装备的望远镜，其名称源于维也纳影星兼密码学先驱海蒂·拉玛（Hedy Lamarr）。望远镜对准酒庄里的那面镜子，仔细地搜集着穿越了整个维也纳之后反射回来的光子。

这项壮举原本只应存在于量子物理奠基人提出的思想实验中，到如今却算得上是一次例行测试了。现在蔡林格和他的学生正在用同样的仪器，与一颗绕地球低空飞行的卫星互换光子，希望借此实现维也纳和中国云南天文观测台的量子加密通信。蔡林格之前的学生潘建伟已经在那里准备好了一切。如果这次能像以前一样顺利的话，他们的实验很可能会成功：蔡林格无疑是操纵光子的实验大师。

蔡林格的研究小组已经显示，他们可以实现比从实验室到酒庄这段来回 10 公里路程还要远得多的单个光子传递。在 2012 年，他们就已经成功地把纠缠的光子从加那利群岛的拉帕尔马发送到了特内里费，实现了超过 143 千米的光子传递。蔡林格还花了几十年的心血，对阿斯佩做的贝尔实验进行改良，用难以想象的精确度验证了量子非局域性。

尽管蔡林格对量子世界最奇怪的性质了如指掌，但他对哥本哈根诠释毫无怀疑。"正如海森堡所说，量子态是用来形容知识的一种数学表达。"蔡林格说，"它可以为我们未来的实验做出预测，算出各种可能性的结果。"对于蔡林格来说，测量在量子物理中扮演着核心角色。"没有什么所谓的测量问题。"他宣称，"测量结果属于经典物理范畴内，量子态则属于我们所说的量子世界，而根据海森堡所说，它只是一个数学表达。我们真正能够用经典物理的语言讨论的，只有那些客观存在于这个宇宙的物体，即经典物体，此外就再没别的了。我们能谈论的只有这些，剩下的就是数学问题罢了。"

换言之，在蔡林格看来，有两个不同的世界，其中一个属于真实存在的日常物体，它们遵循量子物理出现之前的经典物理；另外一个，正如海森堡所说，并不真实存在。然而，蔡林格并不认为经典物理和量子物理之间有一个明确的边界。"在基本原理上，并没有什么边界。经典物理和量子物理之间有一个过渡，但没有边界。"他说。蔡林格会这么说并不奇怪，几乎没有任何物理学家到现在还相信在基本原理上有一个所谓的边界。已经有实验证明这样的边界并不存在了，而其中最有力的一项试验恰好就是蔡林格做的。

1999 年，蔡林格和合作伙伴成功地让富勒烯 C_{60}（由 60 个碳原子组成的足球状分子）发生自我干涉，就像是双缝实验中的光子一样。对于量子物理的某些奠基人来说，居然可以在这个比单个亚原子粒子大许多的物体（虽然它比我们日常生活中的物体小大概十亿倍）上发现量子效应，可谓令人惊奇。然而蔡林格下定决心，要通过他的实验证明量子物理的有效性不受物体尺寸影响。

那么问题又来了。如果只有经典物体才会客观存在，而量子物理又适用于一切物体，那什么才算是经典呢？退一步来说，我们该怎么阐述身边的这个世界？根据蔡林格的说法，我们日常的世界是经典的，但量子物理也必须准确地形容这个日常的世界，因为量子物理的有效性没有边界。我们如何才能从这个版本的哥本哈根诠释中合理地解释一切呢？蔡林格对于这个问题的答案简单得让人意想不到："我不知道你这句话是什么意思。"他说，"我认为你甚至不能准确地定义它"

这到底是怎么回事？

哲学"会搞坏你的脑子"？

并非所有物理学家都同意蔡林格的观点。"哥本哈根诠释假定了一个边界，一边是遵循量子力学的微观世界，一边是遵循经典物理的测量仪器和观测者。"1979 年诺贝尔物理学奖获得者史蒂文·温伯格（Steven Weinberg）这样说道，"这明显不合理。如果量子物理适用于一切，那它也就必然适用于物理学家用到的测量仪器，以及正在观测的物理学家本身。而如果量子物理并不适用于一切，我们就需要知道它适用的范围边界在哪里。它是不是只适用于那些不是太大的物体呢？如果测量行为是用某种自动装置完成的，并没有人类去看最终结果，它还是否适用呢？"

1999 年诺贝尔物理学奖的获得者杰拉德·特·胡夫特（Gerard 't Hooft）的态度更为温和一些："我同意哥本哈根诠释里的所有论点，除了其中一个，那就是我们不能问任何问题，或者更确切地说，我们不能问某些问题。于是我说，但我还是想问。你不想让我问吗？不好意思，我有强烈的预感这背后还有很多没有讲清楚的事。问问题总是有用的。"

2003 年的诺贝尔物理学奖获得者安东尼·莱格特爵士（Anthony Leggett）表示，他必须"承认一件可怕的事情。如果你每天跟着我，会发现我成天都坐在桌子前面算薛定谔方程，就和我的同事们一模一样。但到了月圆之夜，我就会做一件在物理学界等同于变为思想狼人的事：我会对量子力学是否完善有所质疑，也会怀疑它到底是不是这个宇宙的最终真理。确切地说，我怀疑叠加态原理是否真的可以拓展到宏观层面，从而导致测量问题的悖论。更糟糕的是，我倾向于相信，在原子和人脑之间的某一个点，它会分崩离析。不是有可能会，而是必然会。"

然而，持有史蒂文·温伯格、特·胡夫特和莱格特这样看法的人只是物理学界的少数，持类似蔡林格观点的人要多得多。过去的 20 年内，曾有好几个非正式的问卷调查询问过物理学家们更倾向的量子物理诠释是什么。

大多数的结果都显示哥本哈根诠释获得了压倒性的投票数。这个比例还是十分保守的，因为这些问卷调查的对象都是去参加了基础量子研究会议的学者，其结论难免有很大的误差。要知道，还有很多物理学家认为参加这种会议压根是在浪费时间，因为哥本哈根诠释早就已经解决所有问题了。

奇怪的是，尽管如此，蔡林格却无法推荐一项清楚地阐述哥本哈根诠释的参考文献。他说："我或者其他人，或许应该写一篇比较清楚的量子力学论文吧。"而这件事之所以显得困难，部分问题在于，最有资格写这么一篇文章的玻尔，行文却是出了名的晦涩难懂。

除此之外，还有一个更深层的原因。"哥本哈根诠释已经不再一统天下了。"出身物理学的历史学家施威伯说。在老派的哥本哈根诠释里，像测量仪器这样的经典物体是不能被量子物理阐述的，哪怕是在理论上都不可以。但施威伯指出，到了今天，几乎所有的物理学家都像蔡林格那样认为量子物理并不会受到这样的限制。那为什么还有这么多学者认为自己相信哥本哈根诠释呢？难道他们就不怕像歪心狼①那样，一不小心就坠入量子的深渊，万劫不复吗？"这就是另一回事了。"施威伯说。

问题就出在这里。根本没有一个单一的"哥本哈根诠释"，而且以前也从未有过。曼荷莲女子文理学院（Mt. Holyoke）的物理哲学家尼娜·艾玛里（Nina Emery）说："哥本哈根诠释这个名字用得越来越随意了。这种语言上的模糊处理可以让物理学家不用直面其中的漏洞。比如，如果你不断追问他们测量行为会导致坍缩的事，他们就会把话题转到某个玻尔的观点，或者开始说起量子理论的数学框架。而如果你指出这些观点的问题（比如，谁知道玻尔的观点到底是什么意思，而数学框架根本不是一个完整的诠释），他们又会回过头去说测量行为会导致坍缩。"

这些彼此相悖的观点给他们带来了弹性，让他们可以很容易地抵挡对方对这个所谓的哥本哈根诠释的质疑。物理学家们在这个问题上就这么打着太极，而很多时候他们根本意识不到这一点。然而，如果你是一个工具主义者，认为科学仅仅是预测实验结果的工具的话，那这样打太极并不是什么问题，因为关于诠释的问题反正是没有意义且不科学的。你对量子理论的意义有没有一个始终如一的看法都没有关系，只要能观测就够了。很多物理学家到今天依然抱有以上这种类似实证主义的看法，尤其是在讲到量子物理的时候。

对于"量子物理传递的信息"，蔡林格提出了一个颇为实证主义的想法——物理实在和我们对实在的认知之间，也就是物理实在和信息之间，其实并无差别。著名物理学家戴森，和在他之前的罗森菲尔德一样，认为量子引力理论并不能推论出任何可以被实验验证的结果。他用实证主

①歪心狼是 1949 年由华纳公司出品的"Looney Tunes"系列动画片中的主要角色之一，狡猾的 Coyote（歪心狼）一心想要吃掉机智的 Roadrunner（BB鸟），但故事所有的结局都是 Coyote（歪心狼）作茧自缚，败在自己的小聪明里。

义的风格宣称："这也就意味着，量子引力的理论不可验证，因而也不具有科学意义。"

可哲学家早在半个世纪前就已经知道，这些基于实证主义的说法从根本上就站不住脚。（20 世纪 80 年代时，逻辑经验主义暂时回到过哲学的舞台，但科学实在论依然是物理哲学家的主流观点。而且，如今即便是经验主义最激进的支持者也承认，经常用来维护哥本哈根诠释的那一套天真的实证主义说辞是说不通的。）为什么物理学学者一直都没能听见哲学学者说的话呢？

部分原因在于绝大多数的物理学家对哲学一窍不通。这两个领域之间存在着巨大的不对称性：哲学学者一般都会很认真地看待物理学；而物理哲学家都能看懂物理学里的数学，其中许多都持有物理和哲学高等学位；物理学家则很少有人接受过哲学教育，他们对哲学一窍不通（也或许正是因为他们一窍不通），许多物理学家甚至公然鄙视这一学科。

2011 年，霍金宣布："哲学已经死了。哲学学者没能跟上现代科学发展的脚步，尤其是在物理方面。"按照尼尔·德格拉斯·泰森（Neil deGrasse Tyson）的说法，学哲学"会搞坏你的脑子"。他说："基本上，在量子力学之后，哲学就退出了物理科学的前沿。这让我很是失望，因为搞哲学的人里面有许多聪明人，他们本来可以做些伟大的事情。"

物理学家劳伦斯·克劳斯（Lawrence Krauss）认为，物理学和哲学这两个领域之间会有敌意是因为哲学学者对物理学家心怀妒忌。"因为科学还在发展，而哲学早就没有了。"他说，"很不幸，哲学这个领域让我想到了一个伍迪·艾伦(Woody Allen)的老笑话，这个笑话说，做不好事的人都去教书了，而教不好书的人就都去教体育了。最糟糕的哲学就是科学哲学，我很难相信这些研究存在的意义是什么。"

这些言论蒙昧得让人目瞪口呆。霍金、戴森和克劳斯明显不是愚蠢的人，何以对哲学的了解如此浅薄？放进时代的背景里，他们的态度就更加令人费解了。往前推几代，在量子物理诞生初期，所有的物理学家都多少学过一些哲学，爱因斯坦读的是马赫，玻尔读的是康德。然而，第二次世界大战之后，科研经费和物理教学的变动也引起了大学教程的变化。在爱因斯坦和玻尔那个年代，哲学是中欧的教学大纲中的核心部分。但是在战后的美国，一位聪明的学生甚至不用推开哲学教室的大门，就可以很容易地一路从幼儿园读到顶尖大学的物理博士。

这并不是说那个时代比较好。但以上情况也不是什么现在才有的问题，爱因斯坦那时就曾抱怨过这个问题，还说正是因为这样，哥本哈根诠释才得以深入人心。他在 1951 年写道："这种情况还将持续下去，其原因主要在于物理学家对逻辑和哲学论证一窍不通。"

从很多角度来看，目前的教育以及人们受教育的机会都比以前好很多。然而，随着上个世纪知识和信息的暴增，教育也难免变得越来越专门化了。这本身并非什么坏事，但随着学科的分工越来越细，知识也开始有了更多的边界。任何一个好的专家对这一点都心知肚明。

事实上，很难想象霍金、戴森或者克劳斯会在自己毫无所知的领域，比如寄生虫的生态或者工业金属生产领域发表这么旗帜鲜明的宣言。那他们为什么偏偏会这么随意地发表自己对哲学的看法呢？为什么物理学家以及其他科学界的学者都这么做呢？

哲学容易给人留下刻板的印象。但凡是与现实世界没有实际关系的话题，他们都能谈论上半天。所有哲学研究课题都很容易被看作是虚无缥缈的抽象问题——生命的意义是什么？为什么人间充满痛苦？这些研究课题提出了这么多问题，结果到头来还是想不出什么好的答案。

事实上，科学哲学家，以及其他很多哲学家，都与这个既定印象相去甚远。他们研究的是定义明确的问题，用的是严谨的逻辑推理，并且推理中还会综合最新的科学发展和感知经验。要具体分析实际的哲学研究为什么会与大家心中对哲学的印象有这么大的差别，这恐怕需要人们再写另一本书来解释了。

不过，其中的部分答案大概就在现代西方哲学的两个分支中：分析哲学和欧陆哲学。这两个分支的来源是一个冗长而复杂的故事（与我第8章提到过的实证主义及德国的唯心主义有关），但不管怎样，虽然大多数的物理哲学学者从事的是分析哲学，可是你听说过的过去70年的哲学家估计都隶属于欧陆哲学分支。像萨特、加缪、福柯、德里达和齐泽克这样的欧陆哲学家俨然已经成为公众人物，而分析哲学流派却鲜少有这样的人出现。

对于阐述知识和真理的科学理论，欧陆派哲学家的抵抗态度要比分析派强烈得多。然而，外行人大多不知道这两种哲学流派之间的差别，许多科学家甚至不知道哲学还分为分析流派和欧陆流派。因此，由于大多数人熟知的哲学学家都属于欧陆流派，而欧陆流派的某些（也非全部）哲学家对科学的确存疑，也就难怪科学家几乎都对所有的哲学学者怀有敌意，甚或认为自己会比他们更胜任哲学研究了。

答案还不止于此，并非所有支持哥本哈根诠释的科学家都对哲学一无所知。蔡林格在基础量子研究会议上与物理哲学学者有过长时间的接触，而且他出生于维也纳，也一定知道些实证主义的历史。更何况，物理界对哥本哈根诠释普遍所持的支持态度，并不见得是因为他们都对实证主义坚信不疑（这个因果关系很可能是反过来的）。作为物理科研从业者，在学校都学习过一些哥本哈根诠释的内容，很多人会因而选择相信它，而一旦有了哥本哈根的思维，大家自然就会倾向于实证主义和其衍生的观点。

所以，对于这些观点，或许物理学家并没有做出自主的选择，也并非主动要去逃避阐述现实世界的责任；或许他们只是在被灌输了哥本哈根诠释之后，才不自觉地有了这样的倾向。这也让我们回到了最初的问题：哥本哈根诠释到底为什么具有如此大的吸引力？

哥本哈根诠释就是"闭上嘴，埋头算"

"如果我必须用一句话来概括我眼中的哥本哈根诠释，"1989 年，物理学家默明曾说，"那就是'闭上嘴，埋头算！'"但默明很快就叛逆地补充道："但我偏偏不闭嘴。"在默明把这句话写进文章发表了之后，"闭上嘴，埋头算"这个说法迅速走红，在物理学界里成为概括哥本哈根诠释的流行语。有人错误地认为这句话来自费曼，到最后就连默明自己都忘了这句话的出处，于是多年之后他才发现，原来他自己才是最先说这句话的人。

除非你很喜欢数学，否则"闭上嘴，埋头算"这句话听上去并不是一件令人愉快的事。而即便你是一名物理学家，"闭上嘴，埋头算"的好处又到底在哪里呢？默明在他 1989 年的那篇文章里已经为我们指出了答案："在所有的科普或者半科普文章里，我们都应该强调一个事实，那就是，量子理论能够让我们用从未有过的精确度计算各种物理量。"

量子物理是一个非常成功的理论。通过量子物理，我们可以计算出一系列极为实用也极为精确的结果。量子物理可以告诉我们锅里的蛋多久能够煎熟，也可以告诉我们死去的白矮星超过了多大直径就会发生坍缩。它曾预测出生命之本双螺旋的确切结构，也算出了拉斯科洞窟壁画上的牛已有多少年的历史。

它告诉我们非洲太古宙的岩石中的原子如何分裂，也让奥本海默的三位一体核试验发出了几乎致人眼盲的光芒。它能用不可思议的准确度预测出最黑的暗夜到底有多黑，也能从一捧尘土中推断出宇宙的历史。如果只需闭上嘴就能做出这些伟大的计算，那还在等什么呢？赶紧把嘴堵上，掏出草稿纸吧。

可我们为什么需要付出"闭上嘴"这个代价呢？为什么哥本哈根学说坚持要闭上嘴才能做出计算？说到这里，计算中到底哪里用到了哥本

What Is Real? (i) (i)
The Unfinished Quest
for the Meaning of
Quantum Physics
谁找到了薛定谔的猫？

哈根诠释？测量问题像是量子物理的喉中之鲠，若是不能解决它，那么整个理论便无法成立。要利用其中的数学，我们必然需要用到某种诠释，而正如我们之前所说的，哥本哈根诠释并不能解决这个问题，因而它并不是一个真正的解释。如果是这样，"闭上嘴"到底是如何让我们算出结果的呢？

大多数物理教科书中形容的哥本哈根诠释（有的明确指出它是哥本哈根诠释，有的没有）主张，测量行为与自然中的其他行为从根本上是不同的。书中常常定义，所谓的"测量行为"会在"任何大型物体和小型物体相互作用时发生"。尽管展示在学生们眼前的量子物理是作为支撑经典物理的基础理论，但书中依然会假定大型物体遵循的是经典物理。简言之，即学生们都在被潜移默化地灌输这样的一个概念：量子物理的基本框架中有两个不同的世界，一个是经典物理，一个是量子物理。（这与玻尔的学说一模一样！）

然而，与此同时，学生们又会被告知，量子物理是物理的基础理论，是经典物理的根基。因此，学习量子物理的学生必须接受一个悖论。一方面，他们被告知，经典物理的概念与量子物理相比具有逻辑先在性，因为要知道测量行为发生于什么时候，我们需要用到经典物体这个概念。另一方面，他们又被告知，量子物理比经典物理具有逻辑先在性，因为后者是前者的衍生品。这两个说法必然有一个是错误的。

实际上，在很多教科书以及"民间流传"的哥本哈根诠释版本中，人们都认为前一个说法比后一个重要得多。有些物体就是经典物体，而在量子物理的范畴中，正是与这些物体的相互作用才导致了"测量行为"。于是，这个测量问题的"解法"便足以让大家安心地做计算了。当然，大多数物理学家都认为，量子物理是经典物理的基础。但在做量子物理计算的时候，物理学家却会常常选择性地忽略掉这一点，而默认某些物体并不遵循薛定谔方程。所以计算时他们当然要"闭上嘴"才行。

也有一些物理学家曾试图将量子物理作为基础概念带入计算中。要做到这一点,他们必须放弃哥本哈根诠释对测量问题给出的答案,且提出不同的概念。换言之,包括玻姆、埃弗里特在内的这些人,都必须提出新的量子物理诠释,因为哥本哈根诠释并没有认真对待量子理论。它要求我们忘记量子物理可以阐明宇宙中一切事物,并且坚持把它局限在了固定范围内。现如今,大多数物理学家都跟蔡林格一样,相信量子物理的适用性并没有边界,但量子物理被教授应用的方式很显然违背了这一理念。

不管怎样,从这些方面看来,哥本哈根诠释的普及毫不意外。量子物理推动了过去 90 年来绝大多数科学技术的发展,其中包括核能、现代计算机和互联网。基于量子物理的医用影像学也彻底改变了医疗系统,微观量子影像技术更是让生物学走进了新的纪元,并且开创了分子遗传学这一全新的领域。这样的例子还有很多。我们要么与哥本哈根诠释和解,加入这场浩浩荡荡的科技革命;要么选择直面这个连爱因斯坦都不能解决的问题。"闭上嘴"本来就让人感觉不大对。

科学中也存在偏见

物理界之所以会形成今天的局面,其实不仅是因为大家对务实研究的选择,或是物理学和哲学之间的冲突。说到底,这是一个关于人的故事。艾伯特曾说过:"测量问题在物理界是一个惨痛的问题。很多人的职业生涯都被它摧毁了,它发展的整个过程给物理学带来了巨大的精神创伤。"量子物理基础的历史浸润在许多学者独特的性格中:若是玻姆更受人喜欢,若是埃弗里特对公开演讲不那么厌恶,若是爱因斯坦有玻尔那样的人格魅力,这本书中所讲述的故事或许会很不一样。很多关键性事件都受到了当时的政治、社会或者人际关系的影响,而非纯粹出于科学性的考量。这也意味着哥本哈根诠释得以流行或许还有一个原因——不是因为它比其他的诠释更符合物理界的需求,而是因为它最先出现。

如果用福尔摩斯那样天真的态度来看待科学,说科学只是一种从所有既有线索中找到唯一正确答案的机制的话,或许令人甚是不安。(若我们当真都持有这样的看法,很可能这整本书都会令人非常不安。)如果这些额外的因素对基础物理的影响真的如此之大,那其他的科学领域恐怕也很难出淤泥而不染吧!

的确,这样的现象不仅存在于基础量子研究,其他所有的科学研究都会受到人为因素的影响,政治、历史、文化、经济、艺术等原因都会造成科学从业者的偏见。绝大多数的科学家都会坦然承认这一点。然而,在抽象层面承认这些非科学性的偏见是一回事,要去直面一个具象的实例则又是另一回事。哥本哈根诠释的影响如此深远,要说它是因为非科学性的历史原因才能一统天下,对于许多人来说都是很可怕的,尤其是那些为物理学奉献了一生的人。

如果放弃相信哥本哈根诠释,"那就还有不止一种的其他可能性,这个时候你要怎么选呢?"滑铁卢大学的物理哲学学者多利安·福瑞泽(Doreen Fraser)问道,"你的选择会不会是基于你觉得其中的这一个比较有意思?这个选择是不是也会被你个人的认知偏差所左右?答案是肯定的,但这么想会让人不大舒服。"这样的不适和恐惧是物理学家们纷纷选择"闭上嘴,埋头算"的另一个原因。可若是屈服于这样的恐惧,我们就更不能看清自己的认知偏差了。

这些偏差源于许多本书中直接叙述过的原因——从政治因素到研究经费,再到属于特定时代地点的社会环境,甚至于人与人之间的冲突。但还有一些原因则是本书没有直接说明的。比如,德国数学家、哲学家赫尔曼女士,早于贝尔30年便发现了冯·诺依曼证明中的漏洞,但她的工作完全不为人知。在女性还不能在大学执教的1935年,她的性别恐怕在很大程度上影响到了大家对她的研究的态度。

不仅如此，由于从事基础量子研究对任何物理学家都是一条艰难的职业道路，我们也能想象得到，很少会有女性和非白人物理学家选择从事这方面的工作。毕竟在当时的环境下，他们的身份本身就已经会引来许多偏见了。这就是为什么这个故事中几乎没有女性和非白人出现。在科学的发展历程中，对特定群体和特定想法的偏见其实屡见不鲜。然而，这些偏见的存在并不意味着科学与其他人类活动毫无差别，或者说科学上的真理与其他那些毫无实验证据支持的片面见解是一回事。我们的偏见并不能完全决定最前沿的科学理论，因为事实会说话，而我们要尽全力让它发声。

是事实决定了我们作为科学从业者应该提出哪些猜想。在"科学是绝对完美而理性的"和"科学都是一派胡言"之间还有很大的空间。正如本书讲述的这个故事告诉我们的，人类可以在这个中间地带做出努力。因此，存在偏见绝不意味着科学不可信任，否则就只能说明你和福尔摩斯的科学观一样天真了。

话虽如此，看了基础量子研究的故事后，我们确实不禁要问，科学到底是怎么回事？我们从这个故事中看到了很多反例，它不是验证的工具；不像实证主义派一样完全依赖于实验；不是波普尔以为的那样需要通过"可证伪性"的测试；也不是一座独立于复杂的历史因素、与世无争的象牙塔。

那科学是怎么回事呢？就像我在第 11 章末尾说过的，这是一个错综复杂的问题，要想完整地回答它，我们需要再写出另一本书。

简而言之，科学是一个综合的过程，它集实验、数学、逻辑推理于一身，旨在提炼出互洽而统一的理论，但它也会掺杂科学从业者由他们自身的生活和文化中带入的偏见。我们在努力减少这些偏见，虽然不一定总能成功，但明确地认识和减少这些偏见是严谨的科学过程中必不可少的一部分，也是整个科研界需要铭记在心的目标。科学是我们用来理解和预测自然现象最有力的途径，若是像质疑流言八卦和根深蒂固的文化价值一样去质疑它，那就实在是太愚蠢了。

正确的科学研究不屈服于任何权威，只论经验和证据。它永远都不会一步就达到目标，但它迈出的每一步都离真理越来越近。你我作为猿人的后代，若要想探索身边这个未知的世界，不会有比科学更好的办法了。

敢于突破认知限制的想象才能解开谜题

寻找量子物理真谛的故事无疑是一个科学的故事。可是在这个科学故事中，文化和历史的影响如此之大。虽然我们明知它们难以避免，但在探索过程中却难免心中不安。与其他某些生造出来的伪科学争议相比，如进化论、全球变暖和顺势疗法①，我们要如何才能区分出量子物理基础这样正当的科学争议呢？

乍看起来，它们的性质似乎是一样的。对于那些（错误地）不相信全球变暖、不相信进化论，或是认为顺势疗法有用的人来说，这些故事的精神是一样的，那就是：虽然科学界绝大多数的人都达成了共识，但还是有一小部分独立思考的人决定要不惜代价揭露真理。这无疑是个假象。

关于进化论、全球变暖和顺势疗法的争议，明显是出于有心之人的商业、宗教或者政治意图。他们完全违背了科学需要抛开个人偏见的宗旨，根本不在意科学本身，反而用科学作为幌子招摇撞骗。这些群体并不想仔细地审视数据，当数据不符合他们的目的时，他们就会将其弃之如敝屣，捏造出新的"数据"。

在全球变暖和进化论的问题上，他们别有用心地制造出"争议"，其

①顺势疗法是替代医学的一种。其理论基础是"同样的制剂治疗同类疾病"，意思是为了治疗某种疾病，需要使用一种能够在健康人中产生相同症状的药剂。

目的就是抵制科学和科学家的"政治目的"。在这一点上，缔造出智慧设计论①和全球变暖否定学说的推手并没有错。

科学确实有政治目的，而且一直以来都有。它的目的就是要为大众提供信息，以促使人类做出最优的政治决策。如果特定群体机构的目的与这个目的相悖，那科学的确会对他们产生威胁。

科学将永远是某些群体的敌人，因为它除了数据和逻辑之外，不会屈服于任何人和事，因此这些群体的确应该担心。这也是这些"争议"与量子物理基础争议的一大不同，这些反对科学界共识的群体常常会与某些反科学的组织联合在一起（甚至有些群体还是由这些组织资助运行的）。

相反，在量子基础之争中，每个人都同意科学是成立的，否则他们也没有什么好争论的。虽然在哥本哈根问题上有过激烈而惨重的分歧，但本书提到的所有科学家中，没有任何人否定量子物理（或者该理论的轻微变体）的成立，没有人怀疑过促使量子物理诞生的实验数据。在海森堡和薛定谔等人制定出量子物理的理论框架之后，也没有人否定过任何符合这些理论的数据。没有人有组织、预谋地想要让哥本哈根诠释一手遮天，这场争议中也没有任何阴谋，或者任何商业、政治方面的利益冲突。

这场争议源于物理学家对一个他们都相信的理论背后的意义，持有的不同看法。事实上，关于量子基础的争论，其核心是一场关于人们应该如何严肃对待量子物理学的争论，而哥本哈根诠释的反对者正是认为量子物理作为整个世界的一种理论，应该得到非常认真的重视。不过基础量子研究也以一种独特的方式，出现在了科学和伪科学之争中。由于哥本哈根诠释笼罩着一股朦胧气息，它看似证明了人类的意识是一切的基础，但实际上其理论框架中也满是矛盾。量子物理成为许多新世纪风格的胡言乱语和垃圾伪科学背后所谓的"科学证据"。动画片《飞出个未

---

① 智慧设计论又称外星神创论，是一种认为地球上的生命是由外星种族创造的古代宗教观点。

来》（*Futurama*）就是一个很好的例子。剧中有一个来自 3008 年的物理教授宣称："就好像狄巴克·乔布拉（Deepak Chopra）教导我们的，量子物理意味着任何事情会在任何时候毫无理由地发生。"

乔布拉确实声称意识来自量子纠缠，而"量子治愈"意味着我们只要通过意识就能治愈身体。"我们的身体其实是信息、智力和能量的原野。"他说，"量子治愈的过程中，能量信息会发生变化，这样就能纠正一个错误的想法。"乔布拉绝不是唯一一个用量子物理来凭空捏造医疗手段的人。类似这样的骗局数不胜数，骗子们都说这些产品可以把你的思维从量子层面灌输到你的身体里——鬼知道这究竟是什么意思。

最令人生气的还有《秘密》（*The Secret*）这样的畅销书，它居然堂而皇之地声称量子物理有各种各样奇妙的力量。这些说法一传十，十传百，居然还促生了诸如《为什么量子物理学家不会失败》（*Why Quantum Physicists Cannot Fail*）以及《为什么量子物理学家不会发胖》（*Why Quantum Physicists Don't Get Fat*）这样的衍生品。（我可以用亲身经历告诉大家，这两种说法都是胡说八道的！）这些书激动地告诉我们，我们只要使劲儿许愿，就能实现愿望，也可以改变我们自己的世界，因为量子物理已经"证明"，是意识创造了我们身边的宇宙。

非常讽刺的一点是，批判非哥本哈根派量子物理诠释的人常常说，哥本哈根学派只是想要维持经典物理中合理而"正常"的世界。可是，哥本哈根诠释不禁让人想起一个更古老也更容易令人接受的诠释。就像古人一样，哥本哈根学派把人类（事实上是把"自我"）放在整个宇宙的中心，它把"自我"看得比什么都重要，其他的事物都必须围着我们转。这就是为什么量子物理在"小众"圈子里如此受欢迎的原因。

对于我们身边的宇宙，哥本哈根诠释并没有给我们一个谦卑且让人不适的宇宙观，而是让物理学变得更熟悉和亲切。我们如果想要解开宇宙的谜题，就必须敢于想象出一个不受我们自己狭隘认知限制的世界。

前沿科学重塑人类自我认知

但这一切又有什么联系呢？如果"闭上嘴，埋头算"真的有用（而它确实有用），那为什么物理学家还需要做别的事情？如果你不是一名物理学家，这一切与你又有什么联系呢？

可以肯定的是，当我们用量子力学做计算的时候，不管是倾向于哥本哈根诠释、多世界诠释、导波诠释，还是其他的任何诠释，得出的结果都是一样的。就算是量子物理的变种，比如自发坍塌理论，几乎在所有场景下也都会给出一样的答案。有些人认为（泡利曾亲口对玻姆说过），因为诠释并不会影响到最终结果，所以我们承认哥本哈根诠释就行。这个论点实在是说不通，因为你也可以同样推理得出"那我们承认多世界诠释（或者任何其他诠释）就行"的结论。

还有人声称，哥本哈根之外的诠释都只是想把哥本哈根诠释里那些怪事变得不那么奇怪而已，与其相信这些诠释，我们不如勇敢地接受这些奇怪的现象——之所以哥本哈根诠释听起来不合理，是因为我们作为人类理解量子物理的能力有限。如果这个结论是正确的话，那所有的诠释都有其奇怪之处。

艾伯特说："测量问题的所有解法在某个方面看来都是奇怪的。贝尔定理证明了它们必然是奇怪的，但奇怪跟说不通是两回事。"并且艾伯特补充道，"很多物理学家到现在都还没有意识到这一点，他们会说'没错，哥本哈根诠释是很奇怪，但别的诠释也都奇怪'，我每次一听这种话就很想给他们一巴掌'不！哥本哈根诠释不是奇怪，而是狗屁不通！'"

还有的物理学家带有实证主义倾向地反驳说，由于无法通过实验结果区分这些诠释，因此区分哪个诠释正确，而哪个错误是没有意义的。就算哥本哈根诠释前后矛盾，而我们因此决定用另一种方法来诠释量子物理，那选择哪一种诠释都没有区别。这样的话本就不对。如果我们想在现有理论的基础上发展出新的理论、发现新的物理现象、解释新的实验结果，那么确定应该使用哪个诠释是很重要的。如果你找一位相信导波诠释的学者和一位相信多世界诠释的学者，问他们量子物理之后的下一个新理论是什么，你肯定会得到两个截然不同的答案。

费曼指出，虽然不能通过实验来区分两个在数学计算上相等的理论（也就是说，由同一种数学公式阐述的两种不同诠释），但选择相信哪个理论会深深地影响你理解这个世界的方式。因此，这个区别也会影响新理念和新理论的发展。举个例子，16 世纪的天文学家第谷·布拉赫（Tycho Brahe）提出，地球是整个宇宙的中心，太阳和月亮绕着地球转动，而其他的行星绕着太阳转动。他的理论在数学上与哥白尼的日心说是一样的，其对天空中光的运动给出了相同的预测。但地球并不在宇宙中心的想法，促生了关于宇宙如何运作的一套完全不同的观点。

同样，我们也可以提出一种新的量子物理诠释，说有隐形的独角兽指挥着波函数，它们遵循着放牧法则，最终促生了薛定谔方程。但是（我希望）我们会一致认为这并不是一个好的想法，甚至比量子物理现有的所有诠释都要糟糕许多。实验结果不是也不可能是制定和评估科学理论的唯一途径。我们理论中的所有内容，包括其中的数学和隐含的对自然的理解，对于科学来说都很重要。

我在本书引言中说过，最前沿的科学理论中的世界观也会慢慢进入公众的视野，从而改变人们对自我的认知。这在哥本哈根诠释上已经发生了，毕竟它是量子治愈病症那些荒唐概念的来源。不过，坦白说，如果没有哥本哈根诠释，乔布拉等人估计也会找到些别的什么诠释来推出其他的邪门歪道，这样其他的诠释或许也会被误解。将科学理论张冠李戴是难免的，只不过哥本哈根诠释好像特别容易被误会。

从古至今，新的物理学知识为人类的想象力打开新的大门，带来了人们看待自身的新方式，也衍生了遍布物理学、艺术、地质等种种领域的新概念。如果哥白尼没有纠正地球处于宇宙中心这个想法的话，达尔文恐怕就没有勇气提出人类并不是某种特殊的存在，而是森林古猿的后代。而如果没有日心说和进化论，斯坦利·库布里克（Stanley Kubrick）肯定就不会拍出电影《2001 太空漫游》。

如今，人类活动已然重塑了这个世界的每一个角落，本来就融为了一体的科学和文化更是变得不可分割。不出所料的话，量子物理之谜的答案和其后的新理论不仅会影响物理学家的日常工作，也会影响我们生活的方方面面。

到底量子物理的哪一个诠释是正确的？

在物理的子领域交叉处，有许多深刻的问题几十年来一直悬而未决，其中最突出的就是量子引力（Quantum Gravity）。这些问题的确非常艰涩，某些物理学家已经开始从量子基础领域寻求答案了。

有人提出，时空的结构由量子纠缠构成，遥远的两点可以由虫洞链接起来。还有人说，永恒暴胀论和弦理论里的多重宇宙其实与多世界诠释中的多重宇宙是同一个东西，而这 3 种理论只不过是形容宇宙终极真理的不同方式罢了。还有的研究明确地把量子非局域性作为起点，试图要推论出某种可以推翻爱因斯坦相对论的量子引力理论，因为还没有人成功提出过不违背相对论的量子引力理论。

迄今为止，量子物理有了许多不同的诠释方式，本书里提到的仅仅是冰山一角。虽然这本书中阐述的这些诠释最具历史意义，且迄今都还以各种形式存在着（除了维格纳提出的意识论诠释，它几乎纯属猜测，定义不明，且很容易踏入唯我论的范畴，因此已经被彻底否决了），然而过去 30 年中，人们仍然提出过很多种不同的诠释。有极端非局域性的逆因果诠释，主张亚原子粒子可以改变自己的历史；还有想要通过改变概率学公理来证明贝尔定理的诠释，虽然这能不能成功还未可知。

特·胡夫特也正在发展他自己的量子理论诠释，他想通过一种不寻常的方式来解释贝尔实验的结果。他的理论是"超决定性"，其中，隐变量与亚原子粒子及实验器材事先就有很深的关联。很多物理学家和哲学学者都直接否决了这样的理论，认为它属于某种宇宙阴谋论，有违科学研究的前提。可是特·胡夫特似乎相信他可以在不推翻科学的情况下做到这一点，而他也有可能并没错。罗杰·彭罗斯（Roger Penrose）是现今仍旧在世的最优秀的数学物理学家之一，他认为波函数坍缩是真实存在的，因此薛定谔方程也必须像自发坍缩理论一样做出相应的修正。

不同的是，他认为坍缩的发生并非随机，而是受引力的影响，从而用一种出乎意料的新颖方式将广义相对论与量子物理结合在一起。甚至还有一些诠释综合了好几种已有的诠释，比如"互作用多世界诠释"就是结合了导波理论和多世界诠释而得出的。

量子场论的诠释也同样面临着许多难题。量子场论结合了量子力学和狭义相对论，阐述的是我们在粒子加速器中观测到的精妙的高能物理现象。量子场论面临的某些问题与普通的量子理论是一样的。比如，测量问题和非局域性在量子场论中依然存在。

不仅如此，它还有一些独有的问题。把已有的量子理论诠释（比如导波诠释）延展到量子场论是一个正在发展中的挑战。还有的诠释，比如多世界诠释，则与量子场论完全兼容。这也不可谓不是它的一个优点。除此之外，基础量子研究还有许许多多其他精彩的想法和有趣的谜题。虽然基础量子研究这几十年来遭到了物理界其他领域的冷眼相对，但如今它正在健康蓬勃地发展着。倘若贝尔尚在人世，看到自己的研究衍生出了这一切，他定会感到无比震撼。

所以，到底什么才是真实的？导波？多世界？自发坍缩？量子物理的哪一个诠释才是对的？我不知道，每一个诠释都有其反对的声音。不过，基本每一个支持非哥本哈根诠释的人都认为，哥本哈根诠释是最糟糕的选择。量子物理的数学之外，有一些什么事情正在发生。一定有一个诠释是正确的，虽然它不一定是现有的诠释中的一个。

如果我们大手一挥，说量子世界只是一个数学虚构品，那就等于是在忽视我们最前沿的科学理论，也夺去了我们在它的基础上发展出下一代新理论的可能。而要说哥本哈根诠释的结论是"不可避免的"，或者说是"理论里数学的必然结果"，那也根本不成立。谈论独立于我们感知的物理是没有意义的，仅仅将这个世界视作我们的观测对象也是不正确的。唯我论和唯心论并不是量子物理想要传达的信息。

作为物理学家，我们应该学习这些不同的诠释，并在工作时牢记于心。我们不应武断地坚持其中任何一个诠释，而应该抱着开放的心态面对我们的工作。我不是说所有的物理学家都应该去研究量子物理诠释，与这个方向相比，还有同样重要而未解的问题，比如量子引力和高温超导体这本身也是一个值得另写一本书的意外之谜。但所有的物理学者都应该意识到这些问题的存在，对量子物理领域有一个基本的认识。

我们的理论十分成功，但其诠释却令人难堪，并且面临着从现今理论过渡到下一代理论的极大挑战。从务实的角度来看，保持多元态度，同时相信不止一个理论或许是一个不错的办法。如果不能持有多元态度，至少也应当谦逊。量子物理在大致方向上肯定是没错的。肯定有一个未知的世界与我们所知的量子世界相去不远。我们只是还没弄懂这一切是什么意思，而这就是物理学今后的任务。

这是一项伟大的事业，是这段错综复杂的历史中的每一个角色都以自己的方式为之奋斗过的目标——贝尔，用他字挟风霜的文笔；玻姆，用他不满现状的固执；埃弗里特，用他玩世不恭的玩笑。值得铭记的不只是他们的工作，还有他们的故事。正如理论的新诠释一样，物理学背后的历史也可以引导我们的研究方向。要知道该去往何处，或许我们应该先了解自己从何处而来。本书最想要说明的就是这一点。我想把本书的结语留给一位比我更有资格做结论的人——阿尔伯特·爱因斯坦：

"在我看来，当今社会有许多人，包括专业科学家在内，他们就像见过上千树木，却从未见过森林的人。对知识背后的历史和哲学背景有所了解，可以让学者免疫于这个时代举目皆是的偏见。我认为，这种源于哲学洞见的自由，正是一个纯粹的工匠或者专业人士与真理追寻者之间最大的区别。"

ⓘ ⓘ **附录**

世上最奇诡的实验之四种解读

1978 年，搬到得克萨斯州大学不久，惠勒提出了一个思想实验。用他的话来说便是："这个实验直指爱因斯坦 - 玻尔争论的核心。"不仅如此，他还说，"这个实验或许会告诉我们整个宇宙的运作规则。"他把这个实验起名为"延迟实验"（图 A.1）。

该实验有两种不同配置。我们先来看左边比较简单的低配版（图 A.1a）。一束激光（也就是一束光子组成的光）从左下角进入到分光器。分光器，顾名思义，会把光一分为二，其中一半被朝上反弹，一半直接向右射去。这两束光各自击中一面镜子，随后再一次交汇又分开，然后各自击中一个光子探测器。就这么简单。

我们再来看看将同一个实验稍做修改的高配版（图 A.1b）。这两束光在右上角交汇又分开之后，会在抵达探测器之前再次进入另一个分光器。于是，两束光再次被一分为二，有一半朝着右边向 2 号探测器射去，另一半则往上朝着 1 号探测器而去。然而，这个分光器有些古怪：集两束分光为一体的半束光在两个方向的行为并不一样。往上走的两束分光是同步的，波峰对着波峰，波谷对着波谷，所以合为一体之后，波的波动

267

What Is Real? (i) (i)
The Unfinished Quest
for the Meaning of
Quantum Physics　谁找到了薛定谔的猫?

会变大。这叫作建设性干涉,第5章里双缝实验中明亮的光斑就是由它们组成的。同时,往右走的两束分光却刚好不同步,波峰对着波谷,波谷对着波峰,所以它们会完全抵消掉。这叫作破坏性干扰,双缝实验中的暗纹就是由它们组成的。这么一来,便不会有任何光进入到2号探测器,而进入1号探测器的光则会与原本进入左下角第一个分光器的光一样强。

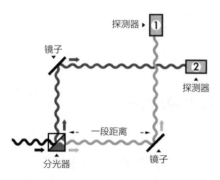
(a) 没有第二个分光器,单个光子进入任一探测器的概率是50%

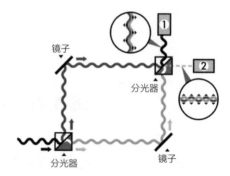
(b) 有了第二个分光器之后,单个光子会发生自干扰,永远都不会进入2号探测器。

图 A.1　惠勒的延迟实验

到此为止一切似乎都很好。除了第一步中的激光之外,我们刚刚形容的一切用到的都只是经典物理。现在让我们来谈谈量子的部分。如果我们把激光尽量调暗,暗到每次实验的整个过程中只发出一个光子。如果没有第二个分光器,事情就还是很简单。这个光子要么会被1号探测器探测到,要么会被2号探测器探测到,而我们依然可以通过光子最后的位置,推论出它的路线。如果我们一个个地发射很多光子的话,每个探测器便差不多会各自探测到其中一半。

但是,惠勒说,如果有第二个分光器,情况就变得很复杂了。这样一来,这个光子就永远都不会进入2号探测器,因为它会自我干扰,就像在双缝实验中一样。就算你一个个地发射出再多的光子,它们都只会抵达1

号探测器。惠勒解释道，这是因为每个光子都经历了两条路线，产生了自我干涉，从而杜绝了自己到达 2 号探测器的可能性。惠勒说，放进第二个分光器会让"追溯单条路线"这个概念变得没有意义。

这个实验与双缝实验差别不大。说到底，这就是一个双缝实验，只不过实验仪器的设置方式不一样罢了。与双缝实验一样，我们很容易便能得出这一结论：光子在实验还未开始的时候，就知道有没有第二个分光器在了。如果只有一个分光器，光子就会顺着单一一条路线射去，而如果它知道会有两个分光器，那么它就会同时往两条路上走去，以便自我干涉。

但惠勒还对这一实验进行了一项改动：延时的选择。分光器与右下角的镜子之间有些距离（图 A.1a）。我们就当它很大吧（比如想象它有好几千米）。这样光子需要用光速飞行差不多 10 毫秒，才能从分光器抵达探测器。我们可以在光子发射出去之后，在这个时间内用电脑插入（或者移除）第二个分光器。换言之，我们可以把做高配版还是低配版实验的选择延迟到光子发出之后。可即便我们这么做了，最后得出的结果也不会有所不同。只要有第二个分光器，光子就永不会抵达 2 号探测器。而如果第二个分光器被拿掉了，光子被两个探测器探测到的概率就都是 50%。

这些结果很奇怪，但它们已经被实验证实过了——的确就是这样。可是，光子怎样才能在穿过了第一个分光器之后，再"决定"要不要顺着一条路线走呢？而且分光器与镜子之间的距离越远，这个矛盾就越明显。就理论上来说，我们甚至可以把中间的距离加大到一光年，甚至几十亿光年。但答案似乎在表示，除了有时会在同一时间出现在两个地方，单个光子似乎可以回到过去修改自己的历史——又或者说，似乎我们对实验装置的选择会改变遥远的过去。

事实上，惠勒便支持这样的观点。他说："我们必须得出这样的结论，即我们的测量行为不仅揭示了光子向我们走来的历史的本质，在某种程度上，还决定了这段历史。只有我们当下做出观测，宇宙的历史才是真实有效地存在着的。"

然而，以上只是这个实验的其中一种解读方式，用的是惠勒所理解的哥本哈根诠释。那么，到底什么才是观测行为？它到底是怎么回事？惠勒没有解释，只是坚持认为它与意识和生命无关。

除此之外，他只是表示测量"是一个不可逆的行为，在这个过程中，不确定的会坍缩到确定。"测量行为、坍缩，这都是熟悉的话了，所以惠勒当然也面临着熟悉的问题：什么是测量行为、它是怎么发生的。但他依然拒绝回答这些问题。惠勒还表示，延时选择实验显示，量子物理的"精华"正在于测量行为。但这也不能回答到底什么才是测量行为。当然，这个实验还有其他的解读方式。它们与惠勒的这个没有明确定义且颇有些自相矛盾的诠释明显不同。以下是其中三种。

导波诠释： 单一光子进入分光器后，它的导波被一分为二，顺着两条路线前行，但光子本身依然只顺着其中一条往前（虽然我们不知道是哪一条）。

如果第二个分光器不存在，导波就会抵达两个探测器，光子也就会顺之抵达其中一个。如果第二个分光器存在，那么导波在抵达它的时候则会发生自我干涉，不会再向2号探测器走去。这也意味着光子不管走哪条路都不再可能抵达2号探测器。

不管第二个分光器是在光子通过第一个探测器之前还是之后再被放进去的，答案都是一样的。决定结果的只有一点，那就是导波抵达第二个分光器的位置时，它到底在不在那里。

多世界诠释： 单一光子进入分光器后，一分为二，顺着两条路线走下去。如果第二个分光器不在，光子的波函数将击中两个探测器，将光子和探测器的波函数纠缠起来。由于这个巨大而纠缠的波函数内有巨大数量的粒子，消相干很快就会发生，这个波函数也会随之发生分裂。

在其中一个分支中，光子抵达 1 号探测器；在另一个分支中，它抵达 2 号探测器。如果有第二个分光器存在，光子的波函数在抵达这里的时候会破坏性自干扰，于是它便不会抵达 2 号探测器。因此，光子只会被 1 号探测器探测到。世界不发生分裂。

不管第二个分光器是在光子通过第一个探测器之前还是之后再被放进去的，答案都是一样的。决定结果的只有一点，那就是波函数抵达第二个分光器的位置时，它到底在不在那里。

自发坍缩诠释：单一光子进入分光器后，一分为二，顺着两条路线走下去。如果第二个分光器不在，光子的波函数将击中两个探测器，将光子和探测器的波函数纠缠起来。由于这个巨大而纠缠的波函数内有巨大数量的粒子，其中总有一个会中"坍缩"的大奖，于是光子不得不随机进入其中一个探测器。如果有第二个分光器存在，光子的波函数在抵达这里的时候会破坏性自干扰，于是它便不会抵达 2 号探测器。

不管第二个分光器是在光子通过第一个探测器之前还是之后再被放进去的，答案都是一样的。决定结果的只有一点，那就是波函数抵达第二个分光器的位置时，它到底在不在那里。

简而言之，说得好听些，即惠勒得出的结论并不是唯一的结论。如果要说得难听一些，那便是它在逻辑上根本说不通。从其他几种解读方式可以看出，这个实验本身也没有多么奇怪，至少没有贝尔实验那么奇怪。

这个实验还有很多变种，其中有一些把它与贝尔实验的某些方面综合为一体了。不过，这些实验的结果还是可以用这些其他的方式来解读。

最后说一句：虽然导波总体而言是非局域性的，但在这个例子中，导波诠释的一切都是符合局域性的。所以惠勒的话在某个层面上也没错，它确实直指爱因斯坦 - 玻尔争战的核心——局域性。局域性的理论明明可以解释实验的结果，但相信哥本哈根诠释的人却坚持要用非局域性解释！

① ① 参考文献

作者自己做的采访

Aharonov, Yakir. Vienna, Austria, October 24, 2015.

Albert, David. New York, NY, USA, February 4, 2015.

Albert, David. Telephone interview, May 17, 2017.

Aspect, Alain. Palaiseau, France, November 4, 2015.

Bell, Mary. Geneva, Switzerland, October 19 and 20, 2015.

Bertlmann, Reinhold. Vienna, Austria, November 2, 2015.

Bub, Jeffrey. Telephone interview, February 2 and 7, 2017.

Carroll, Sean. Malibu, CA, USA, November 14, 2015.

Clauser, John. Walnut Creek, CA, USA, August 12, 2015.

Emery, Nina. Telephone interview, May 5, 2017.

Esfeld, Michael. Geneva, Switzerland, October 21, 2015.

Fraser, Doreen. Waterloo, ON, Canada, May 24, 2017.

Gisin, Nicholas. Vienna, Austria, October 24, 2015.

Goldstein, Sheldon, and Nino Zanghì. New Brunswick, NJ, USA, February 3, 2015.

Grangier, Phillip. Palaiseau, France, November 4, 2015.

Hardy, Lucien. Waterloo, ON, Canada, May 23, 2017.

Hiley, Basil. London, UK, October 29, 2015.

Kaiser, David. Cambridge, MA, USA, January 19, 2016.

Leggett, Anthony. Telephone interview, May 4, 2017.

Leifer, Matthew. Vienna, Austria, October 24, 2015.

't Hooft, Gerard. Vienna, Austria, October 24, 2015.

Maudlin, Tim. New York, NY, USA, January 28, 2015.

Mermin, N. David. Ithaca, NY, USA, January 11 and 12, 2016.

Myrvold, Wayne. London, ON, Canada, May 24, 2017.

Nauenberg, Michael. Santa Cruz, CA, USA, August 6, 2015.

Ney, Alyssa. Davis, CA, USA, May 8, 2017.

Penrose, Roger. London, UK, October 27, 2015.

Rudolph, Terence. London, UK, October 29, 2015.

Saunders, Simon. Oxford, UK, October 26, 2015.

Schweber, Silvan Samuel. Telephone interview, September 7, 2016.

Sebens, Charles. Telephone interview, May 3, 2017.

Smolin, Lee. Toronto, ON, Canada, May 22, 2017.

Spekkens, Robert. Waterloo, ON, Canada, May 23, 2017.

Steinberg, Aephraim. Toronto, ON, Canada, May 25, 2017.

Vaidman, Lev. Vienna, Austria, October 24, 2015.

van Fraassen, Bas. Pinole, CA, USA, May 20, 2017.

Wallace, David. Santa Cruz, CA, USA, June 27, 2013.

Wallace, David. Oxford, UK, October 26, 2015.

Wiseman, Howard. Vienna, Austria, October 24, 2015.

Wüthrich. Christian. Saig, Germany, July 20, 2015.

Zeh, H. Dieter. Neckargemünd, Germany, October 23, 2015.

Zeilinger, Anton. Vienna, Austria, November 2, 2015.

其他新闻采访

Bohm, David. Interview by Lillian Hoddeson, May 8, 1981. Edgware, London, England. Courtesy of the Niels Bohr Library & Archives, American Institute of Physics, College Park, MD, USA. https://www.aip.org /history-programs/niels-bohr-library/oral-histories/4513.

Bohm, David. Interview by Martin J. Sherwin, June 15, 1979, New York, NY,USA. Atomic Heritage Foundation, "Voices of the Manhattan Project." http://man-hattanprojectvoices.org/oral-histories/david-bohms-interview. Accessed August 28, 2016.

Bohm, David. Interview by Maurice Wilkins, July 7, 1986. Courtesy of the Niels Bohr Library & Archives, American Institute of Physics, College Park, MD, USA. http://www.aip.org/history-programs/niels-bohr-library/oral-histories/32977-3. Accessed August 28, 2016.

Bohr, Niels. Interview by Thomas S. Kuhn, Aage Petersen, and Erik Rudinger, November 17, 1962, Copenhagen, Denmark. Courtesy of the Niels Bohr Library & Archives, American Institute of Physics, College Park, MD, USA. http://www.aip.org/history-programs/niels-bohr-library/oral-histories/4517-5. Accessed January 27, 2017.

Clauser, John. Interview by Joan Bromberg, May 20, 21, and 23, 2002, Walnut Creek, CA, USA. Courtesy of the Niels Bohr Library & Archives, American Institute of Physics, College Park, MD, USA. http://www.aip.org/history-programs/niels-bohr-library/oral-histories/25096. Accessed March 6, 2017.

DeWitt, Bryce, and Cecile DeWitt-Morette. Interview by Kenneth W. Ford, February 28, 1995, Austin, TX, USA. Courtesy of the Niels Bohr Library & Archives, American Institute of Physics, College Park, MD, USA. http://www.aip.org/history-programs/niels-bohr-library/oral-histories/23199. Ac-cessed October 26, 2016.

Dirac, Paul. Interview by Thomas S. Kuhn, May 14, 1963. Cambridge, England. Courtesy of the Niels Bohr Library & Archives, American Institute of Phys-ics, College Park, MD, USA. https://www.aip.org/history-programs/niels -bohr-library/oral-histories/4575-5. Part 5.

Hiley, Basil. Interview by Olival Freire, January 11, 2008, Birkbeck College, London, England. Courtesy of the Niels Bohr Library & Archives, American Institute of Physics, College Park, MD, USA. https://www.aip.org /history-programs/niels-bohr-library/oral-histories/33822. Accessed, July 14, 2017.

Shimony, Abner. Interview by Joan Bromberg, September 9 and 10, 2002, Wellesley, MA, USA. Courtesy of the Niels Bohr Library & Archives, American Institute of Physics, College Park, MD USA. http://www.aip.org /history-programs/niels-bohr-library/oral-histories/25643. Accessed March 6, 2017.

Stern, Otto. Interview by Thomas S. Kuhn, May 29 and 30, 1962, Berkeley, CA, USA. Courtesy of the Niels Bohr Library & Archives, American Institute of Physics, College Park, MD, USA. http://www.aip.org/history-programs /niels-bohr-library/oral-histories/4904. Accessed October 26, 2016.

Whitman, Marina [von Neumann's daughter]. Interview by Gray Watson. January 30, 2011. https://web.archive.org/web/20110428125353/http://256.com /gray/docs/misc/conversation_with_marina_whitman.shtml.

Wigner, Eugene. Interview by Charles Weiner and Jagdish Mehra, November 30, 1966, Princeton, NJ, USA. Courtesy of the Niels Bohr Library & Archives, American Institute of Physics, College Park, MD, USA. http://www .aip.org/history-programs/niels-bohr-library/oral-histories/4964. Accessed April 6, 2016.

图书资料

Abers, Ernest S. 2004. Quantum Mechanics. Pearson.

Albert, David. 2013. Lecture at the UCSC Institute for the Philosophy of Cosmology. http://youtu.be/gjvNkPmaILA? t=1h28m40s.

Anderson, P. W. 2001. "Science: A 'Dappled World' or a 'Seamless Web'?" *Studies in History and Philosophy of Modern Physics* 32:487–494.

Andersen, Ross. 2012. "Has Physics Made Philosophy and Religion Obsolete?" Atlantic, April 23. https://www.theatlantic.com/technology/archive /2012/04/has-physics-made-philosophy-and-religion-obsolete/256203/. Accessed July 28, 2017.

Arndt, Markus, et al. 1999. "Wave-Particle Duality of C60 molecules." Nature 401 (October 14): 680–682. doi:10.1038/44348.

Ayer, A. J. 1982. *Philosophy in the Twentieth Century*. Vintage.

Bacciagaluppi, Guido, and Antony Valentini. 2009. Quantum Theory at the Crossroads: Reconsidering the 1927 Solvay Conference. arXiv:quant-ph /0609184v2.

Ball, Philip. 2013. *Serving the Reich: The Struggle for the Soul of Physics Under Hitler*. Vintage.

Ballentine, Leslie E., et al. 1971. "Quantum-Mechanics Debate." *Physics Today* 24 (4). doi:10.1063/1.3022676.

Barnett, Lincoln. 1949. *The Universe and Dr. Einstein*. Victor Gollancz.

Barrett, Jeffrey Alan, and Peter Byrne, eds. 2012. *The Everett Interpretation of Quan-tum Mechanics: Collected Works* 1955–1980 *with Commentary*. Princeton University Press.

Bassi, Angelo, et al. 2013. "Models of Wave-Function Collapse, Underlying Theories, and Experimental Tests." *Reviews of Modern Physics* 85 (2). doi:10.1103/RevModPhys.85.471.

Bell, John S. 1964. "On the Einstein-Podolsky-Rosen Paradox." *Physics* 1:195–200. Reprinted in Bell 2004.

———. 1966. "On the Problem of Hidden Variables in Quantum Mechanics." *Reviews of Modern Physics* 38:447–452. Reprinted in Bell 2004.

———. 1980. "Bertlmann's Socks and the Nature of Reality." CERN Preprint CERN-TH-2926. https://cds.cern.ch/record/142461?ln=en.

———. 1981. "Bertlmann's Socks and the Nature of Reality." *Journal de Physique*, Seminar C2, suppl., 42 (3): C2 41–61. Reprinted in Bell 2004.

———. 1990. "Indeterminism and Non Locality." Talk given in Geneva, January 22, 1990. https://cds.cern.ch/record/1049544?ln=en, accessed July 21, 2017. Transcript: http://www.quantumphil.org./Bell-indeterminism -and-nonlocality.pdf.

———. 2004. *Speakable and Unspeakable in Quantum Mechanics*. 2nd ed. Cambridge University Press.

Bell, John, Antoine Suarez, Herwig Schopper, J. M. Belloc, G. Cantale, John Layter, P. Veija, and P. Ypes. 1990. "Indeterminism and Non Locality." Talk given at Center of Quantum Philosophy of Geneva, January 22. http://cds .cern.ch/record/1049544?ln=en. Transcript, http://www.quantumphil.org Bell-indeterminism-and-nonlocality.pdf.

Beller, Mara. 1999a. "Jocular Commemorations: The Copenhagen Spirit." *Osiris* 14:252–273.

———. 1999b. *Quantum Dialogue: The Making of a Revolution*. University of Chicago Press.

Bernstein, Jeremy. 1991. *Quantum Profiles*. Princeton University Press.

———. 2001. *Hitler's Uranium Club: The Secret Recordings at Farm Hall*. 2nd ed. Copernicus.

Bertlmann, R. A., and A. Zeilinger, eds. 2002. *Quantum [Un]speakables: From Bell to Quantum Information*. Springer.

Bird, Kai, and Martin J. Sherwin. 2005. *American Prometheus: The Triumph and Tragedy of J. Robert Oppenheimer*. Vintage.

Blackmore, John T. 1972. *Ernst Mach; His Work, Life, and Influence*. University of California Press.

Bohm, David. 1957. *Causality and Chance in Modern Physics*. Harper Torchbooks ed. Harper and Row.

Bohr, Niels. 1934. *Atomic Theory and the Description of Nature*. Cambridge University Press.

———. 1949. "Discussion with Einstein on Epistemological Problems in Atomic Physics." In Schilpp 1949, 201–241.

———. 2013. *Collected Works*. Vol. 7, *Foundations of Quantum Physics II* (1933–1958). Edited by J. Kalckar. Elsevier.

Born, Max. 1978. *My Life: Recollections of a Nobel Laureate*. Scribner's Sons.

———. 2005. *The Born-Einstein Letters: Friendship, Politics and Physics in Uncertain Times*. Macmillan.

Bricmont, Jean. 2016. *Making Sense of Quantum Mechanics*. Springer International.

Bridgman, Percy W. 1927. *The Logic of Modern Physics*. Macmillan.

Bub, Jeffrey. 1999. *Interpreting the Quantum World*. Rev. ed. Cambridge University Press.

Byrne, Peter. 2010. *The Many Worlds of Hugh Everett III: Multiple Universes, Mutual Assured Destruction, and the Meltdown of a Nuclear Family*. Oxford University Press.

Camilleri, Kristian. 2009. "A History of Entanglement: Decoherence and the Interpretation Problem." *Studies in History and Philosophy of Modern Physics* 40:290–302.

Cao, Chunjun, Sean M. Carroll, and Spyridon Michalakis. 2016. "Space from Hilbert Space: Recovering Geometry from Bulk Entanglement." https://arxiv.org/abs/1606.08444.

Cassidy, David. 1991. Uncertainty: *The Life and Science of Werner Heisenberg*. W. H. Freeman.

———. 2009. *Beyond Uncertainty: Heisenberg, Quantum Physics, and the Bomb*. Bellevue Literary Press.

Chopra, Deepak. 1995. "Interviews with People Who Make a Difference: Quantum Healing," by Daniel Redwood. Healthy.net. http://www.healthy .net/scr/interview. aspx?Id=167. Accessed September 20, 2017.

Clauser, John F. 1969. "Proposed Experiment to Test Local Hidden-Variable Theories." *Bulletin of the American Physical Society* 14:578.

———. 2002. "Early History of Bell's Theorem." In Bertlmann and Zeilinger 2002, 61–98.

Clauser, John F., Michael A. Horne, Abner Shimony, and Richard A. Holt. 1969. "Proposed Experiment to Test Local Hidden-Variable Theories." *Physical Review Letters* 23:880–884. doi:10.1103/PhysRevLett.23.880.

Cushing, James. 1994. *Quantum Mechanics: Historical Contingency and the Copenhagen Hegemony*. University of Chicago Press.

Dahms, Hans-Joachim. 1996. "Vienna Circle and French Enlightenment: A Comparison of Diderot's *Encyclopédie* with Neurath's *International Encyclopedia of Unified Science*." *In Encyclopedia and Utopia: The Life and Work of Otto Neurath* (1882–1945), edited by E. Nemeth and Friedrich Stadler, 53–61. Springer.

de Boer, Jorrit, Erik Dal, and Ole Ulfbeck, eds. 1986. *The Lesson of Quantum Theory*. Elsevier.

Derman, Emanuel. 2012. "2012: What Is Your Favorite Deep, Elegant, or Beautiful Explanation?" *Edge*. https://www.edge.org/responses/what-is-your -favorite-deep-elegant-or-beautiful-explanation. Accessed July 28, 2017.

Deutsch, D. 1985. "Quantum Theory, the Church-Turing Principle, and the Universal Quantum Computer." *Proceedings of the Royal Society of London* A 400:97–117.

DeWitt, Bryce S. 1970. "Quantum Mechanics and Reality." *Physics Today* 23 (9): 30–35. doi:10.1063/1.3022331.

DeWitt-Morette, Cécile. 2011. *The Pursuit of Quantum Gravity: Memoirs of Bryce DeWitt from* 1946 to 2004. Springer.

Discussion Sections at Symposium on the Foundations of Modern Physics: The Co-penhagen Interpretation 60 *Years after the Como Lecture*. 1987.

Dresden, Max. 1991. "Letters: Heisenberg, Goudsmit and the German 'A-Bomb.'" *Physics Today* 44 (5): 92–94. doi:10.1063/1.2810103.

Einstein, Albert. 1949a. "Autobiographical Notes." In Schilpp 1949, 2–94.

———. 1949b. "Reply to Criticisms." In Schilpp 1949, 665–688.

———. 1953. "Elementary Considerations on the Interpretation of the Foundations of Quantum Mechanics." Translated by Dileep Karanth. http://arxiv.org/abs/1107.3701.

Ellis, George, and Joe Silk. 2014. "Defend the Integrity of Physics." *Nature* 516 (December 18): 321–323. doi:10.1038/516321a.

Faye, Jan. 2007. "Niels Bohr and the Vienna Circle." Preprint. http://philsci-archive. pitt.edu/3737/. Accessed December 23, 2016.

Feldmann, William, and Roderich Tumulka. 2012. "Parameter Diagrams of the GRW and CSL Theories of Wavefunction Collapse." *Journal of Physics A: Mathematical and Theoretical* 45 (2012) 065304 (13pp.). doi:10.1088/1751-8113/45/6/065304.

Fermi, Laura. 1954. *Atoms in the Family: My Life with Enrico Fermi*. University of Chicago Press.

Feynman, Richard P. 1982. "Simulating Physics with Computers." *International Journal of Theoretical Physics* 21 (6/7): 467–488.

———. 2005. *Perfectly Reasonable Deviations from the Beaten Path*. Edited by Michelle Feynman. Basic Books.

"Feynman: Knowing Versus Understanding." YouTube. Posted by Teh Physicalist, May 17, 2012. https://www.youtube.com/atch?v=NM-zWTU7X-k.

———. 2015. *The Quantum Dissidents: Rebuilding the Foundations of Quantum Mechanics*. Springer-Verlag.

Feynman, Richard, Robert B. Leighton, and Matthew L. Sands. 1963. *The Feynman Lectures on Physics*. Vol. 1. Basic Books.

Fine, Arthur. 1996. *The Shaky Game*. 2nd ed. University of Chicago Press. Forman, Paul. 1971. "Weimar Culture, Causality, and Quantum Theory: Adaptation by German Physicists and Mathematicians to a Hostile Environ-ment." Historical Studies in the Physical Sciences 3:1–115.

———. 1987. "Behind Quantum Electronics: National Security as Basis for Physical Research in the United States, 1940–1960." *Historical Studies in the Physical and*

Biological Sciences 18 (1): 149–229.

Freedman, Stuart J., and John F. Clauser. 1972. "Experimental Test of Local Hidden-Variable Theories." *Physical Review Letters* 28:938–941. doi:10.1103 / PhysRevLett.28.938.

Freire, Olival, Jr. 2009. "Quantum Dissidents: Research on the Foundations of Quantum Theory Circa 1970." *Studies in History and Philosophy of Modern Physics* 40:280–289. doi:10.1016/j.shpsb.2009.09.002.

French, A. P., and P. J. Kennedy, eds. 1985. *Niels Bohr: A Centenary Volume*. Harvard University Press.

Galison, Peter. 1990. "Aufbau/Bauhaus: Logical Positivism and Architectural Modernism." *Critical Inquiry* 16:709–752.

Gamow, George. 1988. *The Great Physicists from Galileo to Einstein. Dover*. Gardner, Martin. 2001. "Multiverses and Blackberries." *Skeptical Inquirer*, September/October 2001. http://www.csicop.org/si/show/multiverses _and_ blackberries. Accessed July 24, 2017.

Ghirardi, G. C., A. Rimini, and T. Weber. 1986. "Unified Dynamics for Microscopic and Macroscopic Systems." *Physical Review* D 34:470.

Gisin, Nicholas. 2002. "Sundays in a Quantum Engineer's Life." In Bertlmann and Zeilinger 2002, 199–207.

Godfrey-Smith, Peter. 2003. *Theory and Reality: An Introduction to the Philosophy of Science*. University of Chicago Press.

Gottfried, Kurt, and N. David Mermin. 1991. "John Bell and the Moral Aspect of Quantum Mechanics." *Europhysics News* 22 (4): 67–69.

Goudsmit, Samuel. 1947. *Alsos*. AIP Press.

———. 1973. "Important Announcement Regarding Papers About Fundamental Theories." *Physical Review* D 8:357.

Gould, Elizabeth S., and Niyaesh Afshordi. 2014. "A Non-local Reality: Is There a Phase Uncertainty in Quantum Mechanics?" https://arxiv.org /abs/1407.4083.

Griffiths, David J. 2005. *Introduction to Quantum Mechanics*. 2nd ed. Pearson Education.

Hahn, Hans, Rudolf Carnap, and Otto Neurath. 1973. "The Scientific Conception of the World: The Vienna Circle." In Neurath 1973, 299–318.

Hawking, Stephen. 1988. *A Brief History of Time*. Bantam Dell.

———. 1999. "Does God Play Dice?" http://www.hawking.org.uk/does-god -play-dice.html. Accessed March 18, 2016.

Hearings Before the Committee on Un-American Activities, House of Representatives. 1949. Eighty-First Congress, First Session (March 31 and April 1). Statement of David Bohm.

Heidegger, Martin. 1996. *Being and Time: A Translation of "Sein und Zeit."* Translated by Joan Stambaugh. State University of New York Press.

———. 1999. Contributions to *Philosophy from Enowning*. Translated by Parvis Emad and Kenneth Maly. Indiana University Press.

Heilbron, John L. 1985. "The Earliest Missionaries of the Copenhagen Spirit." *Revue d'histoire des sciences* 38 (3–4): 195–230. doi:10.3406/rhs.1985.4005.

Heisenberg, Werner. 1958. *Physics and Philosophy*. Harper Torchbooks, ed. Harper and Row.

———. 1971. *Physics and Beyond*. HarperCollins.

Holton, Gerald. 1988. *Thematic Origins of Scientific Thought*. Rev. ed. Harvard University Press.

———. 1998. The Advancement of Science, and Its Burdens. Harvard University Press.

Howard, Don. 1985. "Einstein on Locality and Separability." *Studies in History and Philosophy of Science* 16:171–201.

———. 1990. " 'Nicht sein kann was nicht sein darf,' or the Prehistory of EPR, 1909–1935: Einstein's Early Worries About the Quantum Mechanics of Composite Systems." In *Sixty-Two Years of Uncertainty: Historical, Philo-sophical, and Physical Inquiries into the Foundations of Quantum Mechanics*, edited by Arthur I. Miller, 61–111. Plenum Press.

———. 2004. "Who Invented the 'Copenhagen Interpretation'? A Study in Mythology." *Philosophy of Science* 71 (5): 669–682.

———. 2007. "Revisiting the Einstein-Bohr Dialogue." Iyyun: *The Jerusalem Philosophical Quarterly* 56:57–90.

———. 2015. "Einstein's Philosophy of Science." In *The Stanford Encyclopedia of Philosophy*, Winter 2015 ed., edited by Edward N. Zalta. http://plato .stanford.edu/archives/win2015/entries/einstein-philscience/.

Huff, Douglas, and Omer Prewett, eds. 1979. *The Nature of the Physical Universe: 1976 Nobel Conference*. Wiley.

Incandenza, James O. 1997. *Kinds of Light*. Meniscus Films.

Interagency Working Group on Quantum Information Science of the Subcommittee on Physical Sciences. 2016. *Advancing Quantum Information Science: National Challenges and Opportunities*. Joint report of the Com-mittee on Science and Committee on Homeland and National Secu-rity of the National Science and Technology Council. July. https://www .whitehouse.gov/sites/whitehouse.gov/files/images/Quantum_Info_Sci_Report_2016_07_22%20final.pdf. Accessed July 14, 2017.

Isaacson, Walter. 2007. *Einstein: His Life and Universe*. Simon and Schuster.

Jaki, Stanley L. 1978. "Johann Georg von Soldner and the Gravitational Bending of Light, with an English Translation of His Essay on It Published in 1801." *Foundations of Physics* 8 (11/12): 927–950.

Jammer, Max. 1974. *The Philosophy of Quantum Mechanics*. John Wiley & Sons.

———. 1989. *The Conceptual Development of Quantum Mechanics*. 2nd ed. Tomash.

Kaiser, David. 2002. "Cold War Requisitions, Scientific Manpower, and the Production of American Physicists After World War II." *Historical Studies in the Physical and Biological Sciences* 33 (1): 131–159.

———. 2004. "The Postwar Suburbanization of American Physics." *American Quarterly* 56 (4): 851–888.

———. 2007. "Turning Physicists into Quantum Mechanics." *Physics World*, May, 28–33.

———. 2011. *How the Hippies Saved Physics: Science, Counterculture, and the Quantum Revival.* W. W. Norton.

———. 2012. "Booms, Busts, and the World of Ideas: Enrollment Pressures and the Challenge of Specialization." *Osiris* 27 (1): 276–302.

———. 2014. "History: Shut Up and Calculate!" *Nature* 505 (January 9): 153–155. doi:10.1038/505153a.

Keller, Evelyn Fox. 1979. "Cognitive Repression in Contemporary Physics." *American Journal of Physics* 47 (8): 718–721.

Kennefick, Daniel. 2005. "Einstein Versus the Physical Review." *Physics Today* 58 (9): 43–48. doi:10.1063/1.2117822.

Kuhn, Thomas S. 1996. *The Structure of Scientific Revolutions.* 3rd ed. University of Chicago Press.

———. 2000. *The Road Since Structure.* Edited by James Conant and John Haugeland. University of Chicago Press.

Kumar, Manjit. 2008. *Quantum: Einstein, Bohr, and the Great Debate About the Nature of Reality.* Icon Books.

Lang, Daniel. 1953. "A Farewell to String and Sealing Wax." Reprinted in *From Hiroshima to the Moon: Chronicles of Life in the Atomic Age*, by Dan-iel Lang, 215–246. Simon and Schuster, 1959.

———. 1959. *From Hiroshima to the Moon: Chronicles of Life in the Atomic Age.* Simon and Schuster.

Levenson, Thomas. 2015. *The Hunt for Vulcan.* Random House.

Lindley, David 2001. *Boltzmann's Atom.* Free Press.

———. 2007. *Uncertainty: Einstein, Heisenberg, Bohr, and the Struggle for the Soul of Science.* Anchor.

Ma, Xiao-Song, et al. 2012. "Quantum Teleportation over 143 Kilometres Using Active Feed-Forward." *Nature* 489 (September 13): 269–273. doi:10.1038 /nature11472.

Mann, Charles, and Robert Crease. 1988. "Interview: John Bell." *OMNI*, May, 85–92, 121.

Marcum, James A. 2015. *Thomas Kuhn's Revolutions.* Bloomsbury.

Margenau, Henry. 1950. *The Nature of Physical Reality: A Philosophy of Modern Physics.* McGraw-Hill.

———. 1954. "Advantages and Disadvantages of Various Interpretations of the Quantum Theory." *Physics Today* 7 (10): 6–13. doi:10.1063/1.3061432.

———. 1958. "Philosophical Problems Concerning the Meaning of Measurement in Physics." *Philosophy of Science* 25 (1): 23–33. doi:10.1086/287574.

Maudlin, Tim. 2002. *Quantum Non-locality and Relativity.* 2nd ed. Blackwell.

Maxwell, Grover. 1962. "The Ontological Status of Theoretical Entities." *Minnesota*

Studies in the Philosophy of Science 3:3–27.

Mencken, H. L. 1917. "The Divine Afflatus." *New York Evening Mail*, November 16.

Mermin, N. David. 1985. "Is the Moon There When Nobody Looks? Reality and the Quantum Theory." *Physics Today* 38 (4): 38–47.

———. 1990. *Boojums All the Way Through: Communicating Science in a Prosaic Age*. Cambridge University Press.

———. 1993. "Hidden Variables and the Two Theorems of John Bell." *Reviews of Modern Physics* 65 (3): 803–815.

———. 2004a. "What's Wrong with This Quantum World?" *Physics Today*, February, 10–11.

———. 2004b. "Could Feynman Have Said This?" *Physics Today* 57 (5): 10–11. doi:http://dx.doi.org/10.1063/1.1768652.

Mersini-Houghton, Laura. 2008. "Thoughts on Defining the Multiverse." https://arxiv.org/abs/0804.4280.

Miller, Arthur I. 2012. *Insights of Genius: Imagery and Creativity in Science and Art*. Springer.

Misner, Charles W. 2015. "A One-World Formulation of Quantum Mechanics." *Physica Scripta* 90 (088014), 6pp.

Misner, Charles W., Kip S. Thorne, and Wojciech H. Zurek. 2009. "John Wheeler, Relativity, and Quantum Information." *Physics Today*, April, 40–46.

National Aeronautics and Space Administration. 2013. "Wilkinson Microwave Anisotropy Probe." https://map.gsfc.nasa.gov/. Accessed July 24, 2017.

Neurath, Otto. 1973. *Empiricism and Sociology*. Reidel.

New York Times. 1935. "Einstein Attacks Quantum Theory." Science Service, May 4, p. 11.

New York Times. 1935. "Statement by Einstein," May 7, p. 21.

Nielsen, Michael A., and Isaac L. Chuang. 2000. *Quantum Computation and Quantum Information*. Cambridge University Press.

Norsen, Travis. 2007. "Against 'Realism.'" *Foundations of Physics* 37 (3): 311–340. doi:10.1007/s10701-007-9104-1.

Norsen, Travis, and Sarah Nelson. 2013. "Yet Another Snapshot of Foundational Attitudes Toward Quantum Mechanics." arXiv:1306.4646.

Norton, John D. 2015. "Relativistic Cosmology." http://www.pitt.edu/~jdnorton /teaching/HPS_0410/chapters_2017_Jan_1/relativistic_cosmology/index .html. Accessed July 24, 2017.

O'Connor, J. J., and E. F. Robertson. 2003. "Erwin Rudolf Josef Alexander Schrödinger." http://www-groups.dcs.st-and.ac.uk/~history/Biographies /Schrodinger.html. Accessed September 25, 2017.

Olwell, Russell. 1999. "Physical Isolation and Marginalization in Physics: David Bohm's Cold War Exile." *Isis* 90 (4): 738–756.

Ouellette, Jennifer. 2005. "Quantum Key Distribution." *Industrial Physicist*, January/February, 22–25. https://people.cs.vt.edu/~kafura/cs6204/Readings /QuantumX/

QuantumKeyDistribution.pdf. Accessed July 14, 2017.

Pais, Abraham. 1991. *Niels Bohr's Times in Physics, Philosophy, and Polity*. Oxford University Press.

Pauli, Wolfgang. 1921. *Theory of Relativity*. Translated by G. Field. Dover.

———. 1994. *Writings on Physics and Philosophy*. Edited by Charles P. Enz and Karl von Meyenn. Translated by Robert Schlapp. Springer-Verlag.

Pearle, Philip. 2009. "How Stands Collapse II." In *Quantum Reality, Relativistic Causality, and Closing the Epistemic Circle*, edited by W. C. Myrvold and J. Christian, 257–292. Springer.

Peat, F. David. 1997. Infinite Potential: *The Life and Times of David Bohm*. Addison Wesley Longman.

Pigliucci, Massimo. 2014. "Neil deGrasse Tyson and the Value of Philosophy." Scientia Salon, May 12. https://scientiasalon.wordpress.com/2014/05/12/neil -degrasse-tyson-and-the-value-of-philosophy/. Accessed July 28, 2017.

Powers, Thomas. 2001. "Heisenberg in Copenhagen: An Exchange." *New York Review of Books*, February 8, 2001.

Putnam, Hilary. 1965. "A Philosopher Looks at Quantum Mechanics." In Putnam 1979, 130–158.

———. 1979. *Mathematics, Matter, and Method*. 2nd ed. Cambridge University Press.

Quine, Willard Van Orman. 1953. *From a Logical Point of View*. Harper Torchbooks ed. Harper and Row.

———. 1976. *The Ways of Paradox*. Harvard University Press.

———. 2008. *Quine in Dialogue*. Edited by Dagfinn Føllesdal and Douglas B. Quine. Harvard University Press.

Reichenbach, Hans. 1944. *Philosophic Foundations of Quantum Mechanics*. Dover.

Reisch, George. 2005. *How the Cold War Transformed Philosophy of Science: To the Icy Slopes of Logic*. Cambridge University Press.

Rhodes, Richard. 1986. *The Making of the Atomic Bomb*. Simon and Schuster.

Rosenfeld, L. 1963. "On Quantization of Fields." *Nuclear Physics* 40:353.

Ruetsche, Laura. 2011. *Interpreting Quantum Theories*. Oxford University Press.

Sarkar, Sahotra, ed. 1996a. *Science and Philosophy in the Twentieth Century. Vol. 1, The Emergence of Logical Positivism*. Garland.

———, ed. 1996b. *Science and Philosophy in the Twentieth Century*. Vol. 5, *Decline and Obsolescence of Logical Positivism*. Garland.

Schiff, Leonard I. 1955. *Quantum Mechanics*. 2nd ed. McGraw-Hill.

Schilpp, Paul Arthur, ed. 1949. Albert Einstein: Philosopher-Scientist. MJF Books

Schlosshauer, Maximilian, ed. 2011. *Elegance and Enigma: The Quantum Interviews*. Springer.

Schlosshauer, Maximillian, et al. 2013. "A Snapshot of Foundational Attitudes Toward Quantum Mechanics." arXiv:1301.1069.

Seevinck, M. P. 2012. "Challenging the Gospel: Grete Hermann on von Neumann's No-Hidden-Variables Proof." Radboud University, Nijmegen, the Netherlands. http://

mpseevinck.ruhosting.nl/seevinck/Aberdeen _Grete_Hermann2.pdf. Accessed September 20, 2017.

Shimony, Abner. 1963. "Role of the Observer in Quantum Theory." *American Journal of Physics* 31:755–773. doi:10.1119/1.1969073.

Sigurdsson, Skúli. 1990. "The Nature of Scientific Knowledge: An Interview with Thomas S. Kuhn." *Harvard Science Review*, Winter, 18–25. http://www.edition-open-access.de/proceedings/8/3/index.html.

Sivasundaram, Sujeevan, and Kristian Hvidtfelt Nielsen. 2016. "Surveying the Attitudes of Physicists Concerning Foundational Issues of Quantum Me-chanics." arXiv:1612.00676.

Smart, J. J. C. 1963. *Philosophy and Scientific Realism*. Routledge and Kegan Paul.

Smyth, Henry D. 1951. "The Stockpiling and Rationing of Scientific Manpower." *Physics Today* 4 (2): 18. doi:10.1063/1.3067145.

Sommer, Christoph. 2013. "Another Survey of Foundational Attitudes Towards Quantum Mechanics." arXiv:1303.2719.

Stadler, Friedrich. 2001. "Documentation: The Murder of Moritz Schlick." In *The Vienna Circle: Studies in the Origins, Development, and Influence of Logical Empiricism*, edited by Friedrich Stadler, 866–909. Springer.

Stanford Daily. 1928. "Dr. Moritz Schlick to Be Visiting Professor Next Summer Quarter," July 31, p. 1. http://stanforddailyarchive.com/cgi-bin /stanford?a=d&d= stanford19280731-01.2.6.

Talbot, Chris, ed. 2017. *David Bohm: Causality and Chance, Letters to Three Women*. Springer.

Tegmark, Max. 1997. "The Interpretation of Quantum Mechanics: Many Worlds or Many Words?" arXiv:quant-ph/9709032.

Teller, Paul. 1995. *An Interpretive Introduction to Quantum Field Theory*. Princeton University Press.

Thorne, Kip. 1994. *Black Holes and Time Warps: Einstein's Outrageous Legacy*. W. W. Norton.

Von Neumann, John. 1955. *Mathematical Foundations of Quantum Mechanics*. Tr-anslated by Robert T. Beyer. Princeton University Press.

Warman, Matt. 2011. "Stephen Hawking Tells Google 'Philosophy Is Dead.'" *Telegraph*, May 17. http://www.telegraph.co.uk/technology/google /8520033/ Stephen-Hawking-tells-Google-philosophy-is-dead.html. Ac-cessed July 28, 2017.

Weinberg, Steven. 2003. *The Discovery of Subatomic Particles*. 2nd ed. Cambridge University Press.

———. 2012. "Collapse of the State Vector." *Physical Review* A 85, 062116.

———. 2013. *Lectures on Quantum Mechanics*. Cambridge University Press.

———. 2014. "Quantum Mechanics Without State Vectors." arXiv:1405.3483.

Werkmeister, William H. 1936. "The Second International Congress for the Unity of Science." *Philosophical Review* 45 (6): 593–600.

Wheeler, John A. 1957. "Assessment of Everett's 'Relative State' Formulation of Quantum Theory." In Barrett and Byrne 2012, 197–202.

———. 1985. "Physics in Copenhagen in 1934 and 1935." In French and Kennedy 1985, 221–226.

Wheeler, John A., and Kenneth Ford. 1998. *Geons, Black Holes, and Quantum Foam: A Life in Physics*. W. W. Norton.

Wheeler, John A., and Wojciech H. Zurek, eds. 1983. *Quantum Theory and Measurement*. Princeton University Press.

Whitaker, Andrew. 2012. *The New Quantum Age: From Bell's Theorem to Quantum Computation and Teleportation*. Oxford University Press.

———. 2016. *John Stewart Bell and Twentieth-Century Physics*. Oxford University Press.

Wick, W. David. 1995. *The Infamous Boundary*. Copernicus.

Wigner, E. P. 1963. "Problem of Measurement." *American Journal of Physics* 31 (1): 6–15.

Wigner, Eugene, and Andrew Szanton. 1992. *The Recollections of Eugene P. Wigner: As Told to Andrew Szanton*. Plenum Press.

Wise, M. Norton. 1994. "Pascual Jordan: Quantum Mechanics, Psychology, National Socialism." In *Science, Technology, and National Socialism*, edited by Monika Renneberg and Mark Walker. Cambridge University Press.

Zeh, H. Dieter. 2002. "Decoherence: Basic Concepts and Their Interpretation." https://arxiv.org/abs/quant-ph/9506020.

———. 2006. "Roots and Fruits of Decoherence." arXiv:quant-ph/0512078v2.

Zeilinger, Anton. 2005. "The Message of the Quantum." *Nature* 438 (December 8): 743.

Zurek, W. H. 1981. "Pointer Basis of Quantum Apparatus: Into What Mixture Does the Wave Packet Collapse?" *Physical Review* D 24 (6): 1516–1525.

———. 1991. "Decoherence and the Transition from Quantum to Classical."*Physics Today* 44 (October): 36–44.

海派阅读
GRAND CHINA

**READING
YOUR LIFE**

人与知识的美好链接

20 年来，中资海派陪伴数百万读者在阅读中收获更好的事业、更多的财富、更美满的生活和更和谐的人际关系，拓展读者的视界，见证读者的成长和进步。现在，我们可以通过电子书（微信读书、掌阅、今日头条、得到、当当云阅读、Kindle 等平台）、有声书（喜马拉雅等平台）、视频解读和线上线下读书会等更多方式，满足不同场景的读者体验。

关注微信公众号"**海派阅读**"，随时了解更多更全的图书及活动资讯，获取更多优惠惊喜。读者们还可以把阅读需求和建议告诉我们，认识更多志同道合的书友。让派酱陪伴读者们一起成长。

了解更多图书资讯，请扫描封底下方二维码。　　　　微信搜一搜　　┌ 🔍 海派阅读 ┐

也可以通过以下方式与我们取得联系：

📱 采购热线：18926056206 / 18926056062　　　📞 服务热线：0755-25970306

✉ 投稿请至：szmiss@126.com　　　　　　　　🌐 新浪微博：中资海派图书

更 多 精 彩 请 访 问 中 资 海 派 官 网　　　(www.hpbook.com.cn ›)